语用逻辑文库

论证理论

（第1卷）

Virtue Argumentation Theory

熊明辉　廖彦霖
[美]丹尼尔·科恩　[英]安德鲁·阿伯丁◎主编

中山大学出版社
SUN YAT-SEN UNIVERSITY PRESS
·广州·

图书在版编目（CIP）数据

德性论证理论．第1卷/熊明辉等主编．—广州：中山大学出版社，2023.11
（语用逻辑文库）
ISBN 978－7－306－07840－7

Ⅰ．①德…　Ⅱ．①熊…　Ⅲ．①伦理学—文集　Ⅳ．①B82－53

中国国家版本馆CIP数据核字（2023）第116317号

出 版 人：王天琪
策划编辑：嵇春霞　罗雪梅
责任编辑：罗雪梅
封面设计：曾　斌
责任校对：麦晓慧
责任技编：靳晓虹
出版发行：中山大学出版社
电　　话：编辑部 020－84110283，84113349，84111997，84110779，84110776
　　　　　发行部 020－84111998，84111981，84111160
地　　址：广州市新港西路135号
邮　　编：510275　　　　传　真：020－84036565
网　　址：http://www.zsup.com.cn　　E-mail:zdcbs@mail.sysu.edu.cn
印 刷 者：广州方迪数字印刷有限公司
规　　格：787mm×1092mm　1/16　13.875印张　340千字
版次印次：2023年11月第1版　2023年11月第1次印刷
定　　价：52.00元

本文集系国家社会科学基金重大项目“语用逻辑的深度拓展与应用研究”（项目编号：19ZDA042）的阶段性成果。

译　　序

熊明辉[1,2]、廖彦霖[2]/文

（1．浙江大学，光华法学院，浙江杭州；2．中山大学，逻辑与认知研究所，广东广州）

德性进路是哲学研究重要的方法论之一，并在哲学的不同部门中得以成功应用。例如，德性伦理学试图以德性作为基始概念来解释行为、品德、规则、事态为何在道德上“应当”如此，并以此指导人们的行为。德性知识论旨在以德性作为基始概念来界定知识的定义并建构整套知识理论，并就德性的不同面向划分为以卓越能力为基础的“德性可靠论”和以品格特性为基础的“德性责任论”两大阵营。既然德性视角能成功注入伦理学和知识论并进一步开拓新的理论疆域，那么该视角是否也能成功注入论证理论之中？既然存在以德性作为“伦理规范性”依据的德性伦理学，也存在以德性作为“认知规范性”基础的德性知识论，那么是否可能建立以德性为“论证规范性”根据的德性论证理论？

对这一问题的回应与探索，便是德性论证理论（virtue argumentation theory）的思路起源。美国科尔比学院（Colby College）哲学系教授丹尼尔·科恩（Daniel Cohen）与佛罗里达理工学院（Florida Institute of Technology）哲学系教授安德鲁·阿伯丁（Andrew Aberdein）于2005年至2010年发表的系列文章宣告了德性论证理论的诞生，他们试图借由德性概念重塑论证的规范性。该理论认为，一个好的论证是有德性的论证，这意味着在论证评估中必须将论证主体的特点纳入考量。简言之，如果你想要得到一个好的论证，那就去找一个有德性的论证者。如果你找到一个有德性的论证者，那么你将获得一个好的论证。

德性论证理论自创生至今，其聚焦论证主体的独到视角使这一领域兼具想象与争议，而这些探讨与争鸣也成为该理论不断壮大与完善的动能。十余年来，德性论证理论的相关讨论已形成400余篇文献，见诸《论证》（*Argumentation*）、《非形式逻辑》（*Informal Logic*）、《论题》（*Topoi*）等领域内知名期刊。可以说，德性进路已成为论证理论研究中继逻辑进路、论辩进路与修辞进路之后的第四条重要进路。作为论证理论研究者的我们，理应关注这一新进路的发展动态。尤为值得中国学者注意的是，德性一直是中国哲学的核心概念，常被视为中西哲学对话的枢纽。如何以德性论证理论重构中国古代逻辑，同时让中国哲学的德性思想在德性论证理论的系统建构中发挥独特作用，应当成为我们努力探索的方向。

本文集是我们在这一方向的初步探索，也是中山大学哲学系、逻辑与认知研究所的德性论证理论研究团队（以下简称“本团队”）和科恩、阿伯丁两位教授首次合作的成果。本文集由浙江大学光华法学院与中山大学逻辑与认知研究所教授熊明辉、中山大学哲学系助理研究员廖彦霖以及科恩、阿伯丁两位教授共同主编。作为德性论证理论的创始人，科恩与阿伯丁负责本文集所录论文的遴选事宜，熊明辉与廖彦霖负责统筹所录论文的翻译与校对工作。本文集共收录 12 篇英文论文的中译文本与 1 篇中文论文，均为德性论证理论研究的相关代表性成果。科尔比学院哲学系的胡启凡是本文集的主要译者，他与同校的几位中国学生完成了文集中大多数论文的初译，本团队在此基础上进行修订与调整。全书的统校工作由廖彦霖主持。受我们水平所限，译文中的错误与不足在所难免，恳请读者朋友们不吝赐教。

我们认为，尽管把握一个学术领域前沿动态最理想的方式是直接阅读相关国际期刊上的论文原文，但论文翻译同样极具价值。对于广大中国学者而言，阅读论文的中译文本或许可以更轻松快速地把握文章的大意与脉络，为进一步精读外文原文并深入研究奠定基础。希望本文集可以吸引更多中国学者关注德性论证理论，同时为中西论证理论进一步的交流对话奠定基础。

2023 年 11 月

序

安德鲁·阿伯丁[1]、丹尼尔·科恩[2]/文，胡启凡[3]、廖彦霖[4]/译

（1. 佛罗里达理工学院，人文与传播学院，佛罗里达州，美国；2. 科尔比学院，哲学系，缅因州，美国；3. 科尔比学院，哲学系，缅因州，美国；4. 中山大学，哲学系，广东广州）

至今，距离“德性论证”这个术语被初次使用已经过去十多年。① 距上次我们对该领域进行回顾与反思也已经过去了五年（Aberdein & Cohen，2016）。线上的参考文献（Aberdein，2015—）现已更新超过500条，这表明该重要理论已具备良好的发展态势。或许德性方法对于非形式逻辑最独特的贡献是，它让我们用一个更宽广的视角去分析论证，且论证已被研究者从多个角度，如逻辑、知识论、社会学、伦理学、美学、心理学等进行描述、分析和解释。然而，由于论证研究是多元的，即便使用如此丰富的方法，也未能穷尽这个领域。德性论证理论之所以如此引人注目，原因在于它适当地将关注点从论证转移到论证者身上，进而为所有旧的理论问题提供新的见解，同时揭示了论证的全新维度供我们赏析、思考并尝试去解释。

1. 为什么是德性?

假设我们将非形式逻辑的目标定为理智且批判性的论证评估，那么，有很多不同的维度可以用于对论证做正面（或负面）的批判性评估，其中最显著的是推理是强有力的，或者推理成功说服了对手，又或者各方达成了满意的解决方案。以下三个回答表明了不同的论证概念：第一个将论证视作推理结构中排列的命题；第二个处理了论证的施行维度（performative aspects）；而第三个关注沟通交流。在某种意义上，这些进路就好比小说的情节摘要通常会忽视人物角色：对发生了什么进行描述性报告而非解释为什么发生。这点在德性理论中得到改变，它的首要问题是：“我想要（应该）成为什么样的论证者?”当然，这里的回答可以是好的论证者，但它用空洞的套话回避了问题。该问题需要更实质性的回答，因此，德性理论的第一个亮点是其强调论证是我们作为理性存在和知识论主体的组成部分。这使我们重新把握了在传播理论中研究论证的先驱们所熟知的观点（Ehninger，1968；Brockriede，1972；Hample，2007），但这些观点此后却经常为人所忽视。

如果我们想要收获论证的益处，就不能以牺牲与我们论证的人为代价，因为我们想要他们继续和我们论证，这样我们就有继续论证的机会。在传统概念上，一个好的论证是一个离散事件（那些理论家们认为论证是不受时间影响的、抽象的命题序列）：“它

① 见阿伯丁在安大略论证研究国际研讨会（OSSA）上的回应（Cohen，2005）及此后出版的相关文献（Aberdein，2007，2010）。

是好的”这样一个狭隘的判断并没有告诉我们任何它对论证参与者的效果，也没有对论证参与者未来的论证有任何预测价值。与之相对，对某个论证者是好的论证者的判断需要更宽广的视角。在此意义上，德性论证方法将论证行为融入“什么是理性的”这一更大的理论脉络中。

以这种方式处理论证的另一个亮点是，它迫使我们面对另一个问题，即“我们为什么要论证?”这是一个带有规范性效力的目的论问题（即我们想从论证中得到什么?），而非一个寻求因果解释的问题。知识论的和对其他认知的考量必须是论证理论中的关键部分。再一次地，德性论证方法将论证融入一个更大的理论脉络——我们的认知生活。用论证者的德性来思考论证的第三个亮点是，它表明了我们作为理性的认知主体生活在同类主体的共同体中。事实上，群体审议的德性是研究的特别关注点（Aikin & Clanton，2010；Amaya，2022）。

2. 德性、论证和伦理学

交流是一种主体之间的交互，所以存在伦理学的考量——而在论证中，交互和主体扮演着重要角色。相应地，我们有论证的伦理学（Garver，1998；Blair，2011；Correia，2012；Stevens，2019；Aikin & Alsip Vollbrecht，2020；Breakey，forthcoming）。它包括如何论证的准则与何时应该和何时不应该论证的准则。论证理论学者不能忽视规范性的维度，而我们相信德性论证理论在此处要优于传统理论：一方面，德性很好地连接了好的论证者和论证；另一方面，它们是论证伦理学从更广泛的传播伦理学（Baker，2008；Borden，2010，2016；Fritz，2017），到最广泛意义上的伦理学的概念枢纽。

此外，因为德性论证理论关注作为论证主体的论证者，所以它们对教学法有重要影响，从而将论证的理论和实践相结合。我们相信以这种方式思考论证会让我们成为更好的论证者，或许这仅仅是因为我们现在用更广阔的视角在思考作为一个好论证者意味着什么。至少在短期内，它似乎使我们能更好地处理论证的失败，但它也意味着我们在论证结束时不论结果如何都会更加满意。我们希望且相信，长期的结果是我们在各个语境下都会成为更好的学习者。

教授论证的老师应该尝试教给学生什么样的德性呢？辨别一些论证德性是相对容易的——客观、有礼、好奇、思维开放、真诚、公正、博学都符合条件，而辨别专门的论证德性则颇具难度。好奇是一种认知德性，公正是一种伦理德性，而思维开放则可以说是论证、认知和伦理德性。生活中有不同种类的论证，不同的论证方式，不同的论证动机、手段和目的。如果目标是理性说服，那么与人际关系相关的德性就会凸显出来；在解决有分歧的谈判中，其他德性会更加重要；而更偏认知的德性在解决问题的审议中则更加相关。这甚至没有将论证者在论证进程中所扮演的不同角色——支持者、批评者、裁判、观众甚至是搅局者纳入考量。

此外，还有一个复杂的问题。如果论证德性是有助于论证成功的品性，那么我们不仅需要具体说明什么是论证和什么是成功，还需说明我们是在讨论单个论证还是一生中所有的论证。“好胜之心”或许能让一个人在所有论证中无往不利，但如果它令人反感到没有人愿意再次与你论证，那么它在短期内对（对抗性）论证成功的贡献将减少，或许在长期也减少论证的机会。它或许使一个人成为有成效的论证者，但不是好的论证者。

参与论证的意愿、创造性地制定策略的能力以及让共同论证者发挥出最佳状态都是德性的可能案例。这些德性能很好地为论证服务，但在认知和伦理的评价上大体保持中立。提供一个实践中的具体论证德性需要一个非常具体的论证——包括一个所有参与者的列表，以及他们之间过去、现在和将来可能的关系；每一个参与者参加论证的动机和他们希望通过论证达成的目标；他们论证的情境。

3. 挑战

一些相当严肃的外部挑战被提出用于反对德性论证理论。例如，戈登和戈杜各自提出了一个关于德性方法的理论基础的问题（Godden，2016；Goddu，2016）。其中，戈登的论文被收入本文集，对此详见下文进一步的讨论。一方面，如果德性需要参考什么是好论证这一先行概念，或根据其他从论证中产生的好来定义，那么德性是可被替换的；另一方面，如果德性并没有和论证的好这一先行概念挂钩，那么似乎就无法回答为什么一些指定的德性在一开始被视作德性的问题。又或者，是什么使得它们成为独属论证的德性；再或者，为什么运用这些德性的结果很有可能会是好的论证。这是一个严肃的反驳，而这个简短的概要无法呈现其全貌。然而，我们认为德性论证的研究项目仍在发展阶段，该阶段应该由其自身内部的优先事项驱动。一个严峻的挑战并不会自动成为一个最需优先解决的问题。

相反，一些优先级很高的问题或许并非严峻的挑战。一个值得优先处理的问题是澄清我们所谓的论证（argument）和论证活动（argumentation）。[1] 原因是一些对我们的批判指向了错误的目标。几年前，阿德勒（Adler，2007）批评了这样一种观点，即“有德性的论证者和评估论证强度是相关的，因为这完全是前提和结论之间如何联系的问题”。该观点明显将论证仅仅还原为推论，而不是认知和交流活动。反对这样的还原论是德性方法的一个核心宗旨，也是它为论证理论增添价值的一个方式（Ciurria，2012）。类似的澄清会改变鲍威尔和金斯伯里关于德性论证完全依赖诉诸人身推理的主张（Bowell & Kingsbury，2013）。澄清我们用词的意义或许并不是一个太难的挑战——虽然试图规范这些术语的使用是艰巨的，但为了和论证理论界的其他学者交流，我们这么做是很重要的。

对诉诸人身谬误的特别关注见诸许多有关德性和论证理论关系的论述（Johnson，2009；Battaly，2010；Jason，2011；Bowell & Kingsbury，2013；Aberdein，2014；Bondy，2015；Leibowitz，2016）。事实上，有建议指出，过度关注诉诸人身会分散人们对德性论证的长处以及其他问题的关注（Paglieri，2015）。后者包括解释德性为什么值得关注的“不完备问题”（MacPherson，2014；Niño & Marrero，2016）；是否有专门的论证德性的问题（Goddu，2016）；德性的冲突如何（是否可以）解决的问题。对最后一个问题的一种解决方案是让所有其他德性从属于一个中心德性。有几个候选中心德性被提出，包

① 译者注：对 argument 与 argumentation 的区分向来充满争议。有相当部分学者不做区分；也有的学者用前者指称所有论证，用后者专指多主体的论证（即论辩）。根据此处的上下文，作者用 argumentation 指称具有认知和交流特性的论证活动，而用 argument 指称仅包含前提、结论及其推理关系的论证（亦即传统的论证概念）。

括理智繁荣（Aberdein，2020b）、理智谦逊（Scott，2014；Aberdein，2016b，2020c；Agnew，2018）、元认知（Lepock，2014；Maynes，2015，2017；Green，2019）、实践智慧（De Caro，et al.，2018；Ferkany，2020；Aberdein，2021b）、有技巧的反思（Mi & Ryan，2016，2020）、深思熟虑（Schrag，1988）、愿意探究（Hamby，2015）、愿意被理性说服（Baumtrog，2016）。确定这一方法的合理性以及评判这些候选中心德性的竞争优势（以及它们有多少重合而非不同）仍然是一个开放性问题。最后，几位作者探究了德性论证的局限性问题：在论证实践中是否存在德性论证无法把握的重要维度（Cohen & Miller，2016；Bowell，2021）。

与教学法紧密联系是德性论证的重要优势之一，但是德性论证思维给教学法应用带来了严重且高优先性的挑战。基于德性理论的见解极大地影响了我们如何教授批判性思维和非形式逻辑。该教育项目成为帮助我们的学生从长远而言成为更好的论证者的项目之一。这不仅仅是在帮助他们在具体场合提出更好的论证，更是意在培养好的论证习惯而非具体的技能，毕竟习惯会保持，而技能会消失。此外，在学生离开教室的限制后，这些技能或许不会被使用。德性论证理论和批判性思维关系密切，批判性思维早已认识到倾向（dispositions）的中心地位；因为德性是倾向的一类，所以批判性思维至少是和德性论证理论同步发展的，正如论证德性和批判性思维德性列表的相似性所表明的那样（Ennis，1996；Siegel，1999；Facione，2000；Nieto & Valenzuela，2012）。对批判性思维和德性知识论之间的关系更明确的处理也先于德性论证项目（Conley，1991；Burbules，1992；Paul，2000；Bailin，2003；Hyslop-Margison，2003）。与批判性思维和德性知识论联系紧密的项目，如用关怀的伦理学来补充批判性思维（Thayer-Bacon，1993，2000），也早于德性论证理论的发展。批判性思维还解决了一个对任何德性理论都很重要的问题：德性和技能之间区别的本质——两者是否有区别，或技能自身是否是德性（Missimer，1990；Siegel，1993；Hample，2003）。如施拉格所观察到的："一个人或许很聪明，但缺乏深思熟虑，反之亦然。前者我们赞扬某种技能，而后者我们赞扬某种类似于德性或是品性特点的事物。"（Schrag，1998：9）近几年，这个争论在教育目标层面重新浮现：教育的首要认知目标应该是培养理智德性还是教授批判性思维的技巧呢？（Siegel，2016，2017；Kotzee，et al.，2021）

批判性思维在各种项目的核心课程中都有一席之地。例如，它是许多护理学项目的关键组成部分。这产生了更多的研究，包括一些和德性论证有关的研究（Sellman，2003；Adam & Juergensen，2019）。还有许多研究尝试将批判性思维和更早的理智传统联系起来。例如，许多学者研究了儒家思想和批判思维教育学之间的关系（Tominaga，1993；Kim，2003；Lam，2014；Chen，et al.，2017；Tan，2017，2020；Niu & Zheng，2020）。这项工作的大部分内容都明确诉诸论证德性。

论证研究的理论和实践之间似乎相距甚远，特别是从德性论证创生的理论角度看。然而，一些学者成功地跨越了这条鸿沟（Bailin & Battersby，2016；Byerly，2019；Hanscomb，2019）。如今，逻辑导论和批判性思维的教科书中都展示了理智德性，这也是一个受欢迎的发展态势（Byerly，2017；Symons，2017），尽管现在还没有一本真正关于德性论证的教科书。如果我们希望理论构建不仅仅有理论意义，那么沟通论证研究的理论与实践就必须是一个优先事项。而如果这个项目不仅仅是一个理论，那么它必须面对这个挑战。

4. 定义和语境化德性

德性论证理论起源于数个哲学发展的交汇。该理论最直接和突出的前身是德性知识论，它强调在信念产生过程中理智德性对于信念的证成是相干的。为了在论证理论中进行同样的“德性转向”，基于主体的进路必须被移植到论证理论的土壤中（Cohen，2007；Aberdein，2010）。结果远比预想的有成效。德性种子生根发芽是因为论证理论提供的概念环境特别适宜。论证理论实际上在以下两个重要方面比知识论更适合德性方法。首先，论证作为动态事件和相对静态的信念状态形成对比，所以把品格特征作为一种倾向是可行的。其次，唯意志论的阴影，即对“我们选择自身信念”持有怀疑，在处理论证时并不存在很大的问题，因为论证者具有明显的主体性。而因为论证通常包括数个主体，亚里士多德的伦理学德性模型在论证中得到了很自然的应用。论证是动态的、多主体的事件，而信念不是。

德性论证的方法从德性知识论中继承了一系列特征。例如，可靠论（广义的外部论）和责任论（广义的内部论）的德性概念的区分已经被发现得到很自然的运用（Gascón，2018b）。部分德性知识论学者提出将关注从德性转移到恶习；恶习知识论在论证研究中也有一个对应部分（Aberdein，2016a；Kidd，2017，2020；Tanesini，2018，2019，2020，2021）。德性知识论中细分领域的发展也在论证处理中得到运用，包括榜样的作用（Amaya，2013；Sato，2015；Terrill，2016；Casey & Cohen，2020）和人类繁荣或幸福（eudaemonia）作为理智德性的根基（Aberdein，2020b）。虽然德性知识论的许多关键主题最终都源自德性伦理学，但德性论证同样直接从德性伦理学中获益。其中，一个例子是麦金太尔（Alasdair MacIntyre）的观点在论证研究中得到应用。麦金太尔或许是当代最有影响力的德性伦理学者，特别是他对于实践的论述，十分有影响力（Herrick，1992；Kvernbekk，2008；Borden，2010；Gasón，2017b）。

德性论证理论最为遥远的前身是论证理论本身。亚里士多德对德性的关注贯穿于他的多数著作，包括他对论证所做的研究。我们之中有一位学者探讨了在多大程度上亚里士多德或许不仅仅是德性理论和论证理论的先驱，还是德性论证理论的先驱（Aberdein，2021b）。至少，他在《修辞学》（Aristotle，1991）中对德性的论述仍有许多值得现代德性论证理论学者学习的地方。许多现代德性论证理论学者对于修辞和德性的研究仍然建立在对亚里士多德（Johnstone，1980；Rowland & Womack，1985；Brinton，1986）或其他古代权威的诠释上，包括孔子（Ding，2007；Xiong，2014；Yan & Xiong，2020；Mi & Ryan，2020）、昆体良（Brinton，1983；Terrill，2016；Wiese，2016）和其他人（Cohen，2013a；Keating，forthcoming）。但其他当代修辞学学者找到了德性在论证中的新应用（Herrick，1992；Gage，2005；Duffy，2014，2019）。基于德性的论证同样在其他数个和德性理论有紧密联系或有交叉的领域中得到辩护。这当中包括对审议之德性的分析（Tiberius，2002；Weiss & Shanteau，2003；Floyd，2007；Aikin & Clanton，2010；Carr，2020；De Brasi，2020；Amaya，2022）；对辩论之德性的分析（Strait & Wallace，2008；Zarefsky，2014；Tanesini，2019，2021；Mastroianni，2021）；在德性法理学这个更广的语境下（Duff，2003；Amaya，2011），对辩护者德性的分析（Clark，2003，2019；Scharffs，2004，2020；Kanemoto，2005；Brewer，2020）；或对法官德性的分析（Solum，2003；Ralli，2013；Amaya，2013；Maroney，2020）。更宽泛地说，避免偏见和减少现有偏见，或“去偏见化”，是任何推理的实践论述的重要目标。这反映了人们对论证不公或论证中认知特权的作用更广泛的关注与回应（Bondy，2010；Kotzee，2010；Linker，2011，2014；Yap，2013，2015；Bianchi，2021）。德性方法也被应用到这些问题上（Correia，2012；Samuelson & Church，2015）。

决定哪些德性是重要的以及它们之间如何联系，对任何德性理论来说都是重要问题，德性论证理论由此可以从过去有关理智德性结构的研究中获益（McCloskey，1998；Morin，2014；Bowell & Kingsbury，2015）。其中，大多数德性论证理论学者认识到思想开放是一种重要德性（Cohen，2009），由此在德性知识论（Riggs，2010；Baehr，2011；Tiberius，2012；Spiegel，2019）、教育哲学（Hare，1985，2003，2009；Hare & McLaughlin，1998；Higgins，2009；Siegel，2009）和其他领域（Song，2018）做了大量实质性的工作。其他相关的德性是其他哲学领域持续研究的关注点。其中，礼节（civility）最近在道德和政治哲学中戏剧般地重新受到关注，特别受到卡尔霍恩的关注（Calhoun，2000）。以下文献（指括号内所列举的文献）包括对礼节作为有成效的论证的关键先决条件的辩护（Lillehammer，2014；Bejan，2017；Edyvane，2017；Cagle，2018；McGregor，2020；Bonotti & Zech，2021；Love，2021；Vaccarezza & Croce，2021），但也有将礼节视为阻碍参与辩论的工具的批判（Whyman，2019；Itagaki，2021；Talisse，2021；Rossini，forthcoming）。而这些文献则探讨了与其紧密联系的容忍德性（Vainio，2011；Vainio & Visala，2016；Bejan，2016，2018；Cattani，2016；Duffy，2018；Breakey，2021；Balg，2022）。

德性论证理论已被应用于几个正在进行的论证理论及相关领域的争论中。例如，深度分歧，特征是抗拒理性解决，这给论证者提出了一个实践问题，即如何面对这个“抗拒解决”的语境？这个问题在论证理论领域获得了相当大的关注，而不仅限于德性论证理论的方法（Karimov，2018；Campolo，2019）。具体而言，傲慢的恶习和勇敢的德性被认为与深度分歧有关（Aberdein，2020a，2021a）。其他德性和恶习也在这个语境下被讨论，例如容忍（Knoll，2020）和耐心（Phillips，2021）。另一个持续的辩论关注对抗性的地位：它对论证是否必要，以及它是否有害？这个辩论也从德性的维度进行了讨论（Cohen，2015；Stevens & Cohen，2019，2021）。其他的应用包括线上论证，特别是发布挑衅言论（Cohen，2017）、视觉论证（Aberdein，2018）以及宗教和政治分歧（Vainio，2017；Aberdein，forthcoming）。

两个重要事件帮助德性论证理论获得关注度：在2013年，德性论证理论是第十届安大略论证研究国际研讨会（OSSA）的主题，这是北美主要的论证理论会议（Mohammed & Lewinski，2014）；此外，会议的报告人受邀编辑了一份杂志《论题》（*Topoi*）的特刊，并于2016年出版。这份特刊中的数篇论文在本书中再版，它们会在下文中被详细介绍（Aberdein，2016a；Godden，2016；Stevens，2016）。该期刊还收录了其他9篇论文（Aikin & Casey，2016；Bailin & Battersby，2016；Ball，2016；Cohen & Miller，

2016；Drehe，2016；Gascón，2016；Kidd，2016；Kwong，2016；Thorson，2016），以及一篇序言（Aberdein & Cohen，2016）。

一个特别让人满意且有助于德性论证理论未来发展的标志是数篇与德性论证理论相关的博士（和硕士）学位论文。这些论文中最早的，也是在我们上次调研之前唯一的一篇，是汗比对批判性思维中的德性所做的研究（Hamby，2014）。麦克菲采用了一个类似的方法（McPhee，2016）；泰勒的硕士学位论文也是，尽管他的特别关注点是谦逊（Taylor，2016）。还有学者提出了一个叙述性论证的论述，“有德性的观众”这一概念在该论述中发挥了关键作用（Al Tamimi，2017）。加斯康后来成了德性论证理论领域中较为高产的作者之一，他的博士学位论文是他部分工作的一些最初背景（Gascón，2017b）。卡尔维洛强调思维开放是论证德性，并将其应用于充满分歧的辩论中（Caravello，2018）。邓恩为一个批判性思维的新亚里士多德主义的方法进行了辩护（Dunne，2019）。

大多数关于德性论证理论的著作都是用英文发表的。而使用西班牙语的一系列工作也在蓬勃发展（Ramírez，Figueroa，2014；Gensollen，2015，2017；Gascón，2018a）。这些平行工作很吸引人，它们大部分源自拉丁美洲。这或许在地理意义上反映出部分“批判性思维中的德性可以推动作为一门学科的哲学和作为从业者的哲学家个体的发展”（Nuccetelli，2016：133）。

5. 审视本领域

当前，对于德性论证理论的研究延伸至一些传统领域，诸如论证的本质和它对人类繁荣的作用、论证的知识论、谬误理论以及论证的伦理学。也有一些比较性的工作是关于德性论证理论和其他理论相比在处理论证的传统问题时表现如何，以及在什么程度上德性理论改变了传统议程的研究。以下三个显著且有成效的研究方向值得被特别提及，它们的根基都涉及德性的哲学理论构建。

（1）论证德性为以下问题的研究提供了动力：什么是德性？存在什么德性？它们之间如何关联？它和道德、理智与其他德性类别之间的关系如何？

（2）作为论证者长期品格特征的论证德性，如何和构成单一论证的一系列命题的语用行为联系？论证者的特质是什么？它是如何与论证评估关联的？

（3）一般来说，论证理论如何受到实践的启发？这告诉了我们什么？我们对论证的了解如何被用来形成或改变我们的论证方式？逻辑和批判性思维的实践与教育法与其理论交织在一起，使其有别于其他学术理论。德性转向开辟了全新的视角。

由于本书或许是一部分读者与德性论证理论领域的首次接触，因此我们收录了在理论发展和当前研究中具有历史影响力的论文、对德性理论提出重要反对意见的论文以及一些答复、为未来发展扫清道路的专题论文。

第一部分“背景和语境”收录了两篇定义该方法的早期论文，以及一篇揭示古代先例的论文，它回答了为什么我们在德性论证理论的工作中需要中文翻译选集。

德性理论早已在伦理学和知识论中产生影响。安德鲁·阿伯丁的《论证中的德性》（Aberdein，2010）是将“德性论证”术语介绍给世界的会议论文（Aberdein，2007）的完整版本。该论文提出将德性理论运用于论证研究，探究并回应了德性论证及这项方法论的应用通常存在的数个潜在障碍。在对论证德性做出初步分析之后，该论文认为论证的论辩特质使其特别适合以德性进路进行分析。

丹尼尔·科恩的《德性知识论与论证理论》（Cohen，2007）明确将德性论证理论以德性知识论为模型，而德性知识论则以德性伦理学为模型，将其伦理学的见解转移到知识论中。德性知识论已经取得了巨大的成功：它拓宽了我们的视野，为传统问题提供了新的答案，并提出了令人兴奋的新问题。基于认知成就的概念，科恩的这篇论文为德性知识论提供了一个新的论证，这是一个比纯粹的认知成就更广泛的概念。这一论证接下来将扩展为认知转变，尤其是由论证带来的认知转变。

熊明辉和吕有云的《儒家哲学论证的理性与逻辑》（2016）基于《论语》文本中明确表达的内容或其说服对话中蕴含的内容，或是孔子和孟子的论证实践中显现的内容，重构了儒家论证理论的基本框架（Becker，1986）。正是儒家论证理论以及中国哲学中技能与德性的概念长期占有重要地位，才推动了本次翻译项目。

阿伯丁和科恩在论文中对德性理论的介绍引起了学界热烈的回应，熊明辉的文章进一步说明并扩展了该方法，也同样引起了强烈的反驳。在第二部分“反驳和挑战”中，我们收录了两篇质疑整个德性论证理论的论文，而另一篇论文则提供了一个精巧的回复。

在论文《德性与论证：将品格考虑在内》中，特蕾西·鲍威尔和贾斯汀·金斯伯里对任何将论证者的品格纳入考量的论证理论都持悲观态度（Bowell & Kingsbury，2013）。他们主张，即使“辨识优秀论证者的德性并考虑我们和他人能如何培养这些德性”是有益的，德性论证理论也不能为“好论证”提供一个合理的新定义。

大卫·戈登的《论基于主体的论证规范的优先性》（Godden，2016）就德性理论提出了两个严肃的基础性问题。他总结得出“纯粹”的德性理论没有任何依据，所以它们甚至无法起步！他认为德性理论无法厘清概念优先性的问题，且无法兑现以德性为基础来定义论证理论所需的一系列评价性概念的承诺。总而言之，通过对德性论证理论的概念基础所做的回顾性研究，他认为这是一座建立在沙滩上的城堡。

法比奥·帕格利里在他的《“坏说服力”与“好谬误”：德性论证理论中的论证质量》一文中接受了戈登提出的上述挑战（Paglieri，2015）。对德性论证理论的不完全性指控声称德性理论的术语无法解释论证的有效性，但帕格利里并没有就此进行辩护，因为他认为这个指控是不得要领的。该指控建立在德性论证理论并不被认可的前提之上，且提出了一个大多数德性论证理论都认为是无关痛痒的问题。这要求我们能分辨几种不同的德性论证理论，并澄清对它们来说什么才是重要的。

在第三部分“拓展德性理论”中，本书收录了详细阐述德性论证方法的论文，这些文章探索了理论的可能性，并从中寻找有价值的见解。

在《有德性的论证者：一个人扮演四种角色》（Stevens，2016）中，凯瑟琳·斯蒂文斯提出了各种德性如何共存的问题：当不同的德性汇集在一起时，有什么能保证它们之间不产生摩擦呢？论证者怎样做到真诚地接受对立的观点，同时积极地批判这些观点且顽强地辩护他们自身的观点？斯蒂文斯认为论证德性之间表面上的冲突可以用论证者在论证中扮演的不同角色来解释。斯蒂文斯的解释强调了论证的动态维度，论证者需要扮演的多元角色，对应这些不同角色的不同德性和技巧，以及在不同的论证阶段论证者需要转换不同的角色——所有这些都归属在论证的首要目标即改善我们的信念系统之下。

因为德性论证理论关注论证者的品格而非他的论证，所以好的论证与有德性的论证者之间的关系必须得到解释。何塞·加斯康在《如有德性的论证者一般论证》中就研究了这些内容（Gascón，2015）。他（就像有德性的论证者一样！）指出除了常规的逻辑标准、论辩标准和修辞标准，德性论证还必须满足两个额外要求：论证者必须处于特定的心理状态中，而且论证必须被宽泛地理解为一种论证性参与（argumentative intervention），因此在每个维度都要表现出色。

菲利普·奥利维拉·德索萨在德性进路中看到了希望，但也发现了其不完全性。在《关注他人的德性及其在德性论证理论中的地位》中，他指出尽管德性论证理论近年来取得了一些进展，但它对关注他人的德性仍然缺乏更加系统的认识（De Sousa，2020）。对这些德性更全面的认识不仅丰富了德性论证理论的研究领域，而且使人们对德性论证者有更丰富、更直观的认识。一个完全有德性的论证者应该同时注重培养以自我为中心和以他人为中心的德性。他既要关注自己作为一个论证者的发展，也要在这方面帮助其他论证者发展。

加斯康的《携手共进：德性与语用论辩学》（Gascón，2017a）通过展示新的德性论证理论如何与公认的语用论辩方法协调，给德性理论在论证理论的话语中定位。德性论证理论关注论证者的品性，而语用论辩学关注作为程序的论证。在这篇论文中，加斯康认为两种论证方法并不互相冲突。相反，通过对语用论辩学进行略微的修改，并对德性论证理论稍加限制，我们可以将这两者视作研究论证行为的互补理论。

第四部分，即最后一节“应用”的三篇论文，提供了一些德性理论可以被实际使用的方式。

阿伯丁在《论证中的恶习》（Aberdein，2016a）中首次从德性论证理论的角度涉足谬误理论。他对细节的一丝不苟或许会掩盖这个项目背后的野心。他首先给出用恶习来描述论证失败的程序性论述的蓝图；紧接着，他为建立这个理论大厦打下基础；随后，在一个诉诸情感论证的案例研究中，他使整个项目经受检验。这篇文章是该方向研究的开山之作。

在世界各地尤其是美国动荡不安的一年里，遇到一篇关于耐心和论证理论的论文可能会让人感到惊讶，但菲利普斯向我们呈现了这样一篇论文——《深度分歧与作为论证德性的耐心》（Phillips，2021）。她从道德与政治的角度探讨了深度分歧的概念，主张耐心是我们应该培养的一种论证德性。论证的延展性和我们改变主意的速度，使得这一点尤为重要。她对呼唤耐心在过去如何被误用表达了担忧，并认为如果我们接受耐心作为一种论证的德性，我们尤其应该让那些当权者来承担耐心的负担。

科恩的文章《怀疑主义与论证德性》（Cohen，2013a）牵涉诸多主题，文章指出如果论证是哲学家的游戏，那么这是一个被操纵的游戏。虽然许多论证理论明确将论证与理由、理性和知识联系起来，但是论证本身就内嵌了某些反对知识、倾向于怀疑主义的偏见。论证的怀疑主义偏见可以分为三类：游戏规则中的偏见、游戏技巧中的偏见、游戏决策中的偏见。中观学派的佛学家龙树、希腊的皮罗主义学者（Pyrrhonian）赛克斯都·恩披里科和道学家庄子这三位来自不同传统的古代哲学家是以上研究的典范。他们的论证风格有巨大的差异，他们的怀疑主义也截然不同，但是他们各自的论证和怀疑主义都有很自然的联系：龙树提出了“不真的真实性”论证，恩披里科提出了反论证的策略，而庄子巧妙地避开了所有直接论证，用间接论证反对论证。科恩总结道，德性论证理论对论证者和他们的技巧的重视，为理解以上三位哲学家对论证和怀疑主义的见解提供了最佳视角。

这一部分中的三篇论文是德性论证理论一系列可能应用中非常小的样本，还有其他很多论文可以被收录（Hamby，2014；Kidd，2016；Aikin & Clanton，2010；Norlock，2013）。其他部分同样如此，许多论文值得被介绍给中文的论证研究共同体，因此我们希望能和他们继续推进本项目。

传统让我们发问：我们将何去何从？作者们确实做了出色的工作，为未来的学术研究提供了方向，提出了需要回答的问题，当然，也发表了有争议的论文。但我们也可以问一个不同的问题：在德性论证理论中，有哪些合理之处？我们相信，在这些论文的基础上，我们已经具备进行有成效的论证所需的必要德性。

致谢：

我们感谢胡启凡发起这个项目，感谢其作为主要译者的认真表现，以及他在项目推进中的关键作用。

上文的部分段落选自两篇此前发表的论文（Aberdein，2015；Aberdein & Cohen，2016）。

2021年12月

参考文献

[1] Aberdein A, 2007. Virtue argumentation [C] // Van Eemeren F H, Blair J A, Willard C A, Garssen B, editors, Proceedings of the 6th conference of the international society for the study of argumentation. Amsterdam: Sic Sat: 15 – 19.

[2] Aberdein A, 2010. Virtue in argument [J]. Argumentation, 24 (2): 165 – 179.

[3] Aberdein A, 2014. In defence of virtue: The legitimacy of agent-based argument appraisal [J]. Informal Logic, 34 (1): 77 – 93.

[4] Aberdein A, 2015—. Virtues and arguments: A bibliography [EB/OL]. URL accessed 26 July 2022: https://www.academia.edu/5620761.

[5] Aberdein A, 2015. Interview with Daniel Cohen [J]. The Reasoner, 9 (11): 90 – 93.

[6] Aberdein A, 2016a. The vices of argument [J]. Topoi, 35 (2): 413 – 422.

[7] Aberdein A, 2016b. Virtue argumentation and bias [C] // Bondy P, Benacquista L, editors, Proceedings of the 11th International Conference of the Ontario Society for the Study of Argumentation (OSSA). Windsor, ON: OSSA.

[8] Aberdein A, 2018. Virtuous norms for visual arguers [J]. Argumentation, 32 (1): 1 – 23.

[9] Aberdein A, 2020a. Arrogance and deep disagreement [C] // Tanesini A, Michael P L, editors, Polarisation, Arrogance, and Dogmatism. London: Routledge: 39 – 52.

[10] Aberdein A, 2020b. Eudaimonistic argumentation [C] // Van Eemeren F H, Garssen B, editors, Argument Schemes to Argumentative Relations in the Wild: A Variety of Contributions to Argumentation Theory. Cham: Springer: 97 – 106.

[11] Aberdein A, 2020c. Intellectual humility and argumentation [C] // Alfano M, Lynch M, Tanesini A, editors, The Routledge Handbook of Philosophy of Humility. London: Routledge: 325 – 334.

[12] Aberdein A, 2021a. Courageous arguments and deep disagreements [J]. Topoi, 40 (5): 1205 – 1212.

[13] Aberdein A, 2021b. Was Aristotle a virtue argumentation theorist? [C] // Bjelde J, Merry D and Roser C, editors, Essays on Argumentation in Antiquity. Cham: Springer: 215 – 229.

[14] Aberdein A, forthcoming. Populism and the virtues of argument [C] // Peterson G R, Berhow M, and Tsakiridis G, editors, Engaging Populism: Democracy and the Intellectual Virtues. Palgrave.

[15] Aberdein A, Cohen D H, 2016. Introduction: Virtues and Arguments [J]. Topoi, 35 (2): 339 – 343.

[16] Adam S, Juergensen L, 2019. Toward critical thinking as a virtue: The case of mental health nursing education [J]. Nurse Education in Practice, 38: 138 – 144.

[17] Adler J E, 2007. Commentary on Daniel H. Cohen: Virtue epistemology and argumentation theory [C] // Hansen H V, Tindale C W, Blair A J, et al., editors, Dissensus and the Search for Common Ground. Windsor, ON: OSSA: 1 – 5.

[18] Agnew L, 2018. Intellectual humility: Rhetoric's defining virtue [J]. Rhetoric Review, 37 (4): 334 – 341.

[19] Aikin S F, Vollbrecht L A, 2020. Argumentative ethics [C] // LaFollette H, editor, The International Encyclopedia of Ethics. New York: John Wiley & Sons.

[20] Aikin S F, Casey J P, 2016. Straw men, iron men, and argumentative virtue [J]. Topoi, 35 (2): 431 – 440.

[21] Aikin S F, Clanton J C, 2010. Developing group-deliberative virtues [J]. Journal of Applied Philoso-

phy 27 (4): 409 – 424.

[22] Al Tamimi K, 2017. A narrative account of argumentation [D]. Toronto: York University.

[23] Amaya A, 2011. Virtue and reason in law [C] // Maksymilian D M, editors, New Waves in Philosophy of Law. Basingstoke: Palgrave Macmillan: 123 – 143.

[24] Amaya A, 2013. Exemplarism and judicial virtue [J]. Law & Literature, 25 (3): 428 – 445.

[25] Amaya A, 2022. Group-deliberative virtues and legal epistemology [C] // Beltran J F, Vazquez C, editors, Evidential Legal Reasoning. Cambridge: Cambridge University Press: 125 – 137.

[26] Aristotle, 1991. The Art of Rhetoric [M]. Lawson-Tancred H, trans. London: Penguin.

[27] Baehr J, 2011. The structure of open-mindedness [J]. Canadian Journal of Philosophy, 41 (2): 191 – 213.

[28] Baehr J, 2013. Educating for intellectual virtues: From theory to practice [J]. Journal of Philosophy of Education, 47 (2): 248 – 262.

[29] Baehr J, 2019. Intellectual virtues, critical thinking, and the aims of education [C] // Fricker M, Graham P J, David H, et al., editors, The Routledge Handbook of Social Epistemology. London: Routledge: 447 – 456.

[30] Bailin S, 2003. The virtue of critical thinking [J]. Philosophy of Education Society Yearbook, 15: 327 – 329.

[31] Bailin S, Battersby M, 2016. Fostering the virtues of inquiry [J]. Topoi, 35 (2): 367 – 374.

[32] Baker S, 2008. The model of the principled advocate and the pathological partisan: A virtue ethics construct of opposing archetypes of public relations and advertising practitioners [J]. Journal of Mass Media Ethics, 23 (3): 235 – 253.

[33] Balg D, 2022. Live and Let Live: A Critique of Intellectual Tolerance [M]. Berlin: Springer.

[34] Ball A, 2016. Are fallacies vices? [J]. Topoi, 35 (2): 423 – 429.

[35] Battaly H, 2010. Attacking character: Ad hominem argument and virtue epistemology [J]. Informal Logic, 30 (4): 361 – 390.

[36] Baumtrog M D, 2016. The willingness to be rationally persuaded [C] // Bondy P, Benacquista L, editors, Argumentation, Objectivity and Bias: Proceedings of the 11th International Conference of the Ontario Society for the Study of Argumentation (OSSA). Windsor, ON: OSSA.

[37] Becker C B, 1986. Reasons for the lack of argumentation and debate in the Far East [J]. International Journal of Intercultural Relations, 10: 75 – 92.

[38] Bejan T M, 2016. Locke on toleration, (in) civility and the quest for concord [J]. History of Political Thought, 37 (3): 556 – 587.

[39] Bejan T M, 2017. Mere Civility: Disagreement and the Limits of Toleration [M]. Cambridge, MA: Harvard University Press.

[40] Bejan T M, 2018. Review essay: Recent work on toleration [J]. The Review of Politics, 80 (4): 701 – 708.

[41] Bianchi C, 2021. Discursive injustice: The role of uptake [J]. Topoi, 40 (1): 181 – 190.

[42] Blair J A, 2011. The moral normativity of argumentation [J]. Cogency, 3 (1): 13 – 32.

[43] Bondy P, 2010. Argumentative injustice [J]. Informal Logic, 30 (3): 263 – 278.

[44] Bondy P, 2015. Virtues, evidence, and ad hominem arguments [J]. Informal Logic, 35 (4): 450 – 466.

[45] Bonotti M, Zech S T, 2021. Recovering Civility during COVID-19 [M]. Singapore: Palgrave Mac-

millan.

[46] Borden S, 2010. Journalism as Practice: MacIntyre, Virtue Ethics and the Press [M]. New York, NY: Routledge.

[47] Borden S L, 2016. Aristotelian casuistry: Getting into the thick of global media ethics [J]. Communication Theory, 26 (3): 329 - 347.

[48] Bowell T, 2021. Some limits to arguing virtuously [J]. Informal Logic, 41 (1): 81 - 106.

[49] Bowell T, Kingsbury J, 2013. Virtue and argument: Taking character into account [J]. Informal Logic, 33 (1): 22 - 32.

[50] Bowell T, Kingsbury J, 2015. Virtue and inquiry: Bridging the transfer gap [C] // Davies M, Barnett R, editors, Palgrave Handbook of Critical Thinking in Higher Education. London: Palgrave: 233 - 245.

[51] Breakey H, 2021. "That's unhelpful, harmful and offensive!" Epistemic and ethical concerns with meta-argument allegations [J]. Argumentation, 35 (3): 389 - 408.

[52] Breakey H, forthcoming. The ethics of arguing [M]. Inquiry.

[53] Brewer S, 2020. Interactive virtue and vice in systems of arguments: A logocratic analysis [J]. Artificial Intelligence and Law, 28: 151 - 179.

[54] Brinton A, 1983. Quintilian, Plato, and the "Vir Bonus" [J]. Philosophy & Rhetoric, 16 (3): 167 - 184.

[55] Brinton A, 1986. Ethotic argument [J]. History of Philosophy Quarterly, 3 (3): 245 - 258.

[56] Brockriede W, 1972. Arguers as lovers [J]. Philosophy and Rhetoric, 5 (1): 1 - 11.

[57] Burbules N C, 1992. The virtues of reasonableness [C] // Buchmann M, Floden R E, editors, Philosophy of Education 1991: Proceedings of the Forty-Seventh Annual Meeting of the Philosophy of Education Society. Normal, IL: Philosophy of Education Society: 215 - 224.

[58] Byerly T R, 2017. Introducing Logic and Critical Thinking: The Skills of Reasoning and the Virtues of Inquiry [M]. Grand Rapids, MI: Baker Academic.

[59] Byerly T R, 2019. Teaching for intellectual virtue in logic and critical thinking classes: Why and how [J]. Teaching Philosophy, 42 (1): 1 - 27.

[60] Cagle L E, 2018. Climate change and the virtue of civility: Cultivating productive deliberation around public scientific controversy [J]. Rhetoric Review, 37 (4): 370 - 379.

[61] Calhoun C, 2000. The virtue of civility [J]. Philosophy & Public Affairs, 29 (3): 251 - 275.

[62] Campolo C, 2019. On staying in character: Virtue and the possibility of deep disagreement [J]. Topoi, 38 (4): 719 - 723.

[63] Caravello J A, 2018. Empathy, open-mindedness and virtue in argumentation [D]. Santa Barbara: University of California.

[64] Carr D, 2020. Knowledge and truth in virtuous deliberation [J]. Philosophia, 48 (4): 1381 - 1396.

[65] Casey J P, Cohen D H, 2020. Heroic argumentation: On heroes, heroism, and glory in arguments [C] // Novaes C D, Jansen H, Vanlaar J A, et al., editors, Reason to Dissent: Proceedings of the 3rd European Conference on Argumentation, vol. 2. London: College Publications: 117 - 127.

[66] Cattani A, 2016. "In order to argue, you have to agree" and other paradoxes of debate [C] // Sca rafile G, Gold L G, editors, Paradoxes of Conflicts. Cham: Springer: 97 - 107.

[67] Chen P, Tolmie A K, Wang H, 2017. Growing the critical thinking of schoolchildren in Taiwan using

the Analects of Confucius [J]. International Journal of Educational Research, 84: 43 - 54.

[68] Ciurria M, 2012. Critical thinking in moral argumentation contexts: A virtue ethical approach [J]. Informal Logic, 32 (2): 239 - 255.

[69] Clark S J, 2003. The character of persuasion [J]. Ave Maria Law Review, 1 (1): 61 - 79.

[70] Clark, S J, 2019. An apology for lawyers: Socrates and the ethics of persuasion [J]. Michigan Law Review, 117: 1001 - 1017.

[71] Cohen D H, 2005. Arguments that backfire [C] // Hitchcock D, Farr D, editors, The Uses of Argument. Hamilton, ON: OSSA: 58 - 65.

[72] Cohen D H, 2007. Virtue epistemology and argumentation theory [C] //Hansen H V, editor, Dissensus and the search for common ground. Windsor, OSSA: 1 - 9.

[73] Cohen D H, 2009. Keeping an open mind and having a sense of proportion as virtues in argumentation [J]. Cogency, 1 (2): 49 - 64.

[74] Cohen D H, 2013a. Skepticism and argumentative virtues [J]. Cogency, 5 (1): 9 - 31.

[75] Cohen D H, 2013b. Virtue, in context [J]. Informal Logic, 33 (4): 471 - 485.

[76] Cohen D H, 2015. Missed opportunities in argument evaluation [C] // Garssen B J, Godden D, Mitchell G, et al., editors, Proceedings of ISSA 2014: Eighth Conference of the International Society for the Study of Argumentation. Amsterdam: Sic Sat: 257 - 265.

[77] Cohen D H, 2017. The virtuous troll: Argumentative virtues in the age of (technologically enhanced) argumentative pluralism [J]. Philosophy and Technology, 30 (2): 179 - 189.

[78] Cohen D H, 2019. Argumentative virtues as conduits for reason's causal efficacy: Why the practice of giving reasons requires that we practice hearing reasons [J]. Topoi, 38 (4): 711 - 718.

[79] Cohen D H, Miller G, 2016. What virtue argumentation theory misses: The case of compathetic argumentation [J]. Topoi, 35 (2): 451 - 460.

[80] Conley J J, 1991. A critical pedagogy of virtue [J]. Inquiry: Critical Thinking Across the Disciplines, 8 (4): 9 - 10, 25.

[81] Correia V, 2012. The ethics of argumentation [J]. Informal Logic, 32 (2): 219 - 238.

[82] De Brasi L, 2020. Argumentative deliberation and the development of intellectual humility and autonomy in the classroom [J]. Cogency, 12 (1): 13 - 37.

[83] De Caro M, Vaccarezza M S, Niccoli A, 2018. Phronesis as ethical expertise: Naturalism of second nature and the unity of virtue [J]. The Journal of Value Inquiry, 52: 287 - 305.

[84] Ding H, 2007. Confucius's virtue-centered rhetoric: A case study of mixed research methods in comparative rhetoric [J]. Rhetoric Review, 26 (2): 142 - 159.

[85] Drehe I, 2016. Argumentational virtues and incontinent arguers [J]. Topoi, 35 (2): 385 - 394.

[86] Duff R A, 2003. The limits of virtue jurisprudence [J]. Metaphilosophy, 34 (1 - 2): 214 - 224.

[87] Duffy J, 2014. Ethical dispositions: A discourse for rhetoric and composition [J]. JAC, 34 (1 - 2): 209 - 237.

[88] Duffy J, 2018. The impossible virtue: Teaching tolerance [J]. Rhetoric Review, 37 (4): 364 - 370.

[89] Duffy J, 2019. Provocations of Virtue: Rhetoric, Ethics, and the Teaching of Writing [M]. Logan, UT: Utah State University Press.

[90] Dunne G, 2019. Critical thinking: A neo-aristotelian perspective [D]. Dublin: Trinity College Dublin.

[91] Edyvane D, 2017. Toleration and civility [J]. Social Theory and Practice, 43 (3): 449 – 471.

[92] Ehninger D, 1968. Validity as moral obligation [J]. The Southern Speech Journal, 33 (3): 215 – 222.

[93] Ennis R H, 1996. Critical thinking dispositions: Their nature and assessability [J]. Informal Logic, 18 (2 – 3): 165 – 182.

[94] Facione P A, 2000. The disposition toward critical thinking: Its character, measurement, and relationship to critical thinking skill [J]. Informal Logic, 20 (1): 61 – 84.

[95] Ferkany M, 2020. A developmental theory for Aristotelian practical intelligence [J]. Journal of Moral Education, 49 (1): 111 – 128.

[96] Floyd S D, 2007. Could humility be a deliberative virtue? [C] // Henry D, Beaty M, editors, The Schooled Heart: Moral Formation in American Higher Education. Waco, TX: Baylor University Press: 155 – 170.

[97] Fritz J M H, 2017. Communication ethics and virtue [C] // Snow N E, editor, The Oxford Handbook of Virtue. Oxford: Oxford University Press: 700 – 721.

[98] Gage J, 2005. In pursuit of rhetorical virtue [J]. Lore, 5 (1): 29 – 37.

[99] Garver E, 1998. The ethical criticism of reasoning [J]. Philosophy and Rhetoric, 31 (2): 107 – 130.

[100] Gascon J A, 2015. Arguing as a virtuous arguer would argue [J]. Informal Logic, 35 (4): 467 – 487.

[101] Gascon J A, 2016. Virtue and arguers [J]. Topoi, 35 (2): 441 – 450.

[102] Gascon J A, 2017a. Brothers in arms: Virtue and pragma-dialectics [J]. Argumentation, 31 (4): 705 – 724.

[103] Gascon J A, 2017b. A virtue theory of argumentation [D]. Madrid: Universidad Nacional de Educacion a Distancia (UNED).

[104] Gascon J A, 2018a. La teoría de la virtud argumentativa: Un mero complemento moral? [J]. Revista Iberoamericana de Argumentacion´, 17: 61 – 74. In Spanish.

[105] Gascon J A, 2018b. Virtuous arguers: Responsible and reliable [J]. Argumentation, 32 (2): 155 – 173.

[106] Gensollen M, 2015. Virtudes Argumentativas: Conversar en un Mundo Plural [M]. Aguascalientes: IMAC. In Spanish.

[107] Gensollen M, 2017. El lugar de la teoría de la virtud argumentativa en la teoría de la argumentacion contempor anea [J]. Revista Iberoamericana de Argumentacion, 15: 41 – 59. In Spanish.

[108] Godden D, 2016. On the priority of agent-based argumentative norms [J]. Topoi, 35 (2): 345 – 357.

[109] Goddu G C, 2016. What (the hell) is virtue argumentation? [C] // Mohammed D, Lewiński M, editors, Argumentation and Reasoned Action: Proceedings of the First European Conference on Argumentation, Lisbon. London: College Publications: 439 – 448.

[110] Green J, 2019. Metacognition as an epistemic virtue [J]. Southwest Philosophy Review, 35 (1): 117 – 129.

[111] Hamby B, 2014. The virtues of critical thinkers [D]. Ontario: McMaster University.

[112] Hamby B, 2015. Willingness to inquire: The cardinal critical thinking virtue [C] // Davies M, Barnett R, editors, Palgrave Handbook of Critical Thinking in Higher Education. London: Palgrave:

77 – 87.

[113] Hample D, 2003. Arguing skill [C] // Greene J O, Burleson B R, editors, Handbook of Communication and Social Interaction Skills. Mahwah, NJ: Lawrence Erlbaum Associates: 439 – 477.

[114] Hample D, 2007. The arguers [J]. Informal Logic, 27 (2): 163 – 178.

[115] Hanscomb S, 2019. Teaching critical thinking virtues and vices: The case for Twelve Angry Men [J]. Teaching Philosophy, 42 (3): 173 – 195.

[116] Hare W, 1985. In Defence of Open-Mindedness [M]. Montreal: McGill-Queens University Press.

[117] Hare W, 2003. Is it good to be open-minded? [J]. International Journal of Applied Philosophy, 17 (1): 73 – 87.

[118] Hare W, 2009. Socratic open-mindedness [J]. Paideusis, 18 (1): 5 – 16.

[119] Hare W, McLaughlin T, 1998. Four anxieties about open-mindedness: Reassuring Peter Gardner [J]. Journal of Philosophy of Education, 32 (2): 283 – 292.

[120] Heikes D K, 2012. The Virtue of Feminist Rationality [M]. New York, NY: Continuum.

[121] Herrick J A, 1992. Rhetoric, ethics, and virtue [J]. Communication Studies, 43 (3): 133 – 149.

[122] Chris Higgins, 2009. Open-mindedness in three dimensions [J]. Paideusis, 18 (1): 44 – 59.

[123] Hyslop-Margison E J, 2003. The failure of critical thinking: Considering virtue epistemology as a pedagogical alternative [J]. Philosophy of Education Society Yearbook, 15: 319 – 326.

[124] Itagaki L M, 2021. The long con of civility [J]. Connecticut Law Review, 52 (3): 1169 – 1186.

[125] Jason G, 2011. Does virtue epistemology provide a better account of the ad hominem argument? A reply to Christopher Johnson [J]. Philosophy, 86 (1): 95 – 119.

[126] Johnson C M, 2009. Reconsidering the ad hominem [J]. Philosophy, 84 (2): 251 – 266.

[127] Johnstone C L, 1980. An Aristotelian trilogy: Ethics, rhetoric, politics, and the search for moral truth [J]. Philosophy and Rhetoric, 13 (1): 1 – 24.

[128] Kanemoto C S, 2005. Bushido in the courtroom: A case for virtue-oriented lawyering [J]. South Carolina Law Review, 57: 357 – 386.

[129] Karimov A R, 2018. Deep disagreement and argumentative virtues [J]. Society: Philosophy, History, Culture, 2018 (1). In Russian.

[130] Keating M, forthcoming. Debating with Fists and Fallacies: Vūcaspati Miśra and Dharmakīrti on Norms of Argumentation [J]. International Journal of Hindu Studies.

[131] Kidd I J, 2016. Intellectual humility, confidence, and argumentation [J]. Topoi, 35 (2): 395 – 402.

[132] Kidd I J, 2017. New Atheism: Critical Perspectives and Contemporary Debates [M]. Dordrecht: Springer.

[133] Kidd I J, 2020. Polarisation, Arrogance, and Dogmatism: Philosophical Perspectives [M]. London: Routledge.

[134] Kim H, 2003. Critical thinking, learning and confucius: A positive assessment [J]. Journal of Philosophy of Education, 37 (1): 71 – 87.

[135] Knoll M, 2020. Deep disagreements on values, justice, and moral issues: Towards an ethics of disagreement [J]. Trames, 24 (3): 315 – 338.

[136] Kotzee B, 2010. Poisoning the well and epistemic privilege [J]. Argumentation, 24 (3): 265 – 281.

[137] Kotzee B, Carter J A, Siegel H, 2021. Educating for intellectual virtue: A critique from action guidance [J]. Episteme, 18 (2): 177 - 199.

[138] Kvernbekk T, 2008. Johnson, MacIntyre, and the practice of argumentation [J]. Informal Logic, 28 (3): 262 - 278.

[139] Kwong J M C, 2016. Open-mindedness as a critical virtue [J]. Topoi, 35 (2): 403 - 411.

[140] Lepock C, 2014. Virtue Epistemology Naturalized: Bridges Between Virtue Epistemology and Philosophy of Science [M]. Cham: Springer.

[141] Lillehammer H, 2014. Minding your own business? Understanding indifference as a virtue [J]. Philosophical Perspectives, 28: 111 - 126.

[142] Linker M, 2011. Do squirrels eat hamburgers? Intellectual empathy as a remedy for residual prejudice [J]. Informal Logic, 31 (2): 110 - 138.

[143] Linker M, 2014. Epistemic privilege and expertise in the context of metadebate [J]. Argumentation, 28: 67 - 84.

[144] Love C W, 2021. The epistemic value of civil disagreement [J]. Social Theory and Practice, 47 (4): 629 - 655.

[145] MacPherson B, 2014. The incompleteness problem for a virtue-based theory of argumentation [C] // Mohammed D, Lewiński M, editors, Virtues of Argumentation: Proceedings of the 10th International Conference of the Ontario Society for the Study of Argumentation (OSSA). Windsor: OSSA.

[146] Maroney T A, 2020. (What we talk about when we talk about) Judicial temperament [J]. Boston College Law Review, 61 (6).

[147] Mastroianni B, 2021. From the virtues of argumentation to the happiness of dispute [C] // Cattani A, Mastroianni B, editors, Competing, Cooperating, Deciding: Towards a Model of Deliberative Debate. Florence: Firenze University Press: 25 - 41.

[148] Maynes J, 2015. Critical thinking and cognitive bias [J]. Informal Logic, 35 (2): 184 - 204.

[149] Maynes J, 2017. Steering into the skid: On the norms of critical thinking [J]. Informal Logic, 37 (2): 114 - 128.

[150] McCloskey D, 1998. Bourgeois virtue and the history of P and S [J]. The Journal of Economic History, 58 (2): 297 - 317.

[151] McGregor J, 2020. Free speech, universities, and the development of civic discourse [C] // Navin M C, Nunan R, editors, Democracy, Populism, and Truth. Cham: Springer: 77 - 90.

[152] McPhee R D, 2016. A virtue epistemic approach to critical thinking [D]. Australia: Bond University.

[153] Mi C, Ryan S, 2016. Skilful reflection as an epistemic virtue [C] // Mi C, Slote M, Sosa E, editors, Moral and Intellectual Virtues in Western and Chinese Philosophy: The Turn Toward Virtue. New York, NY: Routledge: 34 - 48.

[154] Mi C, Ryan S, 2020. Skilful reflection as a master virtue [J]. Synthese, 197: 2295 - 2308.

[155] Missimer C, 1990. Perhaps by skill alone [J]. Informal Logic, 12 (3): 145 - 153.

[156] Mohammed D, Lewiński M, 2014. Virtues of Argumentation [C] //Proceedings of the 10th International Conference of the Ontario Society for the Study of Argumentation (OSSA). Windsor: OSSA.

[157] Morin O, 2014. The virtues of ingenuity: Reasoning and arguing without bias [J]. Topoi, 33 (2): 499 - 512.

[158] Nieto A M, Valenzuela J, 2012. A study of the internal structure of critical thinking dispositions

[J]. Inquiry: Critical Thinking Across the Disciplines, 27 (1): 31 - 38.

[159] Nino D, Marrero D, 2016. An agentive response to the incompleteness problem for the virtue argumentation theory [C] // Mohammed D, Lewiński M, editors, Argumentation and Reasoned Action: Proceedings of the First European Conference on Argumentation, Lisbon, vol. 2. London: College Publications: 723 - 731.

[160] Niu Z, Zheng S, 2020. Argumentation in Mencius: A philosophical commentary on Haiwen Yang's The World of Mencius [J]. Argumentation, 34: 275 - 284.

[161] Norlock K J, 2014. Receptivity as a virtue of (practitioners of) argumentation [C] // Mohammed D, Lewiński M, editors, Virtues of Argumentation: Proceedings of the 10th International Conference of the Ontario Society for the Study of Argumentation (OSSA). Windsor: OSSA.

[162] Nuccetelli S, 2016. Latin American philosophers: Some recent challenges to their intellectual character [J]. Informal Logic, 36 (2): 121 - 135.

[163] Sousa F, 2020. Other-regarding virtues and their place in virtue argumentation theory [J]. Informal Logic, 40 (3): 317 - 357.

[164] Paglieri F, 2015. Bogency and goodacies: On argument quality in virtue argumentation theory [J]. Informal Logic, 35 (1): 65 - 87.

[165] Paul R, 2000. Critical thinking, moral integrity and citizenship: Teaching for the intellectual virtues [C] // Axtell G, editor, Knowledge, Belief and Character: Readings in Virtue Epistemology. Lanham: Rowman & Littlefield: 163 - 175.

[166] Phillips K, 2021. Deep disagreement and patience as an argumentative virtue [J]. Informal Logic, 41 (1): 107 - 130.

[167] Ralli T, 2013. Intellectual excellences of the judge [C] // Huppes-Cluysenaer L and Coelho N M M S, editors, Aristotle and the Philosophy of Law: Theory, Practice and Justice. Dordrecht: Springe: 135 - 147.

[168] Ramírez Figueroa A, 2014. La virtud abductiva y la regla de introduccion de hipotesis en deduccion natural [J]. Revista de Filosofia Aurora, 26: 487 - 513. In Spanish.

[169] Riggs W, 2010. Open-mindedness [J]. Metaphilosophy, 41 (1 - 2): 172 - 188.

[170] Rossini P, 2020. Beyond incivility: Understanding patterns of uncivil and intolerant discourse in online political talk [J]. Communication Research.

[171] Rowland R C, Womack D F, 1985. Aristotle's view of ethical rhetoric [J]. Rhetoric Society Quarterly, 15 (1 - 2): 13 - 31.

[172] Samuelson P L, Church I M, 2015. When cognition turns vicious: Heuristics and biases in light of virtue epistemology [J]. Philosophical Psychology, 28 (8): 1095 - 1113.

[173] Sato K, 2015. Motivating children's critical thinking: Teaching through exemplars [J]. Informal Logic, 35 (2): 205 - 221.

[174] Scharffs B G, 2004. The character of legal reasoning [J]. Washington & Lee Law Review, 61 (2): 733 - 786.

[175] Scharffs B G, 2020. Abraham Lincoln and the cardinal virtue of practical reason [J]. Pepperdine Law Review, 47 (2): 341 - 359.

[176] Schrag F, 1988. Thinking in School and Society [M]. New York, NY: Routledge.

[177] Scott K, 2014. The political value of humility [J]. Acta Politica, 49 (2): 217 - 233.

[178] Sellman D, 2003. Open-mindedness: A virtue for professional practice [J]. Nursing Philosophy,

4: 17 - 24.

[179] Siegel H, 1993. Not by skill alone: The centrality of character to critical thinking [J]. Informal Logic, 15 (3): 163 - 177.

[180] Siegel H, 1999. What (good) are thinking dispositions? [J]. Educational Theory, 49 (2): 207 - 221.

[181] Siegel H, 2009. Open-mindedness, critical thinking, and indoctrination: Homage to William Hare [J]. Paideusis, 18 (1): 26 - 34.

[182] Siegel H, 2016. Critical thinking and the intellectual virtues [C] // Baehr J, editor, Intellectual Virtues and Education: Essays in Applied Virtue Epistemology. New York, NY: Routledge: 95 - 112.

[183] Siegel H, 2017. Education's Epistemology: Rationality, Diversity, and Critical Thinking [M]. New York, NY: Oxford University Press.

[184] Solum L B, 2003. Virtue jurisprudence: A virtue-centered theory of judging [J]. Metaphilosophy, 34 (1 - 2): 178 - 213.

[185] Song Y, 2018. The moral virtue of open-mindedness [J]. Canadian Journal of Philosophy, 48 (1): 65 - 84.

[186] Spiegel J, James S, 2019. Open-mindedness and disagreement [J]. Metaphilosophy, 50 (1 - 2): 175 - 189.

[187] Stevens K, 2016. The virtuous arguer: One person, four roles [J]. Topoi, 35 (2): 375 - 383.

[188] Stevens K, 2019. The roles we make others take: Thoughts on the ethics of arguing [J]. Topoi, 38 (4): 693 - 709.

[189] Stevens K, Cohen D H, 2019. The attraction of the ideal has no traction on the real: On adversariality and roles in argument [J]. Argumentation and Advocacy, 55 (1): 1 - 23.

[190] Stevens K, Cohen D H, 2021. Angelic devil's advocates and the forms of adversariality [J]. Topoi, 40 (5): 899 - 912.

[191] Strait L P, Wallace B, 2008. Academic debate as a decision-making game: Inculcating the virtue of practical wisdom [J]. Contemporary Argumentation and Debate, 29: 1 - 37.

[192] Symons J, 2017. Formal Reasoning: A Guide to Critical Thinking. Dubuque [M]. IA: Kendall Hunt Publishing Company.

[193] Talisse R B, 2021. Semantic descent: More trouble for civility [J]. Connecticut Law Review, 52 (3): 1149 - 1168.

[194] Tan C, 2017. A Confucian conception of critical thinking [J]. Journal of Philosophy of Education, 51 (1): 331 - 343.

[195] Tan C, 2020. Conceptions and practices of critical thinking in Chinese schools: An example from Shanghai [J]. Educational Studies, 56 (4): 331 - 346.

[196] Tanesini A, 2018. Arrogance, anger and debate [J]. Symposion, 5 (2): 213 - 227.

[197] Tanesini A, 2019. Reducing arrogance in public debate [C] // Arthur J, editor, Virtues in the Public Sphere: Citizenship, Civic Friendship, and Duty. London: Routledge: 28 - 38.

[198] Tanesini A, 2020. Arrogance, polarisation and arguing to win [C] // Tanesini A, Lynch M P, editors, In Polarisation, Arrogance, and Dogmatism: Philosophical Perspectives. London: Routledge: 158 - 174.

[199] Tanesini A, 2021. Virtues and vices in public and political debates [C] // Hannon M, De Ridder

J, editor, The Routledge Handbook of Political Epistemology. Abingdon: Routledge: 325 - 335.

[200] Taylor E D, 2016. The importance of humility for the teaching of critical thinking [D]. Canada: Concordia University.

[201] Terrill R E, 2016. Reproducing virtue: Quintilian, imitation, and rhetorical education [J]. Advances in the History of Rhetoric, 19 (2): 157 - 171.

[202] Thayer-Bacon B J, 1993. Caring and its relationship to critical thinking [J]. Educational Theory, 43 (3): 323 - 340.

[203] Thayer-Bacon B J, 2000. Caring reasoning [J]. Inquiry: Critical Thinking Across the Disciplines, 19 (4): 22 - 34.

[204] Thorson J K, 2016. Thick, thin, and becoming a virtuous arguer [J]. Topoi, 35 (2): 359 - 366.

[205] Tiberius V, 2002. Virtue and practical deliberation [J]. Philosophical Studies, 111: 147 - 172.

[206] Tiberius V, 2012. Open-mindedness and normative contingency [J]. Oxford Studies in Metaethics, 7: 182 - 204.

[207] Tominaga T J, 1993. Toward a Confucian approach to cultivating the reasoning mind for the social order [J]. Inquiry: Critical Thinking Across the Disciplines, 12: 20 - 23.

[208] Vaccarezza M A, Croce M, 2021. Civility in the post-truth age: An Aristotelian account [J]. Humana Mente, 14: 127 - 150.

[209] Vainio O, 2011. Virtues and vices of tolerance [C] // Trigg R, Brunsveld N, editor, Religion in the Public Sphere: Proceedings of the 2010 Conference of the European Society for Philosophy of Religion. Utrecht: Ars Disputandi: 273 - 283.

[210] Vainio O, 2017. Disagreeing Virtuously: Religious Conflict in Interdisciplinary Perspective [M]. Grand Rapids: Wm. B. Eerdmans Publishing.

[211] Vainio O, Visala A, 2016. Tolerance or recognition? What can we expect? [J]. Open Theology, 2: 553 - 565.

[212] Wedgwood R, 2014. Rationality as a virtue [J]. Analytic Philosophy, 55 (4): 319 - 338.

[213] Weiss D J, Shanteau J, 2003. The vice of consensus and the virtue of consistency [C] // Smith K, Shanteau J, Johnson P, editors, Psychological explorations of competent decision making. Cambridge: Cambridge University Press: 226 - 240.

[214] Whyman T, 2019. Critique of pure niceness: The trouble with the civility fetish [J]. The Baffler, 44.

[215] Wiese C, 2016. Good people declaiming well: Quintilian and the ethics of ethical flexibility [J]. Advances in the History of Rhetoric, 19 (2): 142 - 156.

[216] Xiong M, 2014. Confucian philosophical argumentation skills [C] // Mohammed D, Lewiński M, editors, Virtues of Argumentation: Proceedings of the 10th International Conference of the Ontario Society for the Study of Argumentation (OSSA). Windsor: OSSA.

[217] Yan L, Xiong M, 2020. Philosophical foundation of reasonableness in Mencius's argumentative discourse: Based on the use of dissociation [C] // Novaes C D, Jansen H, Van Laar J A, et al., editors, Reason to Dissent: Proceedings of the 3rd European Conference on Argumentation, Groningen 2019, vol. 3. London: College Publications: 115 - 126.

[218] Yap A, 2013. Ad hominem fallacies, bias, and testimony [J]. Argumentation, 27 (2): 97 - 109.

[219] Yap A, 2015. Ad hominem fallacies and epistemic credibility [C]. Bustamante T, Dahlman C, editors, Argument Types and Fallacies in Legal Argumentation. Cham: Springer: 19-35.

[220] Zarefsky D, 2014. The "comeback" second Obama-Romney debate and virtues of argumentation [C] // Mohammed D, Lewiński M, editors, Virtues of Argumentation: Proceedings of the 10th International Conference of the Ontario Society for the Study of Argumentation (OSSA). Windsor: OSSA.

目　　录

背景和语境

论证中的德性……安德鲁·阿伯丁　3
德性知识论与论证理论……丹尼尔·科恩　16
儒家哲学论证的理性与逻辑　……熊明辉、吕有云　26

反驳和挑战

德性与论证：将品格考虑在内　……特蕾西·鲍威尔、贾斯汀·金斯伯里　43
论基于主体的论证规范的优先性　……大卫·戈登　50
“坏说服力”与“好谬误”：德性论证理论中的论证质量
……法比奥·帕格利里　68

拓展德性理论

有德性的论证者：一个人扮演四种角色……凯瑟琳·斯蒂文斯　85
如有德性的论证者一般论证　……何塞·加斯康　96
关注他人的德性及其在德性论证理论中的地位
……菲利普·奥利维拉·德索萨　110
携手共进：德性与语用论辩学……何塞·加斯康　132

应　用

论证中的恶习……安德鲁·阿伯丁　151
深度分歧与作为论证德性的耐心　……凯瑟琳·菲利普斯　166
怀疑主义与论证德性　……丹尼尔·科恩　179

背景和语境

论证中的德性*

安德鲁·阿伯丁[1]/文，胡启凡[2]、张安然[3]、王一然[4]/译

（1. 佛罗里达理工学院，人文与传播学院，佛罗里达州，美国；2. 科尔比学院，哲学系，缅因州，美国；3. 芝加哥大学，政治学系，伊利诺伊州，美国；4. 中山大学，哲学系，广东广州）

摘　要：德性论已经在伦理学和知识论中占据了重要地位。本文提出可以运用于论证中的类似方法。本文探究并解决了德性论通常存在的数个潜在顾虑，并针对因这个新应用产生的问题做出了回应。在初次尝试对论证德性进行审视之后，本文最终认为论证的论辩特质特别适合以德性论进行分析。

关键词：诉诸人身；逻辑普遍性；德性知识论；德性伦理学

一、伦理学中的德性

在沉默了数个世纪之后，对德性的研究成为伦理学中的显学之一。虽然这一所谓的“德性转向”（aretaic turn）的支持者在他们各自主张的细节上有本质上的不同，但他们都倾向于重新关注伦理德性，为那些用康德主义和功利主义等传统方法难以解决的问题提供新的思路。此外，伦理德性对于每个人的利益有直接的影响，这正是本领域中其他方法所欠缺的。虽然德性伦理十分新颖，但它有着比当代的其他理论更为久远的历史。

重视德性，或称“arete”，是从荷马所处的时代乃至更早就出现的古希腊思想特质。苏格拉底和柏拉图都被认为提出过德性理论，后者被称为勇敢、节制、智慧（或审慎）和公正这四种后来被称为“四主德”的奠基人（*Protagoras*，330b）。此后，圣·安布鲁斯、圣·奥古斯丁、托马斯·阿奎纳等权威人士先后将这些德性融入天主教的传统之中。然而，（西方）哲学中首要的德性理论家是亚里士多德。他的两部主要的伦理著作都为“好的生活是遵照我们最高的德性来生活”这一论点辩护。他把很多不同的伦理德性编入目录。他的早期著作《欧德谟伦理学》（1220b－1221a）列举了温柔、勇敢、谦逊、节制、义愤、公正、慷慨、真诚、友善、顽强、精神的伟大、威严和智慧。在他的后期著作《尼各马可伦理学》（1107a）中也能找到相似的内容。亚里士多德的后期著作点明了其理论的一个特征：中道思想（doctrine of the mean）①；在他的

---

* 原文为 Andrew Aberdein，2010. “Virtue in Argument，” *Argumentation*，24：165－179。本译文已取得论文原作者同意及版权方授权。

① 译者注：“doctrine of the mean” 也常被译为“中庸之道”。

论点中，每种德性代表着适度的某种特质，过犹不及。所以，每一种德性都处在两端的恶习之间。例如，温柔处于易怒和失神的中间，而勇敢处于鲁莽和懦弱的中间。这一学说至少为部分传统德性提供了看似合理的分析。但在现代，很少有德性理论家全盘接受这一学说。即便如此，中道思想仍具有实质性的精神价值。特别是，因为一个好的主体必须在具体情况下有能力判断何为中道，所以该学说迫使亚里士多德朝着知识论的方向建构他的伦理学，引入思想上的德性。这些德性包括知识、艺术、审慎、直觉、智慧、机智和理解（《尼各马可伦理学》，第六册）。其中最主要的是审慎，其更确切的含义是实践智慧或常识。对于亚里士多德而言，这是一种能使人深思熟虑的品格。也就是说，它能让人采取会带来好的结果的行动。

二、知识论中的德性

近年来，德性论不仅在伦理学的思想中再现，还延伸到哲学的其他领域，尤其是知识论当中。与伦理学中的德性一样，知识论中的“德性转向”因突破根深蒂固的立场，为旧辩论提供新解法而被推崇。在知识论中，这些辩论主要关注传统概念的定义，例如知识、理解与证成的信念。然而，诉诸这些有益的思想德性的提议可以有不同的形式。不同的德性知识论者对于几套不同的知识论德性各执一词。他们在德性应在变革之后的知识论中扮演什么确切的角色上没有达成共识。这些德性在呈现时或较传统概念有概念优先权，或在解释上而非概念上优先，或仅仅作为一个可靠的指导。

然而，大多数德性知识论学者都能被归入两个主要的思想流派之中。其中，较早的流派最初由厄内斯特·索萨（Ernest Sosa）提出，作为知识可靠论的分支，其研究是将知识理解为某种可靠过程的产物（Sosa，1980）。在德性论的形式中，这些可靠的过程表现为诸如视觉、听觉、内省、记忆、演绎和归纳等“德性”（Sosa，1991）。与之相反，其他的德性论学者则捍卫一个被称为知识责任论的立场（Code，1984）。对于德性的描述，相较于先天的能力，他们更注重习得的德性。更为关键的是，运用这些德性需要选择，因此需要承担责任。琳达·扎格泽博斯基（Linda Zagzebski）所提倡的责任主义的方案是最为完善的（Zagzebski，1996）。虽然她列举的德性（详见本文第七节）与亚里士多德列举的理智上（甚至是道德上）的德性更为接近，但是索萨列举的部分德性也在她的列表上。或许正如一些评论者所指出的（Battaly，2000）那样，这些表面上有分歧的思想流派之间早就应该和解了。

三、规范性

我们已经看到德性论在伦理学和知识论中都拥有自己的支持者。本文将论证，德性论在（非形式）逻辑中的应用也会是一个卓有成效的研究方法。但在这之前我们必须回答反复困扰所有德性论的问题（Statman，1997：19 ff.）：德性论有规范性吗？它们能支持普适的判断吗？它们能被运用于实际的例子吗？它们相比于行为更关注主体连贯性吗？如果这些问题在（非形式）逻辑的语境下尤为棘手，我们就能证明德性论方法不适合这个新应用。相反，为这些问题提供满意的回答能让我们更好地提供支持德性论证理论的正面论证（详见第七节和第八节）。

这些问题中的第一个问题是规范性问题：如果论证德性被理解为某个论证提供证明，那它们的规范力从何而来？这对所有基础理论而言都是一个问题。我们不能以无穷倒退为代价不断地诉诸更深的基础。如此看来，不论是在伦理学、知识论，还是论证理论中，德性论至少都不比其他任何基础理论差。可以肯定的是，德性论者还可以像其他理论者一样用直觉捍卫其立场的连贯性。另外，如果他提出的是为人熟知而又符合直觉的德性，那么他相较于那些试图为神圣或自然的法则、绝对律令或其他深奥的本质寻找在普通经验中的根基的竞争者来说，更能提供规范力。在第七节我们将探究是否能找到这些为人熟知而又符合直觉的论证德性。

四、逻辑的普适性

当不同的文化或群体对于一个理想的论证者的定义不同时，一个问题就产生了。如果我们赞同这种多样性的话，那么我们似乎就牺牲了逻辑的普适性这一传统假设；如果对此有异议的话，我们又该如何确立一个普适的概念呢？不同的文化认可不同的德性。在伦理中它们可能有巨大的差异。在论证领域中它们的差异或许不会那么极端，然而还是有一定的影响。特别是一些对于伦理行为的论述试图将部分德性与按照种族、阶级和性别区分的特定人群联系起来。这在对理性的讨论中也是常见的内容，例如，是否存在特定的属于男性或者女性的论证德性？如果事实确实如此，那么对于一个男性而言是好的论证可能对于一个女性而言就并非好的论证，反之亦然。

更进一步，表面上的相似可能掩盖了更深层次的分歧：是否存在矛盾的逻辑推理论述，各自都宣称有普适性？例如，佛教中的四梵住（或神圣的习俗）——慈、悲、喜、舍，似乎和上文中的德性有紧密联系，这让我们试图去假设一个深刻的跨文化共识。然而，它们的实际应用令人惊讶，例如，许多佛教徒将“舍”理解为放弃喜色。面对这样的文化冲突时，他们给出消极的回应，怀疑不同文化认可的几套德性，这或许是不能和解的。

地方主义和不可通约性这两个问题都可以被看作德性论证重构此前有关逻辑本质的辩论的机会。不可通约性在其他方面被称为（全局）逻辑多元主义。一些非经典逻辑的支持者通过捕捉他们与经典逻辑的争论为这一现象辩护。当然，这些系统的支持者并非典型地想要像接受地方主义的人所建议的那样，将逻辑推理相对化至不同的身份群体。然而，部分极端的逻辑评论家确实这么做了，尤其是部分女权主义评论家，她们意图贬低（形式）逻辑，称其本质是男性的，同时提倡可供选择的女性推理模式（Falmagne & Hass，2002）。任何认可这一立场的人都可能会认同每个性别拥有独属于自身的地方主义论证德性，但是接受这一结论并非唯一的选项。

就论证德性构成了论证的规范而言，德性论证相较于德性知识论可能更贴近德性伦理学。德性知识论者或许会把德性当作知识的（而非真理的）证明的组成部分。然而，德性伦理学者却可以将德性视作善的组成部分。这个态度似乎不可避免地导致相对主义，而许多德性伦理学者却认可这一举措（Nussbaum，1988：88）。但是并非所有德性伦理学者都是德性相对主义者，而且对于这种削弱德性伦理强度的相对主义，我们能拿出相抗策略。例如，努斯鲍姆不仅借鉴了亚里士多德有关个人德性的论述，还参考了就这些德性的本质可能产生原则性分歧的共同结构。亚里士多德的分类有两部分：首先，他将人类经验的范围划分成不同的领域；然后，在各个领域内探讨何为德性（Nussbaum，1988：38）。当然，努斯鲍姆承认这个论述是有争议的，而且可以在多方面被反驳。但是，一个应用于伦理学乃至论证理论的非相对主义德性理论初步看来似乎是可以捍卫的。

这两个问题都能通过规定来解决。在德性伦理学中，对于地方主义标准的回应是规定所有重要的德性都必须平等地适用于所有具有感情的主体上。这就排除了基于特定种族、阶级或性别的"德性"。同样的策略可以用于假定的地方主义论证德性。不可通约性的问题也可以通过类似的方式解决，即如果坚决认为几种不同的德性确实互相矛盾，那即使我们无法具体分辨，部分（可能所有）德性也肯定是假的。

五、适用性

德性论证如何应用于实际的情况中呢？在德性伦理学中，实际的建议通常以"像某个理想的伦理主体会做的那样去做"的形式表达。所以德性理论有时被解释为"某英雄人物会怎么做"的理论。但这个方法对普通的论证者有帮助吗？一种普通人能应用德性论的方式是去关注一个特定的有德性的个体，然后问他或她在他们所处的情况下会做什么。这个方法存在的一个问题是，对于理想主体而言，正确的行为可能对其他人而言并不正确。举一个表明这个担忧也适用于论证的例子——某位英国律师和幽默家约翰·莫蒂默（John Mortimer）的逸事：

> 我十分敬佩沙门阁下流畅而优雅的辩护，他……会……在法官席前随意地踱步，向证人席抛出准确而犀利的问题。我认为这种风格值得模仿。在我早期的质证中我会……加快或放慢节奏，抛出我认为合适的问题来回击。我继续使用这个方法直到一位无情的法官说："请努力保持安静，莫蒂默先生。这简直像看乒乓球赛。"（Mortimer，1984：96）

反思这则逸事或许能看出这个问题如何解决。年轻的约翰·莫蒂默或许相信他在以沙门阁下的方式进行他的论证，但后来他清晰地意识到这种模仿是多么的肤浅。他到头来只抓住了表面的形式，却忽略了论证的德性（如果他也能模仿这些德性，那个法官或许不会如此无情）。这表明，相较于直接模仿有德性的人，从他们的行为中总结出可以模仿的德性更可取。就像在伦理情境中，我们必须谨慎模仿正确的事物：可模仿的德性（详见第七节）。此外，这个方法相对于基于规则的替代方案更为可取：人们通常不会在做正确的行为或进行好的论证时直接诉诸规则。行为先出现，而规则试图去捕捉使其有效的东西。可以说，和规则相比，德性与典范行为的联系更紧密。

六、论证的地位

德性论显然基于主体而非行为。这一点使对行为的评估变得异常复杂。道德的或知识的德性所描述的是主体，而非他的行为或信念。在论证中，这意味着德性是论证者的品格而非他的论证。当然，谈论“论证的德性”是完全合理的，我们也可以把这些“德性”替换为原始的德性。在这种情况下，我们仍然可以讨论论证者的德性，方法是通过论证者的论证的德性来定义他们的德性，使有德性的论证者表现为成为倾向于提出或接受德性论证的论证者。然而这种讨论德性的方式使得德性边缘化了，因为“论证的德性”应该能够用更传统的论证评估的方法来诠释。所以，如果一个论证的德性论能够奏效的话，它必须基于主体。这对于论证的评估而言是一个问题吗？

这似乎提出了一个在相应的伦理学和知识论中并未出现过的具体问题：所有基于主体的论证评估不都犯了“诉诸人身”谬误吗？总的来说，一个诉诸人身的论证可以表述为“提供所谓有关琼斯的事实来影响听众对于琼斯主张 P 的态度”（Brinton，1995：214）。这两者似乎完全吻合。琼斯的德性（或恶习）是有关他的事实，他为 P 做的论证是他主张 P 的一种形式，同时我们评估他所呈现的论证大概是影响听众对论证的态度的举动。所以，如果所有诉诸人身的论证都是谬论，那么基于主体的评估也一定都犯了谬误，自然也不会有规范力。

但所有诉诸人身的证论都一定是谬误吗？传统教科书在谬误的处理上通常是这么认为的，但是很难找到符合以上描述而又看起来完全合理的论证。确实，大卫·希契科克（David Hitchcock）指出，将诉诸人身视作固有谬误的教科书传统居然在近代才出现：他在 19 世纪早期的理查德·怀特利（Richard Whately）之前并未找到任何将诉诸人身归为谬论的痕迹（Hitchcock，2007：189），同时怀特利明确规定了诉诸人身只有在“被滥用时”才算谬误（Whately，1850：80）。最近许多对诉诸人身的处理都摒弃了教科书上的解释。例如，阿兰·布林顿（Alan Brinton）指出“诉诸人身通常可以被理解为攻击演讲者或者作者的修辞道德，否则他们的道德会被诉诸人身论者认为拥有超出合理范畴的说服力的因素”。它是论证的一种正当形式，并且它在很多实际情况中，或者大多数实际情况中，顺理成章地被接受（Brinton，1995：222）。对道德的关注使得一些分析师把此类论证称为“道德论证”（ethotic argument），可细分为正面的道德论证和负面的道德论证。正面的道德论证即我们所说的通过诉诸（最初的）论证者的德性来强化结论，负面的道德论证即诉诸论证者的恶习来削弱论证的强度（cf. Walton，1999：183 f.）。我们或许可以为不正当的负面道德论证保留“诉诸人身”谬误。其他作者也以别的方式为诉诸人身的论证辩护（Powers，1998；Woods，2007）。

抛开教科书的权威，在当代论证领域，唯一会批判诉诸人身论证主要理论立场的应该是语用论辩学。范爱默伦和罗布·荷罗顿道斯特断定大多数这类论证都违背了“批判性讨论的第一规则”，即“各方不得相互阻碍提出立场或对立场进行质疑”（Van Eemeren & Grootendorst，1995：224）。但希契科克指出，这样似乎误解了诉诸人身论者：使用诉诸人身的论证只是降低了对手的可信度，并非让他完全沉默。或许除了“井中投毒”这种极端的情况。沃尔顿（Walton，2006）认为“井中投毒”根本不是诉诸人身谬误，但是范爱默伦和罗布·荷罗顿道斯特在对诉诸人身进行论述时准确地分析了这一情况。这或许是一个合理的处理方式，又或许不是，但它与语用论辩学中批判性讨论的第一规则是一致的。其余语用论辩学的规则中唯一可能与基于主体的分析不一致的是第四条，即“一方只能通过提出与该立场相关的论证来为这一立场辩护”（Van Eemeren & Grootendorst，1992：208）。但采用基于“没有任何这类与立场相关的分析”来援引这一规则，只会看起来像通过假设这类分析先验的无关性来反对基于主体的理论，从而犯下了循环论证的谬误。

这一节旨在帮助德性论证理论抵抗隐藏在“诉诸人身”传统论述中的致命一击：任何此类评估必定是谬论。我们已经看到，这样的论述缺乏根据：那些最为严肃的评论家已经认同在传统上被定义为“诉诸人身”的论证不一定是谬论。德性论证理论足以应对这一质疑，但它对这些改良者提出了一个新的问题：我们如何区分良善的“诉诸人身”和恶意的“诉诸人身”？德性论或许能提供一个简单的解决方案：负面的道德论证只有在用于引起观众对于论证恶习的关注时才是正当的。同样，正面的道德论证只有在指向论证的德性时才是正当的。例如，强调偏见、利益冲突或者欺骗行为是正当的。试图通过关注对手与论证无关的恶习，或者完全不算恶习的行为来降低对手的可信度就是不正当的。然而，一个有关诉诸人身的德性论的详细论述可能要留到此后的论文去展开了。当然，这一提议，以及就诉诸人身谬误的指控为德性论证辩护，都需要一个与论证说服力相关的、针对具体论证德性和恶习的论述。我们将在下一节解决这一问题。

七、何种德性？

我们已经看到，德性论在论证中的应用必须关注主体而非行为。这意味着需要分辨论证者的好坏而非论证的好坏。部分非形式逻辑学者也认同这一点，虽然他们并未参考德性论。此外，德性知识论者提出的许多好的认知主体的特质，对于好的论证者而言似乎也是必要的。例如，扎格泽博斯基认为认知德性与论证的相关性就像它与知识的相关性一样。她列举了下列德性：

> 识别重要事实的能力；对细节敏感；在收集和评估证据方面思想开放；在评估他人的论证时持公正态度；理智上谦卑；理智上有毅力、勤奋、谨慎和周到；思维灵活多变；探究的德性——思考对事实合理的解释；能分辨可靠的权威；对人、问题和理论有洞见；教学中的德性——善于沟通的社交德性，包括思想上诚恳、了解面对的听众以及他们会如何回应（Zagzebski，1996：114）。

她还将思想上勇敢、自主、无谓、有创造力和创新性视为德性（Zagzebski，1996：220，225）。

德性论的一些其他运用可能更贴近我们的关注点。例如，理查德·保罗将德性论与批判性思维联系起来。保罗认为以下德性将“真正拥有批判性思维的人”与“肤浅地将事物合理化的人”区分开来：理智勇敢、理智共情、理智正直、理智坚毅、相信理性和公正（Paul，2000：168）。只有真正拥有批判性思维的人才有真正的理解，保罗认为正是教育对追求德性的忽视导致他们缺乏这种特质。然而，他对“德性为知识论中理解这个概念服务”的强调使得他的理论与主流德性知识论一致。所以，即使批判性思维与非形式逻辑相近，上文列举的也不一定是独属于论证的德性。

这些德性或许可以在德性法理学中寻求。德性法理学追求将德性转向的范围扩大到法律哲学，就像我们将它扩展到逻辑哲学一样。因为法律中充满了论证，所以这似乎是一个适于寻找德性的领域。具体而言，劳伦斯·索伦列出了以下法理学的德性和相对应的恶习：司法节制与腐败、司法勇气与公民懦弱、司法品性与品性不端、司法智能与司法无能以及司法智慧与愚昧（Solum，2003）。然而，这些都是属于法官而非辩护律师的德性，而且它们被用作评估而非构建论证。在构思一个论证时，能预见评估很重要，而对对话者的论证的准确评估在辩论中极为重要。尽管如此，索伦所列的德性最多只能体现论证的一个方面。

一个年代更为久远的对于辩护的研究或许能帮助寻找法理学德性。下列德性来源于古罗马演说家昆体良的修辞手册：尊重公众意见、坚韧、勇敢、正直、雄辩、荣誉、负责、真诚、有常识、公正、有学识、有担当和有（道德上的）德性（Murphy & Katula，1995）。遗憾的是，昆体良的语言非常简洁，而且他的重点在修辞而非逻辑，这使得他赞同“那些尽管意图很好，但与欺诈类似的说话方式”。虽然他的几个具体的德性与我们已经认可的德性类似，但是这也不像是有德性的理论。我们要时刻注意核心的原则，以免我们在编写德性的目录时误入歧途。就德性法理学而言，我们引用理想的论证者苏格拉底的话是再合适不过了。他告诉自己的陪审团：“认真思考我所说的到底是否公正。因为这是作为法官的德性，而作为演说者的德性是讲出真相。”（《申辩篇》18a）

这引出了一个问题：什么是理想论证者希望追寻的德性？伦理德性追寻善：有德性的人倾向于做好事。知识论德性追寻真：有德性的求知者倾向于相信真的命题。那论证德性应该追寻什么呢？论证不能是真的或假的，但是好的论证通常被描述为具有保真性的特质。然而，只有在演绎逻辑中才能确保这种对真值的保留：在演绎有效的论证中，前提的真保证了结论的真。但是真值还可以用于理解较弱的推论形式：或许真前提使得结论更有可能成立，或者为使人对结论的真值更有信心地进行辩护。某种意义上，我们或许可以把有德性的论证者理解为这样一群人：他们更倾向于接受或提出从真前提中得出真结论的论证。然而，我们或许会怀疑这是否完全正确。难道保真的、演绎有效的论证总能反映提出论证者的德性吗？可能的例外包括循环论证，它们要么缺乏参考价值，要么有误导性，两者都不像是有德性的论证；还有那些有效的，却十分冗长繁复的论证，如果它们的有效性超越了我们的核验能力，那么这些论证至少对于听众而言是潜在的恶性论证；或许还有部分（所谓的）自然演绎的标准推论规则，因为它们可能会被反直觉地应用（Sherry，2006）。如果这些都是合理的担忧，那么保真或许不是被有德性的论证者认可的充分条件，更不要说必要条件了。这同样适用于以上讨论的对弱论证的定义。

换一种角度看，我们或许可以说论证的德性在于宣传真理：如果有德性的求知者倾向于以会获得真信念的方式行动，那么有德性的论证者会倾向于传播真信念。有德性的论证者之间进行论证的结果会是真信念更广的传播（或是错误信念的减少）。以上讨论的保真却不具备德性的论证，即使前提为真且被各方接受，也将无法达成这样的结果，因为它们无法使对话者接受真的结论。这要么是因为论证无法使人信服，例如循环论证，要么是因为它们需要的论证的结论已经被接受。相反，有德性的论证，无论是否保真，都应该给对话者和听众提供新的真信念，或至少提供一些理由，帮助他们增加对现有真信念的信心。这个论述对论证的目标进行了假设，即我们可以通过论证追求许多不同的目标，而不仅仅是劝说与和解等常见的目标，还有那些不那么显而易见的目标，诸如理解、自知和尊重（Cohen，2007：8）。传播真理本身并非一个目标，除非随机地传播任意真理本身就是值得去做的，但是以上所有目标都与传播真理一致。或许在某些情况下它是不重要的，例如争论性的对话，但这应该属于非典型情况。

到目前为止，我们已经了解了与论证相关的德性，但它们是德性理论家从其他学科中提出的。近年来，一些论证理论学者已经开始发展关于“德性转变”的理论。例如，多夫·加贝和约翰·伍德已经指出，传统谬误应该被理解为“对认知上有德性的稀缺资源的补偿策略”（Gabby & Woods，2009：83），也就是在认识层面上的德性。而与德性转变有直接关联的是丹尼尔·科恩发表的一系列论文，在文中，他逐渐表露了对德性论的认可。然而，他的论述广度已经隐含在他最早期的论文中，其中，他关注了论证者与论证，借鉴了亚里士多德的中道思想，并明确使用了“理想的论证者”这个概念。这个概念反映了他的论证德性给人留下的印象：“真正愿意参与到严肃的论证中……愿意去聆听并调整（个人）自身的立场并……愿意去质疑理所当然的事。”（Cohen，2005：64）他将更多的注意力放在一个在我们的研究中多多少少被忽视的问题上：论证中的恶习。他明确将“愿意聆听”放在“顽固的教条主体者”（忽略相关异议和问题的人）和“让步者”（用不必要的让步来损害自身的论证）这两个立场中间。稍加思索我们就可以发现，科恩的另外两种德性也处于他所讨论的恶习之间。首先，“愿意去提出质疑”处于“急切的信徒”（不假思索便赞同同一个立场的人）与“不起眼的担保人”（坚持为本就天经地义的事辩护的人）之间。其次，“愿意参与”处于“论证中的挑衅者”（即便在最不恰当的时刻也要一直论证的人）和“寂静主义者”（从来不论证的人）之间。科恩所指的德性明显是论证的德性，而非认识的德性。确实，他认为部分论证德性是知识论中的恶习。例如，思想开放可能会使我们质疑那些拥有良好证明的信念，有可能最终知道的比在论证前更少（Cohen，2007：10）。尽管如此，这通常与传播真理是一致的，因为此番论证对其他参与者来说或许会有收获，由此也许能达成上文所提到的论证目标。

现在我们已经有理论储备去首次尝试整合一个论证德性的分类表（见表1）。表中以科恩对论证德性广泛但碎片化的论述作为框架，将上文讨论的许多知识论德性和法理学德性纳入其中。这个表格并不详尽，也不具备权威性——毫无疑问，更多的德性可能被加入表中，而一些分类的假设也可能被质疑。若要完全兑现前文中的承诺，即论证德性或许是为人熟知的且符合直觉的，不仅需要解决这些问题，还需要对由此产生的论证德性分类表的每一行做详细的辩护。这些研究不是一篇论文所能完成的。但是表1已经足以证明这个项目可以如何进行，同时表明它是值得研究的。

表 1　论证德性的初步清单

（1）愿意参与论证
——愿意沟通
——相信理性
——理智勇敢
　　——责任感

（2）愿意聆听他人
——理智同情
　　——洞察人心
　　——洞察问题
　　——洞察理论
——理智公正
　　——正义
　　——合理评估他人的论证
　　——收集与评估证据时有开放的心灵
——识别可靠的权威
——识别显著的事实
　　——对细节敏感

（3）愿意修正个人的立场
——有常识
——理智诚恳
——理智谦逊
——理智正直
　　——荣誉
　　——责任
　　——真诚

（4）愿意质疑理所当然的事
——适当尊重公众意见
——自主
——理智坚持
　　——刻苦
　　——关怀
　　——周全

八、论证的论辩性质

我们已经阐述了德性论能有效地应用于论证当中。然而，我们还未讨论知识论和逻辑学的不同之处。不同于知识，论证天生带有论辩性质。即便一个人与自己论证，其也扮演了两个角色：论证者与回应者。德性论需要遵守论证的这一性质。理想的情况下，它能解释由这个论辩性质得出的一个推论，即坏的论证可以有两种方式：它既可以混淆他人，也可以混淆论证者自己。

一个德性论在伦理学和知识论中的永久批判使该理论无法充分地区分德性与技巧，有些德性论学者（例如索萨）明确地区分这两者，其他学者（包括扎格泽博斯基）试图保持这一区分，但被批判并不成功（Battaly，2000）。菲利帕·富特借鉴了亚里士多德和阿奎那对这一区分的论述："在艺术与技巧上，他们认为，有意的错误胜过无意的过失，而在德性上……是相反的。"（Foot，1978：7）这听上去是合理的：声称"那是故意的"或许能为一个技巧上的失误开脱，例如，从滑板上跌落，却不能为德性上的污点开脱；又如，忘记开车去接某个人，导致其冒雨走回家。对这一反差的解释应该是，虽然一个人主动选择不使用其技巧与拥有技巧是一致的，但是一个人主动选择不践行其德性与有德性是不一致的。为证明有意犯技巧上的错误在论证语境中也是更可取的，请思考以下一则英国政治家罗宾·库克回忆的发生在议会中的逸事："曾经有一个传说，当我刚来的时候，也就是60年代，我们的一位部长在给上议院演讲时误读了他的公务员加了括号的字：'以上的论证虽然站不住脚，但是对这些议员而言足够了'。"（Cook，2002）此处这个部长和公务员都犯了技巧上的错误。公务员的错在于他起草了一个经不起推敲的论证，试图通过批注来强调这个论证对演讲而言是足够的，并借此声称犯这个错是有意的，从而逃避责任。而这个部长犯了一个无心之过，他在演讲时如此不仔细，以至于他没有注意到标点符号，而闹这个笑话很大程度上是因为他的过失。

表面上，直接地区分德性与技巧的理由在伦理学和知识论中如此令人困惑，或许是因为这个区分的理由在这两个领域很少起作用。我们或许很难理解什么是"伦理技巧"，除非它是一种德性。相反，沿着扎格泽博斯基的观点，知识论的德性与技巧在追求知识这一点上类似。对于伦理主体的评价，主要关注其与他人之间的关系；而对于知识论主体，则关注其对真信念的获取。也就是说，我们主要关注伦理主体的以他人为导向的特质，而在知识论主体身上只关注以自身为导向的特质。在这两种情况下，原本将技巧与德性这两种特质区分开来的期望依旧没有实质性成果。然而，当我们把目光投向论证时，情况就变得有趣了。因为论证的论辩性质，一个好的论证者有以他人为导向的一面，但其也关注自身论证的成功，这是以自身为导向的特质。在后者上，能力的不足可以理解为技巧上的失败，而前者则是德性上的污点。当我们混淆自身时，我们被自己的论证技巧拖了后腿；当我们（故意或用其他形式）混淆他人时，我们展现了自身论证德性的缺失。

这个对比可以用一个例子来阐述。在同一篇文章中，一个糟糕的推理将一个词的两个含义混淆，或许是由德性上的污点造成的（如果意图是欺骗），又或许是由技巧上的失败造成的（如果说话者没有察觉其中的双重含义）。后者的失败也涉及一个（不同的）德性上的污点，因为一个有德性的论证者会察觉其话语中潜在的欺骗性。事实上，每一个有误导性的论证要么被以有恶习的且有技巧的方式应用，要么被以有恶习的却缺乏技巧的方式应用。要理解这一点，可以观察一个被故意用于欺骗他人的论证，如果那个听众的技巧不足以使其意识到自己被骗了，或许会出于疏忽，在无欺骗意图的情况下将论证讲述给第三方。论证的第一次使用是有技巧的，因为它成功欺骗了听众，但它是恶习的，因为它意在欺骗他人。论证的第二次使用是缺乏技巧的，因为论证者没有察觉其论证中糟糕的推理，但它同样也是有恶习的（或许程度上更轻），因为这是出于疏忽。有德性的论证者有责任去理解自己的论证。

我们已经看到有恶习的论证者可以是有技巧的或是无技巧的，那么有德性的论证者呢？理想的论证者显然是既有技巧又有德性的。无技巧却有德性的论证者更不常见。在柏拉图的《申辩篇》中，苏格拉底承认自己是这类论证者（17b）。然而，他明确想表达的是他的论证中没有诡辩家那些华而不实的技巧：那些技巧与德性不一致。如果在更广泛的层面上理解“技巧”，他的论证就是很有技巧的。我们已经看到没有论证可以是无技巧却有德性的，因为技巧上的无心之过可能导致的误解与德性不一致。如苏格拉底所暗示的那样，有些技巧对于德性的践行可能是至关重要的，或许反之亦然。这样的依赖关系会避免论证者在德性上达到极致却在技巧上极度匮乏，它甚至意味着所有的论证者在技巧上至少与德性处于同一维度。然而，用一种有德性而缺乏技巧的方式去做论证是完全可能的，因为并非所有缺乏技巧的论证都会导致误解。所以，有些论证的失败是无辜的。

九、结论

所以我们现在达成了什么结论呢？富特对她最新的一部德性伦理学研究著作总结如下：

> 我被问到一个非常中肯的问题，即经过所有这些研究，对实质性……问题的争论现在处于什么样的状态？我真的相信我已经描述了一个能解决它们所有的方法吗？对此合理的回复是，在某种意义上没有什么被解决了，所有事物都和原先一样。这个论述……仅仅给出了一个可能会发生争论的框架，并试图抛弃一些可能会扰乱我们的越界的哲学理论与抽象概念。（Foot，2001：116）

即便只能说这么多，我们仍然取得了重大的进展，特别是这个新的框架有潜力激发对那些非形式逻辑中开放性问题的新思路。在对个人德性细致的分析中还有很多工作要做。例如，在开放社会中，理智、勇敢在进行有争议的论证时发挥了至关重要的作用，而公正的心态对避免偏见十分关键，即便它可能会与无情和冷漠混淆。更重要的是，德性论证理论为推理讨论中未被分析的规范性义务提供了一个系统建构的可能性。

参考文献

[1] Battal H, 2000. What is virtue epistemology? [C] //Proceedings of the 20th World Congress of Philosophy. http://www. bu. edu/wcp/Papers/Valu/ValuBatt. htm.

[2] Hansen H V, Pinto R C, 1995. Fallacies: Classical and Contemporary Readings [J]. University Park, PA: Pennsylvania State University Press: 213 -222.

[3] Code L, 1984. Toward a responsibilist epistemology [J]. Philosophy and Phenomenological Research, 45 (1): 29 -50.

[4] Cohen D H, 2005. Arguments that backfire [C] //Hitchcock D, Farr D, editors, The Uses of Argument. Hamilton: OSSA: 58 -65.

[5] Cohen D H, 2007. Virtue epistemology and critical inquiry: Open-mindedness and a sense of proportion as critical virtues [C] //Presented at the Association for Informal Logic and Critical Thinking, APA Central Division Meetings. Chicago, IL.

[6] Cook R, 2002. Speech by Robin Cook M P, Leader of the House of Commons, at Press Gallery lunch, Wednesday 12 June [EB/OL]: https: //web. archive. org/web/20040824163658/http://www. commonsleader. gov. uk/output/page156. asp.

[7] Falmagne R J, Hass M, 2002. Representing Reason: Feminist Theory and Formal Logic [M]. Lanham, MD: Rowman and Littlefield.

[8] Foot P, 1978. Virtues and Vices [M]. Oxford: Blackwell.

[9] Foot P, 2001. Natural Goodness [M]. Oxford: Clarendon.

[10] Gabbay D M, Woods J, 2009. Fallacies as cognitive virtues [C] //Majer O, Pietarinen A V, Tulenheimo T, editors, Games: Unifying Logic, Language, and Philosophy. Dordrecht: Springer Verlag: 57 -98.

[11] Hitchcock D, 2006. The pragma-dialectical analysis of the ad hominem fallacy [C] //Houtlosser P and Van Rees A, Mahwah, editors, Considering Pragma-dialectics: A Festschrift for Frans H. Van Eemeren on the Occasion of His 60th Birthday. Mahwah, NJ: Lawrence Erlbaum Associates: 109 -119.

[12] Hitchcock D. 2007. Is there an argumentum ad hominem fallacy? [C] //Hansen H V, Pinto R C, editors, Reason Reclaimed: Essays in Honor of J. Anthony Blair and Ralph H. Johnston. Newport News, VA: Vale Press: 187 -199.

[13] Mortimer J, 1984. Clinging to the Wreckage [M]. Harmondsworth: Penguin.

[14] Murphy J J, Katula R A, 1995. A Synoptic History of Classical Rhetoric [M]. Mahwah, NJ: Lawrence Erlbaum Associates.

[15] Nussbaum M C, 1988. Non-relative Virtues: An Aristotelian Approach [M] //Midwest Studies in Philosophy, 13: 32 -53.

[16] Paul R, 2000. Critical thinking, moral integrity and citizenship: Teaching for the intellectual virtues [C] //Axtell G, editors, Knowledge, Belief and Character: Readings in Virtue Epistemology. Lanham, MD: Rowman & Littlefield: 163 -175.

[17] Powers L H, 1998. Ad hominem arguments [C] //Hansen H V, Tindale C W, Colman A V, editors, Argumentation and Rhetoric. Newport News, VA: Vale Press.

[18] Sherry D, 2006. Formal logic for informal logicians [J]. Informal Logic, 26 (1): 199 -220.

[19] Solum L B, 2003. Virtue jurisprudence: A virtue-centered theory of judging [C] //Brady M, Pritchard D, editors, Moral and Epistemic Virtues. Oxford: Blackwell: 163 -198.

[20] Sosa E, 1980. The raft and the pyramid: Coherence versus foundations in the theory of knowledge [J]. Midwest Studies in Philosophy, 5: 3 - 25.

[21] Sosa E, 1991. Knowledge in Perspective: Selected Essays in Epistemology [M]. Cambridge: Cambridge University Press.

[22] Statman D, 1997. Virtue Ethics: A Critical Reader [M]. Washington, DC: Georgetown University Press.

[23] Van Eemeren F H, Grootendorst R, 1992. Argumentation, Communication, and Fallacies: A Pragma-dialectical Perspective [M]. Mahwah, NJ: Lawrence Erlbaum Associates.

[24] Van Eemeren F H, Grootendorst R, 1995. Argumentum ad hominem: A pragma-dialectical case in point [C] //Hansen H V, Pinto R C, editors, Fallacies: Classical and Contemporary Readings. University Park, PA: Pennsylvania State University Press: 223 - 228.

[25] Walton D, 1999. Ethotic arguments and fallacies: The credibility function in multi-agent dialogue systems [J]. Pragmatics and Cognition, 7: 177 - 203.

[26] Walton D, 2006. Poisoning the well [J]. Argumentation, 20 (3): 273 - 307.

[27] West T G, West G S, 1984. Four Texts on Socrates: Plato's Euthyphro, Apology, and Crito, and Aristophanes' Clouds [M]. Ithaca, NY: Cornell University Press.

[28] Whately R, 1850. Logic [M]. London: Griffin (first published in 1826).

[29] Woods J, 2007. Lightening up on the ad hominem [J]. Informal Logic, 27 (1): 109 - 134.

[30] Zagzebski L T, 1996. Virtues of the Mind: An Inquiry into the Nature of Virtue and the Ethical Foundations of Knowledge [M]. Cambridge: Cambridge University Press.

德性知识论与论证理论*

丹尼尔·科恩[1]/文，胡启凡[2]、王荣书[3]、欧阳文琪[4]/译

（1. 科尔比学院，哲学系，缅因州，美国；2. 科尔比学院，哲学系，缅因州，美国；3. 科尔比学院，哲学系，缅因州，美国；4. 中山大学，逻辑与认知研究所，广东广州）

摘　要：德性知识论以德性伦理学为模型，将其伦理学的见解转移到知识论中。德性知识论已经取得了巨大的成功，拓宽了我们的视野，为传统问题提供了新的答案，并提出了令人兴奋的新问题。基于认知成就的概念，本文为德性知识论提供一个新的论证，是一个比纯粹知识论的成就更广泛的概念。这一论证接下来将扩展为认知转变，尤其是扩展为由论证活动带来的认知转变。

关键词：认知成就；知识论；开放性思维；理解；美德

一、序言

德性知识论有意识地借鉴了德性伦理学，希望它们在伦理学方面的一些概念突破和成就能够在知识论中得以重现。这一方法取得了超乎预期的成果：德性知识论蓬勃发展，为知识论的研究做出了巨大的贡献。这种视角的转变带来了更宽广的思路。它不仅有助于回答传统知识论的问题，还能决定哪些问题值得研究并理解这些问题之间的联系。

我认为在论证理论中的类似转变可能会产生类似的结果。其总体导向是基于主体的，即一个好的论证的背后需要有一位有德性的论证者。但具体是什么意思呢？这意味着必须将主体在论证中扮演的所有角色纳入考虑范畴。因此，这将是一个更为宽泛的思维模式，它能整合这一领域中不同的要素并重新调整其发展方向。我相信这一重新定位能帮助论证理论学者回答一系列悬而未决的问题，即我们应在“什么时间，与什么人，关于什么内容”进行论证，以及最为关键的，“为什么”我们需要论证。此外，作为一个同样重要的推论，它能帮助回答我们不应在“什么时间，与什么人，关于什么内容”进行论证，以及“为什么”我们不应该论证的问题。

综上，论证理论的德性知识论方法既保留了传统知识论方法对于论证理论的真知灼见，又摒弃了将“得到辩护的真信念（justified truth belief）”作为知识论和论证理论领

---

* 原文为 Daniel Cohen，2007. “Virtue Epistemology and Argumentation Theory,” *OSSA Conference Archive*，29。本译文已取得论文原作者同意及版权方授权。

域的重要原则的执念。

二、德性知识论的若干优点

相较于结果论与义务论的伦理学，德性伦理学的一大优点是它们能更好地辨识、容纳和理解伦理上的价值而非道德上的价值，避免将其简单地归为道德价值。德性伦理学不仅仅局限于主体的行为、动机或者行为准则，而是更广泛地关注主体自身及他们的生活。这一宽泛的思维模式破除了许多局限。例如，家庭和友谊，如果不是道德上很重要的东西，只要它们有助于提高生活的质量和价值，就可以立即被识别为是伦理上重要的东西。这仅代表成为强大的家庭网和朋友网的一部分是有益且有价值的，但不必因此而认为缺乏这些联系的人在道德上就应受到谴责。换言之，结交好友是“伦理上的益事”而非“道德上的必需”（诚然，当一个人有朋友时，在道德上评价那个人是否是一个益友则是另外一回事）。伦理学的关注点从“做什么样的事”转变为“成为什么样的人”和“如何成为那样的人”。

无独有偶，索萨（Sosa，1980）以及后来的科德（Code，1984）、扎格泽博斯基（Zagzebski，1996，2000，2001）和格雷克（Greco，1999）等人努力开辟的德性知识论可以说和德性伦理学如出一辙。这一研究方向源起于非常传统的知识论问题，旨在通过将关注点从信念转移到拥有信念的人来抵御盖梯尔难题和怀疑主义的论证。他们还希望借此规避基础主义者与连贯主义者、内部主义者与外部主义者之间的争论。以史为鉴，这对该学科未来发展方向重新定位的影响必然不是中立的。毕竟德性知识论能完美地辨识、容纳和理解认知的价值而非知识论的价值，但又不必将这些价值归入标准的知识论范畴中①。

这一点值得强调，因为它是我认为支持德性知识论方法的原创的且令人信服的理由的出发点。传统的知识论表面上将注意力聚焦在“证成”这一宽泛的概念上，但真正引起他们注意的是一个更为狭隘的概念：“信念的证成”。那么，我们所采取的包括怀疑、思考与假设在内的所有其他的命题态度呢？它们都是能被证成的。我们能否简单地假设这些态度的证成与我们的正当信念的证成一样拥有相同的证成过程？

不妨考虑一下怀疑，这是一个展现了巨大反差的例子。如果像很多人所主张的那样，部分信念含有对它们有利的前提假设，不管这些假设是固有的、被赋予的，还是在某种意义上是有特权的，对于这些信念而言，需要被证成的是“怀疑”而非“信

---

① 雷斯彻（Rescher，1988）使用“认知的”（cognitive）一词来指与信念和事实命题最密切相关的命题态度，区别于实践和评价性的认知。平托（Pinto，2003c）保留了这一区别，用“信念的”（doxastic）一词来指最类似于信念的状态，而“认知的”则作为一个更广的范畴，但其仍然是命题性的。我是在更广泛的意义上使用“认知的”一词的，因此它甚至适用于那些无法被还原为对谨慎命题的态度的心理状态（如果有的话）。

念”[①]。“相信”并不是一件我们可以决定去做的事，“怀疑”也不是！笛卡尔非常清楚此事。我们至少需要有某些依据才可以怀疑，哪怕只是一个捏造的、异想天开的有关邪恶魔鬼的故事。那我想请问：怀疑所需要的证成与我们用于信念的证成是一样的吗？[②]或许我们最终能得出结论，认为当谈论怀疑和信念时，“证成”确实是被单义地使用着，但这是一个需要独立证成的关键主题。

顺便一提，我认为仔细分辨证成之间的不同，特别是对于怀疑的证成，能有效遏制在哲学方法论上对怀疑主义的偏见。任何事情或许都可以被谈论，但是能否被怀疑却是另一回事。[③]

当我们考虑无法用独立命题来表达认知状态时，情况就变得复杂了。难道它们不能被证成吗？以价值为例，它可以是正当的，也可以是不正当的。态度亦是如此。然而，不论是价值还是态度，都无法用单独的命题或者独立的命题态度来诠释。德性知识论使这个问题成为焦点，而这确实是一个值得深究的问题，毕竟认识主体不仅仅是在相信或不相信对与错的命题，他们还做出了不同程度的承诺与证成。[④] 不论研究知识论是否能够帮助我们成为更好的认识主体，它至少可以帮助我们“理解”怎样才是一个好的认识主体。因此，它需要考虑所有好的认识主体会做的事。

除了知识和证成的信念，知识论层面上还有许多“认知成就”。例如智慧与理解，它们不是外来知识。[⑤] 有许多认知“能力”能达成这些成就，且这些成就无法被分解为可习得的命题知识。构思巧妙暗喻的能力就是一个例子。按照亚里士多德的说法，这是一种无法传授的能力，也是天才的象征。我们还可以在认知能力的列表中加入优雅地解读繁复文学作品的能力、仅通过声音分辨不同种类麻雀的能力、掌握第二语言的能力，甚至是在社交圈中左右逢源的能力（详见 Gardner，1993，“人际交往的智慧”）。这些都是非常重要的认知能力，而拥有任意一项都是重大的认知成就（详见 Kvanvig，2003；Cohen，2006；Lusk，2006）。然而，传统的知识论对这些认知状态都不置可否，除非它们能被转化为经典的命题态度“知道 *P*”。我们需要打破这一知识论的局限，使其不仅

---

① 许多哲学家将某些类别的信念命名为拥有原始的或最初的（即非派生的）正当性证成。这必然包含了所有基础论者。他们中的一部分人确实直接解决了针对不同信念需要不同证成的问题，但很少有人着手研究不同的命题态度需要不同证成的问题。1984 年，哈曼在思考我们信念中的“逆权侵占”时触及了这个问题，同时也提出了获取信念和保留信念需要不同的标准。

② 卡夫卡的“毒药谜题”提出了以下可能性：正当性的证成可能是形成意图的必要先决条件。如果是这样，那么正如传统知识论者所理解的那样，证成作为一种命题态度的意图的情境将会与证成信念的情境大相径庭（Kavka G，1983. “The toxin puzzle”. *Analysis*，43，pp. 33－36）。

③ 除了能为怀疑主义保留一席之地外，事实上，我们经常对无可置疑的事情进行论证，揭示论证重要的一面。佩雷尔曼和泰提卡（Perelman & Olbrechts-Tyteca，1969：479）不同意这一观点，他们区分了个人的怀疑和群体的异议：“所有的论证都表明存在怀疑，因为它预设了强化或者澄清对某一立场达成共识的可取性。”

④ 奎因和乌利安（Quine & Ullian，1978）明确指出，根据现有证据的强度调整个人信念的强度是理智的（尽管有人会假设一个实用主义者更愿意用“理由”代替上文中的“证据”）。另请参考古德曼的“证据比例主义”（Goldman，1988：88－93）以及平托对本问题更好的诠释（以及一个还未完成但更长更好的版本）（Pinto，2005）。

⑤ 将理解与知识进行区分已经是一个常态，例如，利普顿指出“知识与理解之间的鸿沟”是解释中第一个且毫无争议的特征（Lipton，2004）。但是将这个区分与可能出现的知道 *P*（即知道 *P* 是事实）却不理解 *P*（即不理解为什么 *P* 是事实）的情况混为一谈，没有抓住问题的核心，因为这种情况还可以被解释为已知内容的差异。柯万维格仔细区分了“理解”与“知识”，它们在部分用法上存在种类的差别（Kvanvig，2003）。

涵盖诸如理解“P”这样的认知成就，还囊括非命题的“客观”态度，譬如了解一个人、辨别一个物体、理解一个现象。像这样“知道如何”的非知识论的认知能力与成就不应该被忽略。

在认知科学领域，除了人工智能，还有更多值得知识论学者关注的点。我认为我们需要将知识论的重点从“思考什么”拓展为“成为怎样的思考者”。这一点就是德性知识论相较于传统知识论的优越之处，因为它的研究围绕德性展开。换言之，它的研究围绕有助于达成期望结果的条件展开。如此说来，没有什么能在这个框架内将期望的结果局限于知识和证成的信念。

请让我用具体例子来阐述这一点。开放性思维或与其类似的思维模式，是一个拥有批判性思维的人应有的常见特质之一。[①] 这是一个认知上的德性吗？我认为绝大多数人会同意这一观点，但我们无法很好地证成它。开放性思维只有在帮助证成我们的信念有助于我们获得知识时，传统知识论才将其视作德性，因为这是其唯一被认可的价值。这种思维模式在总体上是否有助于知识的获取呢？这是一个经验性问题。当然，有时拥有开放性思维是有益的，这能避免将真相拒之门外。但对于已经拥有被证实的真信念的人而言会适得其反。它会重启一些对本已有结论的问题的讨论，将好的信念置于不必要的危险中。在这种情况下，思维狭隘反而更好，因为它能将错误拒之门外（Cohen，2007）。同样的论证可以用于相似的德性，如批判性反思。一个像格拉德威尔在《决断2秒间》中所设想的拥有敏锐直觉，能在第一时间做出正确判断的人（他还认为我们都是这样的人）（Gladwell，2005），实际上不反省他的信念应该会得到更好的结果。这里有两个问题。第一个是我们不愿直面的“经验性”问题：在什么时候思维开放和勤于反思能帮助产生知识？第二个是混乱的“概念性”问题：它们应该在什么情况下（一部分、全部或是大多数）是有益的，从而才能被视作德性？

请不要会错意。我认为思维开放确实是一种德性。事实上，我认为“哪怕思维开放会阻碍知识的产生，它仍是一种德性”。这不是矛盾了吗？一个可能经常成为知识障碍的东西怎么能仍然被视为一种重要的德性呢？消解这一悖论需要意识到认知德性不仅仅包含知识论的德性。我们的认知生活中不仅仅是知道。詹姆斯对此有正确的见解：我们不仅要注意避免错误的命题，还要在相信正确的命题时保持警惕。但是詹姆斯也有自己的盲目性：认知上的成就不仅仅有证成和知识，认知上的疏漏也不仅仅由于无知和错误。我们当然希望得到关于这个世界的知识，但是我们同样需要去理解它。这意味着，我们尤其要注意去理解那些和我们一同生活在这个世界上的人。因而我们需要有端正的态度和完善的价值观；我们需要去理解拉斐尔强有力的观点和波洛克富有挑战性的愿景、舒曼的和弦以及舍恩伯格的不和谐音；我们需要理解泰德·科恩的笑话，甚至（特别是）他那些极其糟糕的笑话。由此而言，思维开放确实是一种德性。

---

① 事实上，思维开放在美德中的地位通常是隐形的：有关批判性思维的文章在传统上都关注“罪”与“恶”，如思维中的谬误和使我们的思维缺乏批判性的因素，而非正向的美德。思维狭隘（教条主义或持有偏见）就以非批判性的扭曲者的形象被呈现，需要诸如良善的解读的原则来平衡。

三、认知成就与认知转变

当然，认知成就不仅仅只是发生。它们是各种事件和过程的最终产物。这当中有一部分转变性的事件和过程是认知性的，有一些则不是。一些能被称为德性的思维习惯的价值源于它们对帮助我们达成认知成就的认知过程所做出的贡献。在这点上，德性知识论与论证理论有很大的关联，因为论证产品与论证过程在促成重大认知成就的事件与过程中占据了重要地位。论证者的德性同样是认知上的德性。

某些认知上的变化，最好用与论证理论的核心内容无关的原因来解释。通过感知来了解一个人周围的环境，通过入睡来失去对周遭环境的感知，这是非常显著的短期认知变化，但它们很少被当作一个成就。两者都是典型的非论证产物。我们关注的是那些确实由论证产生的认知转变，尤其是长期的转变，不论是积极的还是消极的。而那些积极的确实代表了重大成就。这就是理想论证的核心。

以下是一个与论证无关的积极的认知成就的例子：培养分辨青蓝色与天蓝色的能力。获得这个能力需要刻苦的练习与训练，而非深思熟虑或理性的讨论。在不同程度上，同样可以这么说，仅凭气味就可以区分梅洛和黑皮诺，初次聆听就能分辨桑尼·罗林斯和约翰·科特兰的作品，一眼就能区分伦勃朗和他学生的画，初次阅读就能分辨安杰卢和里奇的诗都是这样的能力。这些都是我们能习得的能力。有时言语上的指导会有所帮助，有时其他的方法更有效。涉及的批判性技能越多，批判性讨论的作用就越大。

在论证领域，知识论的方法大多关注“信念”。这是合理的，因为与论证最相关的认知转变确实涉及信念。但有一个重要的警示是必要的：就目前的目的而言，一个论证是否有效地带来一种信念并不重要，重要的是它是否“许可”（licenses）了这种信念。正如比罗和西格尔所指出的那样，“他用一个坏论证成功说服了别人”和“他论证得很好，但没有成功”这两句话并非毫无意义或自相矛盾。对于论证的分析，必须有一个客观的尺度（Biro & Sigel，2006：93）。

此处有必要做进一步说明：论证能做的一件事是说服我们接受其主旨，甚至说服我们相信其结论是正确的。论证能带来从不相信到相信的巨大转变。其他一些事物也能做到这一点，诸如亲身经历、间接社交、神秘学的见解，甚至是邪恶的天才操纵连接在我们大脑上的电极。然而，好的论证所得出的信念的与众不同之处在于它们被“证成”，而我们也被这些论证“许可”去相信它们。我们“有资格”获得它们（Pinto，2006）。最为关键的变化不在于我现在是否相信 P，尽管之前我并不相信。我可能一直都相信它，对它展开论证纯粹是为了验证它。区别在于论证之后我有资格相信那个信念。从理论上来说，这一重大的认识转变完全有可能在不改变我的信念体系的基础上发生。即使如此，这也绝不仅是“剑桥转变”（Cambridge change）①。

① 译者注：若关于对象 O 的某个表述 P 在现在时刻为真，在另一时刻为假，且该转变的原因并不来自对象 O 的内在变化，而来自另一个对象 G 的变化。例如，当我在深圳市时，“广州市在我的北边”为真；而当我在长沙市时，“广州市在我的北边”为假。

论证并非我们获取信念的唯一方式，也不是让我们有资格相信信念的唯一方式。除此之外，或许还有许多更可靠、快捷、有效的获取信念的方法；但是对于许多信念而言，论证是最为理性的方式，因为资格伴随着信念而来。论证是理性的行为，而且需要论证者的共同努力。每当我们坚持说修辞学并非绝对的劝说，使用论辩术也并非为了不计代价地取胜时，我们都在展示我们深谙的道理，即修辞学与论辩术就像逻辑学中的证成那样，无外乎用先前的方法获得结论。结论的推导需要是“有效的”。捏造的规则不作数。修辞的成功是用理性手段获得说服力，而论辩的成功是用理性手段达成共识。相对应地，合理的论证理论必须包含无歧义的规范性原则，并经得起严格的评估。知识论的方法对此有很大的话语权，详见卢默文献中关于客观性和规范性在使用认知论方法研究论证时的作用（Lumer，2005a，2005b）。但是论证是具有广泛认知意义与狭义知识论意义的现象，它们在其他认知转变中所扮演的角色也需要纳入考虑范畴，因为这些也是论证的成功之处。

除了说服和使人相信，我认为我们还能将其他认知成就归功于论证：

——加深对自身立场的理解；

——完善自身立场；

——为一个更好的立场而放弃原有立场（并非对手的立场）；

——加深对对手立场的理解；

——加深对对手立场的欣赏；

——认可另一立场（的合理性）；

——更关注此前忽视或轻视的细节；

——更好地把握各种关系以及事物如何在一个大框架下融合；

——有资格持有自身的立场。①

以上每一点都代表了一种认知进步，虽然只有部分能用独立信念的增加或减少来解释，但是它们都是论证的结果。

我们在谈论“论证的结果”时需要格外注意，因为论证会以不同的方式影响认知转变。认知转变，包括狭隘的认识转变，是可以通过非认知的手段达成的。这其中只有一部分是密切相关的。以下是我区分论证能带来认知转变的四种方式。

首先是不少人所认为的典型例子：论证提供“理由”。在广义上，这属于传统知识论和逻辑学的范畴。它是非形式逻辑和批判性思维的关注焦点。保证、支撑和证据材料成为前提。它们所组成的断言具有逻辑后承，这使该断言成为理性信念背后的理由。当我们被一个论证说服从而接受其结论时，这些理由或许足以解释信念转变的发生；但当我们在批判中成功捍卫自身立场后决定重新思考并改变立场时，理由便无法对其做出解释了。

其次，论证可以是“缘由”。它们是论证参与者社交、情感、心理活动以及认知生活中的事件。例如吉尔伯特（Gilbert）在 1997 年明确指出，一个论证可能会让某个人失望，进而改变那个人的情绪以及世界观。有些人很难容忍冲突和对抗或者单纯不喜欢

---

① 这一列表来源于 Cohen（2007）。

论证（Gilbert，2005：28），所以仅仅是论证的出现就会对其产生明显的负面影响，且影响会延伸到认知领域。维特根斯坦曾写道，“快乐的人的世界与不快乐的人的世界截然不同”。相反，因为有乐于论证的人，所以论证可能令人激动且具有挑衅性。对于我们当中的一部分人而言，论证让人兴奋，它使我们更关注他人所言，且更专注于我们自身的信念，而这些都是正向的认知效果。

再次，论证本身可以是证据。它们是这个世界的一部分。作为一个不介入的旁观者，我或许可以从李红与张三的争论中得出她反对张三的提议或者她不喜欢张三的结论。或依据其他信息，我可以推断她对论题充满热情并对自己的知识充满信心。我甚至认为我在论证时也能对自己做这样的推论，毕竟论证中充斥了言语行为，它们有语用含义。论证的含义之一就是有关论断已经得到了论证参与者严肃的关注。也就是说，仅仅是某一个人对某件事进行论证就已经在表面上为他/她提供了有资格相信这一信念的依据。虽然表面上如此，但其是可废止的（defeasible）。

最后（最为重要的，也是以上所有的总结），论证可能是其他能引发认知转变的过程的催化剂、场合或者条件。论证中最为重要的，尤其是长远的认知影响仅发生在一段时间之后。当我晚上反思我今天所提出的论证时，我会重新审视我的立场，重新检验我的假设，重新思考我的结论，或许会得出经过改进的甚至是全新的立场。我或许能更敏锐地感知并更好地理解其他立场。这种延迟可能只代表我处理新信息的速度有多慢，这可能是一种更强有力的又不失颜面的论证方式。不论如何，由此产生的认知转变可能深刻而长远。这些转变并非完全是论证中有效因果事件的果，也不全是论证中在推论充分的基础上得出的逻辑蕴涵，更不全是论证行为中的语用蕴涵。论证种下理念的种子，它们在日后会逐渐生根发芽。论证中最有价值的认知转变是在自然的过程中发生的。

四、有德性的论证者

我们现在能更好地理解“一个好的论证是一个有德性的论证”这句话背后的含义。当我们展现习得的有助于论证中典型的认知成就的思维习惯时，我们就在有德性地进行论证。

值得注意的不只是这个精妙的公式所提及的，还有其所忽略的。这个公式包含了两个变量：论证者和他们的成就。它忽略了输与赢、说服和抵抗，或者调和、解决及共识。

论证者在论证中扮演不同的角色。虽然为一个论断辩护不同于批判一个论断，但是它们都有别于权衡两方的论证。每一个角色都有一系列独特的技能。理性说服的艺术不同于抵抗非理性说服的艺术。在一个领域驾轻就熟不代表在另一领域能如鱼得水。甚至论证的观察者也有可能扮演角色：作为陪审团的一员旁听论证来做出判断是一回事，希望通过旁观一场批判性的讨论来学习则是另一回事。不同的角色需要不同的德性，而且可能会取得不同的成就。例如，学习到新事物更有可能是一个拥有开放性思维的提议者而非一个执着的反对者的成就；一个专注的旁观者更有可能从一个热情、投入的提议者和聪明的反对者之间的良好论证中获得更为完善的理解。然而，执着、聪慧、积极投入都是除开放性思维和专注外的论证德性。或许我们真正需要的是一种分寸感，类似于元德性，来保持德性之间的平衡。

至于缺少对结果的参考，难道输与赢、劝说和抵抗以及共识在评判一个论证时没有任何价值吗？看上去没有。“赢得胜利”本身不会带来认知收获。相反，人们通常在失败时有更多的认知收获！我们从失败而非胜利中学习。然而，我们可以认识到，论证的成功确实会带来认知上的成就。一个能成功说服不合格的听众的论证只有通过这一衡量标准才是成功的。其自身无法给予足够的信息来帮助我们做出对这个论证有用的判断。这种成功不能代表任何理智成就。尽管如此，它仍然是相关的，不能被完全搁置。当我们询问一个论证是否在以有德性的方式进行，而非询问关于说服和共识的问题时，我们间接地将理性的说服与理性的共识作为可能的认知成就。虽然德性并非总能带来认知成就，但由于德性通过有利于这些成就而被确定为德性，因此，有德性的论证更有可能带来这些认知成就。德性非常类似于规则功利主义中规则的作用：它们不会始终带来最好的结果，但同样，最终结果也不是唯一的参考因素。

参考文献

[1] Aberdein A, 2007. Virtue argumentation [C] // Van Eemeren F H, Blair J A, Willard C H A, et al., editors, Proceedings of the 6th conference of the international society for the study of argumentation. Amsterdam: Sic Sat: 15-19.

[2] Biro J, Siegel H, 2006. In defense of the objective epistemic approach to argumentation [J]. Informal Logic, 26: 91-101.

[3] Code L, 1984. Toward a responsibilist epistemology [J]. Philosophy and Phenomenological Research, 45: 29-50.

[4] Cohen D, 2001. Arguments and Metaphors in Philosophy [M]. Lanham, MD: University Press of America.

[5] Cohen D, 2007. Understanding, arguments, and explanations: Cognitive transformations and the limits of argumentation [C] // Van Eemeren F H, Blair J A, Willard C A, et al., editors, Proceedings of the 6th conference of the international society for the study of argumentation. Amsterdam: Sic Sat.

[6] Cohen D, 2007. Virtue epistemology and critical thinking: Open-mindedness and a sense of proportion as critical virtues [M]. Santa Barbara, CA: Association for Informal Logic and Critical Thinking.

[7] Cohen D, forthcoming. Don't Argue: On Differences Without Dispute, Arguers Without Standing, Argument Excluders, and Misbegotten Arguments.

[8] Elfin J, 2003. Epistemic presuppositions and their consequences [C] //Brady M, Pritchard D, editors, Moral and Epistemic Virtues. Malden, MA: Blackwell Publishing: 47-66.

[9] Gardner H, 1993. Frames of Mind [M]. Basic Books.

[10] Gilbert M, 1997. Coalescent Argumentation [M]. Mahwah, NJ: Lawrence Erlbaum Associates.

[11] Gilbert M, 2005. Review of Hample's Arguing: Exchanging Reasons Face to Face [J]. Informal Log ic, 25: 296-300.

[12] Gladwell M, 2005. Blink [M]. Boston, MA: Little, Brown and Company.

[13] Goldman A, 1988. Epistemology and Cognition [M]. Cambridge, MA: Harvard University Press.

[14] Greco J, 1999. Agent reliabilism [J]. Philosophical Perspectives, 13: 273-296.

[15] Harman G, 1984. Positive versus negative undermining in belief revision [J]. Nous, 18: 39-49.

[16] Kavka G, 1983. The toxin puzzle [J]. Analysis, 43: 33-36.

[17] Kvanvig J, 2003. The Value of Knowledge and the Pursuit of Understanding [M]. Cambridge: Cambridge University Press.

[18] Lipton P, 2004. What good is an explanation [C] //Cornwall J, editor, Explanation: Styles of Explanation in Science. Oxford: Oxford University Press: 1-21.

[19] Lumer C, 2005a. Introduction: A map [J]. Informal Logic, 25: 189-212.

[20] Lumer C, 2005b. The epistemological theory of argument — how and why? [J] Informal Logic, 25: 213-243.

[21] Lusk G, 2006. Virtue epistemology [D]. Waterville, ME: Senior Honors Thesis, Colby College, Waterville, ME.

[22] Perelman C, Olbrechts-Tyteca L, 1969. The New Rhetoric [M]. Wilkinson J, Weaver P (Trans.). University of Notre Dame Press.

[23] Pinto R, 2005. Reasons, warrants, and premises [C] //Hitchcock D, editor, The Uses of Argument. Hamilton, OSSA: 368-372.

[24] Pinto R C, 2006. Evaluating inferences: The nature and role of warrants [J]. Springer Netherlands.

[25] Quine W V O, Ullian J S, 1978. The Web of Belief [M]. Waterville, ME: The McGraw-Hill Companies.

[26] Sosa E, 1980. The raft and the pyramid [J] //Midwest Studies in Philosophy, Vol. V: Studies in Epistemology. Minneapolis, MN: University of Minnesota Press.

[27] Wittgenstein L, 2001. Tractatus Logico-Philosophicus [M]. New York, NY: Pears D, McGuinness B (Trans.). Taylor and Francis.

[28] Zagzebski L, 1996. Virtues of the Mind [M]. New York: Cambridge University Press.

[29] Zagzebski L, 2000. Virtues of the mind [C] //Sosa E, Kim J, editors, Epistemology. Malden, MA: Blackwell Publishers: 457-467.

[30] Zagzebski L, 2001. Introduction to virtue epistemology [C] //Fairweather A, Zagzebski L, editors, Virtue Epistemology: Essays on Epistemic Virtue and Responsibility. Oxford: Oxford University Press: 15-29.

儒家哲学论证的理性与逻辑*

熊明辉[1]、吕有云[2]/文
（1. 中山大学，逻辑与认知研究所，广东广州；
2. 东莞理工学院，思想政治理论部，广东东莞）

摘　要：儒家哲学论证是一种建立在自然语言论证基础上的论证，其理性不是纯粹理性，而是实践理性，且其逻辑也并不是十分重视追求西方式的线性推理或形式推演的理论逻辑，而是追求一种从问题求解和实践论证需要出发的工作逻辑。儒家哲学论证实质上是一种模式型论证，它并不满足于从理智上接受符合形式推论或纯客观的认知，而更重要的是讲究“合乎情理”。换句话说，它既要诉诸理性论证，又要诉诸生命体验，以满足情感需要和价值期待，进而巧妙地融合理性的认知与生命的情感体验，确定人生的方向和价值。这种论证模式不是线性推理所构建的命题证明系统，而是融知、情、意于一体的“情理论道”的论证模式。

关键词：儒家哲学论证；工作逻辑；非形式逻辑；情理论道

哲学家的工作就是对自然界、人类社会和思维提出一般性的看法和观点，而这一工作必须建立在论证的基础上。其中，论证的好坏又直接影响其思想的被接受程度。哲学论证是任何哲学家论证其哲学思想的基本工具，也是哲学家哲学思想通达各个层次理性的途径所在。毫无疑问，儒家哲学对中华民族的文化价值体系产生了决定性影响。时至今日，构成中华民族文化结构的那些基本观念和信念，大都可在儒学思想中找到根源和根据。那么，自诸子蜂起、百家争鸣的先秦时期以来，儒家学者如何论证其哲学思想并使其逐步取得主导文化观念的地位？其理性的逻辑根基是什么？这些是本文试图回答的问题。

一、工作逻辑：儒家哲学论证的逻辑起点

理性既是人类的追求目标，又是人们行动的根据。作为目标，它是理性的最高层次；作为根据，它是理性的最低层次。无论是最高层次的理性还是最低层次的理性，它们都与论证有关，与逻辑有关。因此，理性、论证和逻辑是三个不可分割的基本哲学概念。具体地说，论证是人们通达理性的桥梁和实现理性的工具；逻辑是区分论证好坏的规则或原则；逻辑学就是研究区分论证好坏规则或原则的学问。但有时人们并没有严格区分逻辑和逻辑学，而是交替使用它们。

---

* 文章原刊于《四川师范大学学报（社会科学版）》2016 年第 3 期，第 18－27 页。本文已取得版权相关方授权。

虽然理性是一个具有层次高低之分的链条，但它要求首先给出理由，讲出道理，这个理由便是理性的最低层次。理性的这种层次结构，主要表现为以下两个方面：一方面，从汉语词源上看，在现代汉语中，“理性”是一个外来词，但它与古汉语中的“理”有密切联系。在古代汉语中，“理”的基本含义有“法”“则”“性”“质”“辩”等，用现代汉语来讲，就是要“讲道理，说理由”，相当于后面我们所讲的“理由理性”，这属于理性的最低层次。但同时，包括孔子、孟子在内的中国古代思想家又追求“道”。从老子的“道可道，非常道”[①]之说法来看，他们似乎又追求一种最高层次的理性，即与“天”相通。另一方面，从现代汉语的英文词源来看，“理性”一词主要来源于 reason、reasonableness 和 rationality。汉语世界不同学科领域的学者有时在不同场合均把这三个英文术语翻译成“理性”。有的学者把 reason 译为理性，如大家所熟知的康德《纯粹理性批判》中的“理性”，英语世界哲学家把康德的 vernunft 译为 reason，而中国哲学家将其译为“理性”。经济学家和心理学家通常喜欢把 rationality 译为“理性”，如 bounded rationality（有限理性）。[②] 有的学者在讨论罗尔斯的政治哲学时，把他的 reasonableness 译成“理性”。[③] 但是，也有的学者把这三个术语分别译为“理由”“合理性”和“理性”以示区别。在我们看来，这三个看似有所区别的概念正好体现了“理性”在层次上的高低之分。为此，我们可以把理性分为三个层次：最高层次的理性即价值理性（rationality），中间层次的理性即推理理性（reasonableness，亦称合理性），最低层次的理性即理由理性（reason）。其中，第一个层次正是人类追求的目标，后两个层次则是人们行动的依据。人们无论是提出主张还是采取行动，都应当建立在某种层次的理性基础之上。

理性通达是一个从具体的理由理性到抽象的价值理性的思维过程。作为人类的追求目标的“最高层次理性”只是一个抽象的对象，人们永远无法真正达到，但可以逼近它。判定我们的行动是否逼近最高层次理性的办法，就是看其通达理性所借助的工具及其使用是否得当。如果得当，那就是合乎理性的。但这实际上达到的只是合理性（reasonableness）。判断是否合乎理性的依据就是作为工具的论证之好坏。一个行动、观点或主张合乎理性，是因为其建立在一个好的论证基础之上。如何判定一个论证的好坏呢？根据当代逻辑学观点，一个论证是好的，应同时满足三个条件：①要为特定主张、观点或行动提供理由；②以理由作为前提，要能够推导出作为结论的主张、观点或行动；③主张、观点或行动不得与当下的价值取向相违背。当然，最低层次的理性就是给出理由，但论证者在这个层次上可能并没有考虑理由能否推导出结论。

逻辑学家在理性探寻过程中扮演着至关重要的角色。我们不能纯粹抽象地去讨论作为最高层次的“价值理性”。换句话说，最高层次的理性也应建立在最低层次理性的基础之上。具体地说，一方面，“价值理性”依赖于“理由理性”的运用。据诺齐克的观点，“哲学”一词是指“爱智慧”，但哲学家真正热爱的是推理（reasoning），他们阐明

① 朱谦之撰：《新编诸子集成：老子校释》，中华书局 1984 年版，第 3 页。

② ［美］鲁宾斯坦：《有限理性建模》，倪晓宁译，中国人民大学出版社 2005 年版。

③ ［美］罗尔斯：《政治自由主义》，万俊人译，译林出版社 2000 年版，第 50 页。

理论并整合理由（reason）来支持它们，也会考虑他人的异议并试图应对它们，还会用他人的观点来建构自己的论证（argument），从而为古希腊人提出的“人是有理性（rational）的动物”这一基本哲学观点进行辩护。[①] 可见，理性不仅应当包含康德哲学意义上的纯粹理性，即抽象理性或理论理性，它关心“理性应当是什么”的问题，而且涵盖实践理性，也就是“理性实际上是什么”的问题，即决定如何行动的理由之运用。另一方面，从西文词源上考察，“理性”一词源于古希腊语“λόγος”，也就是“理由理性”（reason）之意，即要给出所提主张的理由之所在。“λόγος”虽有多重意义，但作为理由的“理性”（logos）是其中重要的一种意义，被音译为“逻各斯”。[②]

无论是形式逻辑学家还是非形式逻辑学家，他们关注的焦点都是理性的通达。根据传统逻辑学的观点，如果我们强调从理由推导到主张的过程，那就是推理（reasoning）；如果强调从主张出发寻找理由的思维过程，那就是论证（argument）。因此，推理通常被理解为从理由或前提推导出主张或结论的思维过程，而论证则被理解为从主张或结论出发寻找理由或前提的思维过程。形式逻辑学家关心的是前一种思维过程，而非形式逻辑学家更关注后者。针对推理，形式逻辑学家从形式主义立场出发去掉了论证的语用要素，抽取出了具有普遍性的形式结构，并在这种形式结构基础上对推理正确与否或者有效与否进行评价。自亚里士多德以来，推理一直是形式逻辑的研究对象。不过，形式逻辑只是一种“理想逻辑”（idealized logic）或“理论逻辑”（theoretical logic），像几何学一样，它研究的是不同种类命题之间的形式关系。从某种程度上讲，这种关系是一种具有普遍性的、永恒的数学模型[③]，它所要达到的目标大体相当于康德意义上的纯粹理性。针对论证，非形式逻辑学家在形式逻辑理论框架基础上引入了语用要素来分析与评价，关注的不仅仅是抽象的论证形式结构，还特别强调论证的语用因素，因此，他们把逻辑学定义为研究论证的科学，目的是设定一组标准来区别好的论证与不好的论证。这种逻辑是一种实践取向的逻辑，因而被图尔敏称为“工作逻辑”或“操作逻辑”（working logic）。这是一种非形式的实践逻辑，其追求的是第二、第三个层次意义上的“理性”，大体相当于康德意义上的实践理性。如史华兹所说，他倾向于否认中国古典语言缺乏抽象的能力。从总体上讲，中国思想并没有将其知性的注意力集中在抽象理论自身之上。[④]

二、实践理性：儒家哲学论证的理性根基

推理与论证的一个主要区别在于：前者无目的性，而后者有目的性。论证的目的性是由其实践性决定的。哲学论证是一种实践性很强的论证，其目的性体现在要证明某一哲学或哲学思想成立。毫无疑问，儒家哲学论证也不能例外。按照冯友兰的说法，哲学

① Robert Nozick, *The Nature of Rationality*. Princeton University Press, 1993.

② 汪子嵩等：《希腊哲学史》（第一卷），人民出版社 1988 年版，第 454 页。

③ Stepen Edelston. Toulmin, *The Uses of Argument*. Cambridge University Press, 1958, p. 178.

④ ［美］史华兹：《古代中国的思想世界》，程钢译，刘东校，江苏人民出版社 2004 年版，第 11 页。

本质上就是说出一种道理来的道理。金岳霖认为："所谓'说出一个道理来'者，就是以论理的方式组织对于各问题的答案。"[①] 换句话说，儒家哲学论证是一种实践性和目的性都很强的论证。

按通常的说法，整个中国古代哲学的论证方式表现为逻辑意识的不发达。何谓"逻辑意识"？实际上这里主要指的是西方形式逻辑意识。可金岳霖先生提出了不同的观点，他说："这个说法的确很常见，常见到被认为是指中国哲学不合逻辑，中国哲学不以认识为基础。显然中国哲学不是这样。我们并不需要意识到生物学才具有生物性，意识到物理学才有物理性。中国哲学家没有发达的逻辑意识，也能轻易自如地安排得合乎逻辑；他们的哲学虽然缺少发达的逻辑意识，也能建立在以往取得的认识上。"[②] 显然，金先生讲的逻辑也是西方的形式逻辑。历史事实表明，儒家哲学没有出现追求纯粹理性的形式逻辑，也并不试图追求形式上的合理性。但儒家哲学能将思想"安排得合乎逻辑"，这和逻辑论证分不开。如果我们不局限于形式逻辑的理论形态，而是把儒家哲学的"用逻辑"和"讲逻辑"结合起来，去研究应用实例中所浮现的逻辑理论闪光和逻辑从应用中产生的机理，则至少可以说儒家哲学并不缺少工作的逻辑。

儒家哲学的理性取向走的是一条与西方不尽相同的道路，是一种非形式道路。在西方思想发展史上，作为工具，西方逻辑学是由对逻各斯即语言、言辞的反省而发展起来并最终成为研究思维的学问；在中国哲学中，语言的使用没有主词与谓词的严格分别，文法与句法的固定性不明显，语言使用往往遵从习惯，注重语境，不产生西方式的需要，故未形成亚里士多德式的逻辑，因而是朝着论证逻辑的方向发展。这与印度逻辑学的倾向是一致的。[③] 正如非形式逻辑把自然语言论证作为其研究对象一样，作为儒家哲学论证工具的逻辑也是一种建立在自然语言论证基础上的逻辑。不过，像形式逻辑那样，非形式逻辑关心的还是"讲逻辑"，即如何分析与评价自然语言论证的好坏；而儒家哲学论证关心的是"用逻辑"，即不关心理论上的论证分析与评价。由于和实践运用紧密联系，没有从理论上加以提炼和总结，因此儒家哲学最终没有走向形式逻辑，也没有像印度逻辑那样提炼出固定格式，主要是结合复杂的实际应用而发挥其论证的功能，追求的是一种"工作的或操作的逻辑"。这是儒家哲学论证的逻辑起点。

儒家哲学发展走上这样一条独特的道路，跟儒家的实践理性精神紧密相关。首先，孔子只关注此生此世。孔子主张"未能事人，焉能事鬼?""未知生，焉知死?"[④] "不语怪、力、乱、神"[⑤]，"敬鬼神而远之"[⑥]。死亡、鬼神之事皆为超乎此生此世的大问题，孔子一概存而不论。他只关注此人生、此人世，既有此人生，则此生如何活才有意义和价值。由此，遂有"修己以敬""修己以安人""修己以安百姓"[⑦]的理想追求，以

① 冯友兰：《中国哲学史》（下），华东师范大学出版社 2000 年版，第 434－435 页。

② 金岳霖：《中国哲学》，载《哲学研究》1985 年第 9 期。

③ 孙中原：《中国逻辑研究》，商务印书馆 2006 年版，第 113 页。

④ 程树德撰：《新编诸子集成：论语集释》，中华书局 1990 年版，第 760 页。

⑤ 程树德撰：《新编诸子集成：论语集释》，中华书局 1990 年版，第 480 页。

⑥ 程树德撰：《新编诸子集成：论语集释》，中华书局 1990 年版，第 406 页。

⑦ 程树德撰：《新编诸子集成：论语集释》，中华书局 1990 年版，第 1041 页。

及“德之不修，学之不讲，闻义不能徙，不善不能改，是吾忧也”[①]的人生忧患。孔子的这种关注决定了儒家后学将佛、老的虚无寂灭之教视作无用无益的异端加以拒斥，使儒家思想避免走上如印度思想的追求人生解脱之途。

其次，儒家的哲学思考总是立足实用立场，以解决现实政治与伦理问题为急务，而视冷静地追求客观知识和抽象思辨为后图。这从儒家对诸子尤其是名家的批评中可见一斑。孟子拒杨、墨，是因其“为我”“兼爱”主张不合儒家的现实关怀和礼乐精神。荀子则明确主张：“今夫仁人者，将何务哉？上则法舜、禹之制，下则法仲尼、子弓之义，以务息十二子之说。如是则天下之害除，仁人之事毕，圣王之迹著矣。”[②]诸子之蔽在于“不合先王，不顺礼义，谓之奸言。虽辩，君子不听”[③]。对于名家，荀子的批评尤甚。名家“专诀于名”，其论证的意义，根据冯友兰的说法，在于通过抽象思辨给中国思想一个“超乎形象的世界”。从惠施的“历物十意”、公孙龙的“合同异”“离坚白”和“白马论”以及《庄子·天下》所载辩者学说二十一事看，他们提出了不少不合常俗的奇谈怪论，其对象涉及天地之间各种自然事物，方法上注重理性的分析和抽象的思辨，体现出较强的逻辑学和纯粹知识论的意义。而荀子对此持尖锐的批评：“山渊平，天地比，齐秦袭，入乎耳，出乎口，钩有须，卵有毛，是说之难持者也，而惠施、邓析能之。然而君子不贵者，非礼义之中也。”[④]“不法先王，不是礼义，而好治怪说，玩琦辞，甚察而不惠，辩而无用，多事而寡功，不可以为治纲纪。然而其持之有故，其言之成理，足以欺惑愚众，是惠施、邓析也。”[⑤]“惠子蔽于辞而不知实……由辞谓之道，尽论矣。……皆道之一隅也。”[⑥]从荀子的批评来看，他对诸子之说“持之有故，言之成理”的论证形式是基本认可的，对其论辩的内容则持否定态度，因其“不合先王，不顺礼义”。这说明，现实政治、伦理问题才是儒家关切的首务，特别是名家思想不仅“遍为万物说”“弱于德，强于物”“散于万物而不厌”“逐万物而不反”[⑦]，主张不急、无用，离现实关怀太远，而且过于注重抽象的思辨，成了欺惑愚众的无用的“奸言”。荀子明确提出言辞只要能表达思想情感即可，反对过多的思辨：“君子之言，涉然而精，俛然而类，差差然而齐。彼正其名，当其辞，以务白其志义者也。彼名辞也者，志义之使也，足以相通则舍之矣。苟之，奸也。故名足以指实，辞足以见极，则舍之矣。外是者谓之讱，是君子之所弃，而愚者拾以为己宝。”[⑧]本来，自孔子以来，儒家都主张“正名”，但儒家的“正名”与名家之“专诀于名”迥然有别。后者对“名”的思考已超越了政治、伦理范围，具有了一般认识论和逻辑学的意味，前者则主要集中在政治、伦理等急求现实效用的范围。

---

① 程树德撰：《新编诸子集成：论语集释》，中华书局1990年版，第439页。
② 王先谦撰：《新编诸子集成：荀子集解》，中华书局1988年版，第97页。
③ 王先谦撰：《新编诸子集成：荀子集解》，中华书局1988年版，第83页。
④ 王先谦撰：《新编诸子集成：荀子集解》，中华书局1988年版，第38－39页。
⑤ 王先谦撰：《新编诸子集成：荀子集解》，中华书局1988年版，第93－94页。
⑥ 王先谦撰：《新编诸子集成：荀子集解》，中华书局1988年版，第392－393页。
⑦ 郭庆藩撰：《新编诸子集成：庄子集释》，中华书局1961年版，第1112页。
⑧ 王先谦撰：《新编诸子集成：荀子集解》，中华书局1988年版，第425－426页。

儒家这种由实践理性精神传统主导的结果，使儒家的哲学之思没有走上抽象思辨和冷静追求客观知识的形式化道路。对此，李泽厚评论说："从商周巫史文化中解放出来的理性，没有走上闲暇从容的抽象思辨之路（如希腊），也没有沉入厌弃人世的追求解脱之途（如印度），而是执着于人间世道的实用探求"；"实用理性便是中国传统思想在自身性格上所具有的特色。"① 儒家哲学的实践理性取向决定了哲人的思考主要围绕道德的完善、政治的改良、人生的境界来展开，以求"应"（该）为旨归，"六合之外存而不论"。

儒家哲学的实践理性取向决定了其工作逻辑的论证方法在思想学术中的定位和地位。与西方哲学求"是"求"真"、方法比结论更重要的精神传统不同，在中国思想传统中，圣哲们为我们树立的若干具有永恒价值的"应然"的观念（文化理想、人生价值、人生境界等）是第一位的，相应地，纯粹理性在儒家哲学中变成了第二位。这些观念往往不是纯粹的客观知识，而是兼具知行的生命修养，表现为一种"知行合一"的生活实践和人生修养的功夫。哲学家本人既是传道者，又是实践家，他的生活与哲学合二为一。据葛瑞汉的说法，这种精神传统导致中国思想从先秦时代起对理性主义持这样一种态度："理由理性（reason）针对的是手段问题，因为生活的目的听从格言、榜样、寓言和诗歌的指导。"② 纯粹理性作为整理和表达理性思维的手段，它服从和服务于目的，处于第二位。此外，儒家哲学乃至中国哲学论证主要偏重于政治伦理的实践领域，这决定了它主要是一种"工作逻辑"而非亚里士多德或弗雷格式的"理想逻辑"。

三、富于暗示：儒家哲学论证的根本性质

西方哲学的体系往往追求从一个为真或普遍接受为真的初始命题出发，按照一定形式规则依次形成一个推论链，这种推论系统是一种线性推论体系；由于初始命题为真或被普遍接受为真，推理程序严密而规范（即形式有效），因而冯友兰把西方哲学论证的这种根本性质称为"富于明示"。不同的是，儒家哲学的概念具有多向性，并不太关心为真或被普遍接受为真的初始命题，而是将其综合成一个基本模式进行论证，以求达到论道之目的，因此，葛瑞汉把中国古代哲学家称为"论道者"或"道的争论者"（disputers of the TAO）。③ 故"在中国古代哲学中，每个学派的代表人物都要建构一种'世界模式'，这个模式就是一切推理的根据"④。儒家哲学体系通常是从一个基本的涵盖天、地、人、物、我诸多因素的模式中推出的关于人生的方向与价值追求的系统，并呈现为一种网络体系，其外貌犹如一座山。由于儒家哲学论证思想缺乏明确具体的形式规范，因而有的比较清晰，有的比较模糊，总体上富于暗示，不如西方哲学那般清晰和明

---

① 李泽厚：《中国古代思想史论》，人民出版社1986年版，第304页。

② A. C. Graham. *Disputers of the TAO*: *Philosophical Argument in Ancient China*. Open Court Publishing Company, 1989, p. 7.

③ A. C. Graham. *Disputers of the TAO*: *Philosophical Argument in Ancient China*. Open Court Publishing Company, 1989.

④ 刘文英：《论中国传统哲学思维的逻辑特征》，载《哲学研究》1988年第7期。

确。因为儒家哲学论证的特征是天人合一的整体观，在论证表达上则表现为整体思维的特点与方式，我们可以把儒家哲学论证乃至中国哲学论证的这种根本性质称为“富于暗示”。

正如西方哲学论证从某种意义上讲也具有“富于暗示”的性质一样，儒家哲学论证并不排斥将“富于明示”作为其性质，只不过存在以谁为最根本的问题。关于这一点，我们从葛瑞汉的思想中不难发现。就整体而言，关于中国古代哲学论证，葛瑞汉提出了一个准三段论模式来说明儒家哲学论证的性质。该准三段论模式如下：“在知道与问题有关的所有情况之后，我发现自己倾向于X；而忽略所有与问题相关的某些情况之后，我则发现自己倾向于Y。那么我将使自己倾向于哪个呢？既然知道与问题相关的所有情况，因此，应当让自己倾向于X。”①

无论是孔子及其后学、道家乃至其他学派的论证实践，都可看作是围绕准三段论展开的，只是这个形式在中国古代哲学中从未被从理论上加以识别和提炼。对该“准三段论公式”，葛瑞汉补充说：“‘所有与问题相关的情况’可以是在各个方向同时走向我的每个事实、感觉和情感。‘知道与问题有关的所有情况’会被认为是经典三段论中‘凡人皆有死’这样一个判断，如波普尔原则，即严格的全称陈述是无法证实的，但如果人们始终不能反驳它，就得承认它。”②对于葛瑞汉总结的逻辑形式及其补充说明，我们从两个方面进行解读：其一，它是将儒家哲学论证等中国古代哲学论证纳入西方哲学式逻辑分析的一种尝试，说明中国古代哲学在形式系统上虽不如西方哲学尤其是亚里士多德之后的哲学，但诉诸逻辑分析便可以发现中国古代哲学实质上具有一以贯之的思想系统；儒家哲学的伦理－政治思维决定了其思想体系及其论证都围绕道德－政治价值的认知、评价和选择展开。不同于西方哲学对存在、实在与真理的诉求，“中国人的问题总是‘道在何方？’中国思想家孜孜于探知怎样生活、怎样治理社会，以及在先秦末叶怎样证明人类社会与自然宇宙的关联”③。也就是说，中国古代哲学论证关注正确生活、行为的方向。儒家哲学论证也总是围绕这个方向展开。其二，葛瑞汉的“准三段论公式”显然缺少亚里士多德三段论法的简单性、清晰性和自明性，而且在推理大前提上还附加了许多补充说明，大前提也并非简单明白的判断，而是融理智分析、价值判断和情感体验等多种要素于一体，很难抽象成一个为真的初始命题。这恰恰说明了，以儒家哲学论证为代表的中国古代哲学论证都是围绕具体伦理政治问题这个语境来展开论证的，不利于纯形式化，也不能从某一个具体单一命题出发进行线性推论；其实质是一种模式型推理，有对各种因素的分析，但最终方向的选择还是在分析的基础上依靠各种因素做出整体综合判断的结果。

从理性角度来看，这种“富于暗示”的根本性质决定了在儒家哲学论证中，纯粹

---

① A. C. Graham. *Disputers of the TAO*: *Philosophical Argument in Ancient China*. Open Court Publishing Company, 1989, p. 29.

② A. C. Graham. *Disputers of the TAO*: *Philosophical Argument in Ancient China*. Open Court Publishing Company, 1989, p. 222.

③ A. C. Graham. *Disputers of the TAO*: *Philosophical Argument in Ancient China*. Open Court Publishing Company, 1989, pp. 29－30.

的形式理性居于次要地位，而实践理性则居于首要地位。尽管纯粹理性在儒家哲学中作为手段只居于第二位，在论证形式方面较西方哲学逊色，但逻辑在儒家哲学论证中并非付诸阙如。冯友兰认为："哲学乃理智之产物；哲学家欲成立道理，必以论证证明其所成立。荀子所谓'其持之有故，其言之成理'是也。孟子曰：'我岂好辩哉？予不得已也。'辩即以论证攻击他人之非，证明自己之是；因明家所谓显正摧邪是也。非惟孟子好辩，即欲超过辩之《齐物论》作者，亦须大辩以示不辩之是……盖欲立一哲学的道理，谓不辩为是，则非大辩不可；既辩则未有不依逻辑之方法者。"① 其中的原因很明显："因为，要想解释任何事物，就必然会求助于理性。如果否定了理性的效力，就无法找到理论的依据，我们就说不出道理来，就只好保持沉默。"② 反对者要说出反对的理由，仍然离不开论证。儒家哲学曾在先秦诸子蜂起、百家争鸣的大背景下蔚为一派"显学"，与其论证方法的探索和运用有关。从逻辑发展史的现状来看，这种论证思路与当代西方非形式逻辑或当代论证理论中的论证研究思路相通，尽管中国并非真正形成像非形式逻辑那样的理论体系。

四、推类论证：儒家哲学论证的主导类型

论证通常被分为两大类型：一是演绎论证；二是归纳论证。在归纳论证中，还有一种比较特殊的论证类型，就是类比论证。这种论证模式与儒家的"推类"模式有着某种内在的关联，但二者又不完全等同，因为传统逻辑学把类比论证当作一种以个体证明个体的论证，而推类论证则强调从"类"到"类"的推演。在儒家哲学论证中，演绎论证和归纳论证均是儒家先哲使用过的论证类型。不仅如此，作为演绎论证核心部分的三段论公式在儒家哲学论证中也有着充分的运用。不过，儒家先哲在运用这些基本论证方法时，形式上不如西方那样明晰，有时省略了前提，有时省略了结论。如冯友兰所说："中国哲学家多未竭全力以立言……少人有意识地将思想辩论之程序及方法之自身，提出研究。"③ 从现代语言学角度来讲，儒家哲学似乎始终在遵循"语言经济原则"，也就是必须以保证实现语言交际功能为前提，同时人们有意无意地对言语活动中力量的消耗做出合乎经济要求的安排。由此可见，儒家哲学在追求正确思维与有效交际的过程中并非缺乏逻辑，也不是不懂运用逻辑。对于那些反映人类思维的共同形式及其规律的逻辑规则，中外思想家在理解和运用上其实有相通之处。正是这种相通，才使得翻译、交流、沟通成为可能。如果说西方哲学论证走的是一种以演绎法为主的逻辑道路，那么在儒家哲学论证中居于主导地位的是一套基于整体思维的"推类"论证方法，其他论证方法的应用都围绕、配合"推类"展开。

儒家的"类"概念和"推类"方法是一种不同于西方哲学的分析式论证。西方哲学论证建立在抽象分析传统的基础上，总是将对象视为"实体"，进而考察其属性，再

---

① 冯友兰：《中国哲学史》（上册），华东师范大学出版社2000年版，第6页。
② ［英］罗素：《西方的智慧》，亚北译，中央编译出版社2007年版，第406页。
③ 冯友兰：《中国哲学史》（上册），华东师范大学出版社2000年版，第8页。

通过属加种差的定义方法加以界定，并且用“S是P”这种主谓型命题来表述。一旦确定了对象的内涵和外延，就可从概念外延上的种属关系进行推理。演绎推理便是在种属关系基础上的推理，传统形式逻辑实则为一种“外延逻辑”。罗素曾说：“亚里士多德的逻辑学是靠大量与其形而上学相关的假设存在的。首先，他想当然地认为所有命题都是‘主谓’型的。日常谈话中有很多命题就属于这种形式，这也正是‘实体与品质’形而上学产生的根源之一。”[①] 按亚里士多德的观点，论证的基本类型就是直言三段论。三段论是基于两个“主谓”型前提的论证，这两个前提有一个共同的项，即中项，这个中项在结论中消失。如果前提为真，则经过有效形式推导出来的任何结论也是真的。因此，发现论证的有效形式和推论规则就显得十分重要。与此不同，“中国的主要文化倾向是将‘万物’视作一种不断相互作用的多样体，这个多样体以保持一种和谐统一为目的。统一的观念的主要象征是‘和’的原则”；“人的使命就是领悟‘万物’的相互依赖和相互关联性”[②]。既然万物是一个调和的、严整有序的整体，“在那里，万物‘间不容发’地应合着。……它的存在无须依赖于‘立法者’，而只由于意志之和谐”[③]。在这个天地、万物及人相互联系的有机整体中，儒家看到的不是从西方分析、抽象的方法中所看到的一个个“实体”及其性质，也不是基于外延的共相与殊相，而是种种关系的相互影响、相互作用。这样，儒家总是把一事物置于与其他事物的相互关联中加以认识，从而比较事物之间的同异关系。然而，李约瑟认为：“中国人的这种‘关联式思考’（coordinative thinking）绝不是原始的思维方式或迷信，以为任何事物皆可相互影响，而是有着它自己独特的思想方式和逻辑机制，在这个整体之中只有同类的事物才能影响同类的事物，同类事物的概念与概念之间并不互相隶属或包含，它们只在一个‘图样’（pattern）中平等并置。”[④] 因此，如果我们要认识某个对象，就要把它置于与同“类”的关联中，利用对同类事物已有的认识和理解，合理地推广、延伸、推论出对它的理解。这就是儒家“推类”思想得以成立的思维方式基础。如上所述，在儒家的“类”概念中，“同类”之间不是外延的包含关系，而是平等并置的，因此，同类的两个或多个概念之间没有严格的层次性与过度，人们并不关注外延上的隶属，而是关注内涵上的“理同”。但是事物间的同类关系不是单一的，同类事物的相互影响和相互作用是多相性的和不断变化的，所以，建立在“类”基础上的概念的内涵不是单一的，而是多相的、开放的和可扩充的，且随着具体问题和论证语境的变化而变化。与此相应，建立在“类”概念基础上的“推类”也没有明确的初始命题，而是依赖于具体的论证语境，论证的根据也是有关“类”的知识中合理的、有力的、能为对方接受的观点。显然，这种论证模式难以形式化。因此，儒家哲学的“以类度类”[⑤] 的“推类”逻辑是一种“内涵逻辑”。正如温公颐所言：“中国逻辑不纠缠于形式，而注重思维的实质性的研究，所以它可以避免西方或印度逻辑的繁琐之处。……这样的逻辑，我们也

---

① ［英］罗素：《西方的智慧》，亚北译，中央编译出版社2007年版，第102页。

② ［苏］斯捷潘尼扬茨：《对哲学史的重新思考》，杜鹃译，载《第欧根尼》2010年第1期。

③ ［英］李约瑟：《中国古代科学思想史》，陈立夫等译，江西人民出版社1999年版，第359页。

④ ［英］李约瑟：《中国古代科学思想史》，陈立夫等译，江西人民出版社1999年版，第352页。

⑤ 王先谦撰：《新编诸子集成：荀子集解》，中华书局1988年版，第82页。

可称之为‘内涵的逻辑’。”①

儒家的“推类”论证具有如下特征：第一，由近及远的论证思路。他们总是从人们熟知的某个浅近道理合理外推，推论出更深远的道理，从价值较低的道理推出价值较高的道理。比如孔子的推类强调“推己及人”，“己”为近者，“人”为远者，由己之所欲或不欲，推论出人之所欲或不欲，“夫仁者，己欲立而立人，己欲达而达人，能近取譬，可谓仁之方也已”②。朱熹如此评论此种类推思维：“古人必由亲亲推之，然后及于仁民；又推其余，然后及于爱物，皆由近以及远，自易以及难。”③ 第二，同类相推的推论策略。同类相推的两个或多个事物或情景之间只要类同或类似，则理同或理似，它们之间不一定有着必然的联系，也缺乏必要的层次过渡，只要能从“此理”推论出“彼理”，从“此情景”推出“彼情景”，论证参与者愿意接受即可。例如，“智，譬则巧也；圣，譬则力也。由射于百步之外也，其至，尔力也；其中，非尔力也”④。第三，由此及彼的推理技巧。他们总是借助于具体情景，抓住此情景中的“此理”，而推出彼情景中的“彼理”。如孟子从齐宣王见牛之觳觫而不忍杀之，推论出其有行“王政”之能，以不忍之心扩而充之为不忍之政即是“王政”，“故王之不王，不为也，非不能也”⑤。荀子提出：“故以人度人，以情度情，以类度类，以说度功，以道观尽，古今一也。”⑥第四，听众接受型论证。由于这种推类只具有或然性，因此往往只能以恰当或不恰当、有力或无力来评判。但只要对方愿意接受，就达到了论证的目的，甚至在论辩中双方的论证都有不恰当之处，只要一方的推类比另一方更有说服力，也算达到论辩的目的。如孟子与告子关于人性的论争，双方皆以“水”之性推论“人”之性，但都缺乏严密的论证。如果首先以水喻性的是孟子，则取胜的一方就可能是告子，但在当时的语境下，孟子的论证稍占上风。

五、情理论道：儒家哲学论证的说服策略

儒家哲学论证在论证模式上走的是一条持中道路，它既不是无视理性的直觉体悟型，也不同于西方哲学主流中强调的纯形式推演，而是一种“理性与情感体验的调和折衷”的模式。这主要体现在以下四个方面。

第一，生命体验与理性分析相互渗透。作为一种“人生实践之学”，一方面，儒家主张“道在伦常日用之中”，但它对“道”的回答和讲述同样具有哲学的理性品格；另一方面，它具有终极关怀的“宗教品格”，它执着地追求人生意义，有对“天地境界”的体认、追求和启悟，从而成为人们安身立命、精神皈依的归宿。它的主要功能在于塑造中国人的心灵和文化心理。儒家哲学作为一种境界型哲学，“重视人的心灵的存在状

① 温公颐：《先秦逻辑史》，上海人民出版社1983年版，第48页。
② 程树德撰：《新编诸子集成：论语集释》，中华书局1990年版，第428页。
③ 朱熹：《四书章句集注·梁惠王章句上》，中华书局1983年版，第209－210页。
④ 焦循撰：《新编诸子集成：孟子正义》，中华书局1987年版，第674页。
⑤ 焦循撰：《新编诸子集成：孟子正义》，中华书局1987年版，第85页。
⑥ 王先谦撰：《新编诸子集成：荀子集解》，中华书局1988年版，第82页。

态、存在方式而不是认识能力（并不一概否认认识），将人视为一种特殊的‘生命’存在，并且在心灵超越中实现一种境界。所谓境界，就是心灵超越所达到的存在状态，可视为生命的一种最根本的体验，这种体验和人的认识是联系在一起的”①。正如朱熹、吕祖谦所说：“为学大益，在自求变化气质。不尔，皆为人之弊，卒无所发明，不得见圣人之奥。”② 既然讲生命的存在问题，就不能离开情感，“因为情感，且只有情感，才是人的最首要最基本的存在方式。中国的儒、道、佛都清楚地看到这一点，因而将情感问题作为最基本的存在问题纳入他们的哲学之中，尽管具体的解决方式各不相同”③。儒家追求“仁者以天地万物为一体”的生命境界，它比其他任何哲学都重视情感问题，更强调人的“真情实感”，因为“仁不是别的，就是情感，更确切地说，是道德情感。仁从原始亲情开始，进而展开为仁民、爱物，直到‘天地万物一体’境界，最后找到了人的‘安身立命’之地”④。在儒家的视野中，人首先是情感的动物，特别是道德情感，是人之异于禽兽者的标志，也是人类价值的主要标志。因而，儒家哲学之旨远非知性的认知，而是人之为人的人性情感的塑造培养以及人生的境界，此非理性分析或概念认知能达到的，而必须诉诸生命情感的体验。因此，历代儒家圣哲论道都提倡“亲证”，提倡“反求诸己”“力行”“切己”“玩味”。

第二，理智分析与情感动人相互交融。儒学之所以不是某种抽象的哲学理论，正是在于它把思想直接诉诸情感，把某些基本理论建立在情感心理根基上，总要求理智与情感交融，当今中国人仍爱说的“合情合理”便是其表现。⑤ 儒家从来不以任何外在的抽象枯槁的道德形而上学来规范、裁剪人的心理与行为，而是从人的自然生命情感出发，在日常生活、道德义务、大自然以及艺术中诉诸生命情感的体验、体会、体认，“下学而上达”⑥，融理于情，情中有理，培育、塑造真正人化的情感，体认人生的意义、价值和归宿。儒学的许多范畴如“诚”“义”“忠”“恕”“敬”“庄”“信”等，均有不同程度的情感培育功能和价值。当然，儒家哲学对这些核心观念均未做出抽象的定义，也不要求人们盲目听信他人的主张，而是要人们反躬自问，依据自己的生活及情感体验开启自己内心的自觉。对此，王阳明主张学问之道要“在人情事变上做功夫”，“除了人情事变，则无事矣。喜怒哀乐非人情乎？自视听言动，以至富贵贫贱患难死生，皆事变也。事变亦只在人情里，其要只在致中和，致中和只在谨独”⑦。不仅如此，儒家圣贤皆主张以礼来“节”人之情、“文”人之情，使其致“发而皆中节之和”；而“节”“文”需要依靠理智来进行。人之“情”常与动物性的本能、欲望、生理因素相关，包含非理性成分；而“理”则来自群体意识，常与某些道德规范、群体生活原则乃至文化理想相联结，它常常要求理性。对此，梁漱溟总结道：“孔子之作礼乐，其非任听情

① 蒙培元：《情感与理性》，中国人民大学出版社2009年版，第2页。
② 朱熹、吕祖谦：《朱子近思录》，上海古籍出版社2000年版，第49页。
③ 蒙培元：《情感与理性》，中国人民大学出版社2009年版，第3页。
④ 蒙培元：《情感与理性》，中国人民大学出版社2009年版，第7页。
⑤ 李泽厚：《论语今读》，生活·读书·新知三联书店2004年版，第28页。
⑥ 程树德撰：《新编诸子集成：论语集释》，中华书局1990年版，第1019页。
⑦ 王阳明：《传习录》，江苏古籍出版社2000年版，第43页。

感，而为回省的用理智调理情感。”① 李泽厚的评论则是：“理性不只是某种思维的能力、态度和过程，而是直接与人的行为、活动从而与情感欲望有关的东西，它强调重视理性与情感的自然交融和相互渗透，使欲理调和，合为一体。”② 总之，在儒家哲学中，由于讲求合情合理、入情入理、情理交融，因此情、理均未获得独立的发展，而是在两者之间演绎一种折衷与调和。

第三，普遍概念与具体情景相互贯通。注重论证的对话语境这种语用要素也是儒家哲学论证的重要特征之一。如前所述，儒家哲学的模式型论证通常没有对概念做明确的定义，而且也不是以一个清晰明白的初始命题为出发点进行推论。这是因为儒家哲学的旨趣在于伦理－政治问题以及人生方向与境界。而人生问题、政治问题的“实际”是复杂多变的，富于弹性，喜活忌死，是无法封闭的。儒家哲学论证经常需要以实际问题为出发点，结合具体语境来展开。同时，儒家哲学观念不仅仅是理智分析的产物，也具有很强的实践意义，不停留在“概念王国”，是知和行的高度融合，需要在具体的人生践履中才能体现它的全部意义。在儒家哲学中，许多概念都具有模糊性，即没有明确的内涵和外延，但放在具体语境中，其意义又是明确的，理性的论证参与者差不多都能准确理解论证者的意图。在《论语》中，学生或其他人士在问及“孝”“仁”“礼”“为政”“君子”等时，孔子均不做一般意义上的抽象界定，而是根据对话参与者面临的个人实际情况和具体情景予以不同的回答。据李泽厚的看法，这一点说明了孔子完全根据具体情况给予各不相同的回答。因此，儒家哲学确认“真理”总是具体和多元的，即在此各种各样的具体人物、事件、对象的活动应用中，即所谓的“道在伦常日用之中”③。孔子的这一方法在《孟子》《荀子》及后儒的为学之道中一以贯之。这种对论证语境的重视，正是实践理性在儒家哲学论证中的重要体现。西方哲学式的抽象定义是僵死的、封闭的，而“实际”是变化的、开放的。

第四，修辞技巧与形象手段相互补充。在亚里士多德的论证分析与评价理论中，分析方法、论辩方法和修辞方法是三种一般方法，其中，分析方法即今后的逻辑方法居于首要地位。毫无疑问，这三种一般方法在儒家哲学论证的分析与评价中也得到了充分的体现，居于首要地位的是修辞方法而非分析方法。儒家善于巧用修辞技巧和形象手段来表达深刻道理。儒家一方面强调“修辞立其诚”④，要求言语行为要真诚朴实；另一方面强调“言之无文，行而不远”⑤，“谈说之术，……分别以明之，譬称以喻之，……如是则说常无不受”⑥，要求在论证时言辞要通过“文”即修辞手法来增强其说服力和影响力。从先秦的孔子、孟子、荀子起，历代儒家思想家都很重视修辞手法的运用。例如，“苗而不秀者有矣夫！秀而不实者有矣夫！”⑦这是以禾苗的秀实即生命的成长来比

---

① 梁漱溟：《东西文化及其哲学》，商务印书馆2007年版，第148页。

② 李泽厚：《论语今读》，生活·读书·新知三联书店2004年版，第98－99页。

③ 李泽厚：《论语今读》，生活·读书·新知三联书店2004年版，第55页。

④ 十三经注疏整理委员会：《十三经注疏：周易正义》，北京大学出版社2000年版，第18页。

⑤ 十三经注疏整理委员会：《十三经注疏：周易正义》，北京大学出版社2000年版，第1176页。

⑥ 王先谦撰：《新编诸子集成：荀子集解》，中华书局1988年版，第86页。

⑦ 程树德撰：《新编诸子集成：论语集释》，中华书局1990年版，第614页。

喻人生与学问。“为政以德，譬如北辰，居其所而众星共之。”①这是以众星拱北斗喻有德之君以“德”王天下而致全民拥戴的政治理想。至于《孟子》《荀子》乃至后儒典籍中，比喻、夸张、反复、排比、类比等各种修辞手法的运用都非常普遍。修辞手法在儒家典籍中得到大量运用，除因为它的美学功能以外，还因为它有很强的说服功能，其目的就是说服目标听众。

总而言之，儒家哲学论证并不满足于从理智上接受符合形式推论或纯客观的认知，更重要的是讲究“情理”——“合情合理”，既要诉诸理性论证，又要诉诸生命体验以满足情感需要和价值期待，进而巧妙地融合理性的认知与生命的情感体验，调和平衡，最后综合确定人生的方向和价值选择。这种模式不是线性推理所建构的命题系统，而是融知、情、意于一体的“情理论道”的哲学论证模式。

六、非形式逻辑：儒家哲学论证的逻辑终点

西方哲学以求取关于客观世界的客观知识与真理为首任，往往从一个为真或被普遍接受为真的初始命题出发，遵循一定的形式规则而推论出一系列命题。这个命题系列在逻辑上要求有它自身的自洽性、自足性，从前提到结论的整个推论过程最好能够体现“必然地得出”，即所有前提是真的而结论是假的是不可能的。不同哲学家的理论体系要做到这一点在程度上是有所差别的。无疑，这种哲学论证是一种刚性的、封闭的体系。显然，西方哲学论证把追求纯粹理性放在首位，而把追求实践理性放在从属地位。因而西方哲学家对其论证的分析与评价，甚至会走向像数理逻辑学家或分析哲学的人工语言学派那样，仅仅追求从符号语言的纯粹语义和语形分析，而不惜排除所有语用因素，从根本上忽略语用要素在论证中的重要地位的道路。

相反，儒家哲学乃至中国哲学则追求把实践理性放在首位，纯粹理性处于次要地位。儒家执着于人间世道的伦理政治关怀，其问题与方法也就有着自身特色。面对复杂多变的政治伦理实践，有关正确思维与有效交际的一切手段都可以在其论证模式之中有所体现和运用，以至于很难对它做出一个明确的界定。一般说来，它并不十分重视西方线性式推理的形式逻辑，而是追求一种从问题和论证实际需要出发的工作逻辑。在这种逻辑中，一切方法、一切有益于支撑其道理的材料皆可为我所用，其推理的根据是一种“人同此心，心同此理”的人心共识。② 我们可以将这种逻辑视为一种开放性的、柔性的非形式逻辑，以区别于西方哲学所强调的形式演绎逻辑。中国哲学思想在逻辑上的柔性特征，这种不求“必然地得出”的思想程式，是在形式分析和理智的思辨之外，为情感体验、直觉体悟和生命之间的相互感通留下了较大的空间。这种论证模式既满足了人们的头脑，也满足了人们的心灵。

儒家哲学论证模式，与20世纪70年代以来在逻辑实践转向中兴起、现已取得蓬勃发展的非形式逻辑看起来是同一路向。它们都是基于自然语言、关注日常论证实践的逻

① 程树德撰：《新编诸子集成：论语集释》，中华书局1990年版，第61页。

② 胡伟希：《中国哲学：“合法性”、思维态势与类型——兼论中西哲学类型》，载《现代哲学》2004年第3期。

辑类型，与形式逻辑形成相互补充的关系。当然，我们所说的“同一路向”并不是认定儒家哲学论证的逻辑工具就是非形式逻辑，因为这样说显然没有道理，它们在时间上没有先后性，在理论上没有渊源关系。我们要表达的是：无论是在儒家哲学思想还是西方古代哲学思想中，实践理性和纯粹理性都曾是哲学家论证其思想所追求的目标。但自亚里士多德之后，西方哲学走向了以追求纯粹理性为主的哲学论证道路，而以儒家哲学为代表的中国古代哲学则走向了以追求实践理性为主的哲学论证道路。正是从这种意义上，我们可以说：如果以形式逻辑为标准，中国古代就没有逻辑；如果以非形式逻辑为标准，中国古代肯定有逻辑，而且可能比当代西方的非形式逻辑更精彩，更具有针对性。

我们要倡导的是，当我们将儒家哲学论证视作一种非形式逻辑或论证理论时，非形式逻辑或论证理论的方法就为发掘、整理儒家哲学论证模式提供了方法的参照和指引。为此，我们需要“确立自觉的历史意识，就是要认真地贯彻‘不理解现在，就不能解释过去’的思维原则”，把“理解现在”作为“解释过去”的前提。[①] 非形式逻辑是在形式逻辑发展到一定阶段之后出现的一种新的逻辑类型，且已经发展到比较成熟的理论形态，形成了比较系统的研究方法。因此，运用西方非形式逻辑的理论和方法来指导中国传统哲学论证模式的发掘、整理和研究，揭示它的方法和特征，是十分必要的，也是可行的。[②]

① Joachim Kurtz, *The Discovery of Chinese Logic*. Koninklijke Brill NV, 2011.

② 朱谦之撰：《新编诸子集成：老子校释》，中华书局1984年版，第101、104、125、301页。

参考文献

［1］程树德．新编诸子集成：论语集释［M］．北京：中华书局，1990.
［2］冯友兰．中国哲学史［M］．上海：华东师范大学出版社，2000.
［3］郭庆藩．新编诸子集成：庄子集释［M］．北京：中华书局，1961.
［4］胡伟希．中国哲学："合法性"、思维态势与类型：兼论中西哲学类型［J］．现代哲学，2004（3）.
［5］焦循撰．新编诸子集成：孟子正义［M］．北京：中华书局，1987.
［6］金岳霖．中国哲学［J］．哲学研究，1985（9）.
［7］李约瑟．中国古代科学思想史［M］．陈立夫，等，译．南昌：江西人民出版社，1999.
［8］李泽厚．论语今读［M］．北京：生活·读书·新知三联书店，2004.
［9］李泽厚．中国古代思想史论［M］．北京：人民出版社，1986.
［10］梁漱溟．东西文化及其哲学［M］．北京：商务印书馆，2007.
［11］刘文英．论中国传统哲学思维的逻辑特征［J］．哲学研究，1988（7）.
［12］鲁宾斯坦．有限理性建模［M］．倪晓宁，译．北京：中国人民大学出版社，2005.
［13］罗尔斯．政治自由主义［M］．万俊人，译．南京：译林出版社，2000.
［14］罗素．西方的智慧［M］．亚北，译．北京：中央编译出版社，2007.
［15］蒙培元．情感与理性［M］．北京：中国人民大学出版社，2009.
［16］十三经注疏整理委员会．十三经注疏：春秋左传正义［M］．北京：北京大学出版社，2000.
［17］十三经注疏整理委员会．十三经注疏：周易正义［M］．北京：北京大学出版社，2000.
［18］史华兹．古代中国的思想世界［M］．程钢，译，刘东，校．南京：江苏人民出版社，2004.
［19］斯捷潘尼扬茨．对哲学史的重新思考［J］．杜鹃，译．第欧根尼，2010（1）.
［20］孙中原．中国逻辑研究［M］．北京：商务印书馆，2006.
［21］汪子嵩，等．希腊哲学史：第一卷［M］．北京：人民出版社，1988.
［22］王先谦．新编诸子集成：荀子集解［M］．北京：中华书局，1988.
［23］王阳明．传习录［M］．南京：江苏古籍出版社，2000.
［24］温公颐．先秦逻辑史［M］．上海：上海人民出版社，1983.
［25］俞吾金．人体解剖是猴体解剖的钥匙：历史主义批评［J］．探索与争鸣，2007（1）.
［26］朱谦之．新编诸子集成：老子校释［M］．北京：中华书局，1984.
［27］朱熹，吕祖谦．朱子近思录［M］．上海：上海古籍出版社，2000.
［28］朱熹．四书章句集注·梁惠王章句上［M］．北京：中华书局，1983.
［29］A. C. Graham. Disputers of the TAO: Philosophical Argument in Ancient China［M］. Chicago: Open Court Publishing Company, 1989.
［30］Joachim Kurtz. The Discovery of Chinese Logic［M］. Leiden: Koninklijke Brill NV, 2011.
［31］R. Nozick. The Nature of Rationality［M］. Princeton: Princeton University Press, 1993.
［32］S. Toulmin. The Uses of Argument［M］. Cambridge: Cambridge University Press, 1958.

反驳和挑战

德性与论证：将品格考虑在内*

特蕾西·鲍威尔[1]、贾斯汀·金斯伯里[2]/文，张安然[3]、胡启凡[4]、牛子涵[5]/译
（1. 怀卡托大学，哲学系，汉密尔顿，新西兰；2. 怀卡托大学，哲学系，汉密尔顿，新西兰；3. 芝加哥大学，政治学系，伊利诺伊州，美国；4. 科尔比学院，哲学系，缅因州，美国；5. 中山大学，哲学系，广东广州）

摘　要： 我们在本文中考察“将论证者品格纳入衡量论证好坏”这一设想的前景。我们认为，即使“辨识优秀论证者的德性并考虑我们和他人能如何培养这些德性”是有益的，德性论证理论也不能为“好论证”提供一个合理的新定义。

关键词： 论辩；论证；品格；德性论证理论；德性知识论；德性

一、前言

我们在本文中考察“将论证者品格列入衡量论证好坏”这一设想的前景。阿伯丁为“基于德性伦理学（virtue ethics）和认知德性（virtue epistemology）研究的德性论证理论”辩护（Aberdein，2010）。这一思潮也见诸巴塔利和科恩的文章（Battaly，2010；Cohen，2009）。德性知识论将知识在一定程度上定义为认识者对认识德性的实践，而德性论证理论希望将好的论证在一定程度上定义为论证者对论证理论的实践。我们认为，即使“辨识优秀论证者的德性并考虑我们和他人如何培养这些德性”是有益的，德性论证理论也不能为更规范的、主体更中性的“好论证”提供一个合理的新定义。

以下是关于论证（尤其是那些好论证）的观点，我们以此为出发点。当我们提出一个论证时，我们是在试图理性地说服他人接受我们的结论。①由此，对好论证的描述似乎很自然地集中在“能否用好理由说服目标听众接受结论”之上。一个好的论证需要通过前提条件来提供充分的理由使人相信其结论为真或极有可能为真，抑或让人相信该论证所提倡的举措肯定或很可能应该实行。这样衡量好论证既符合逻辑，也包含知识论要素。

---

* 原文为 Tracy Bowell & Justine Kingsbury，2013. “Virtue and Argument：Taking Character into Account，” *Informal Logic*，1（33），pp. 22－32。本译文已取得论文原作者同意及版权方授权。

① 这是一种关于论证的普遍观点。一个广为人知的来源是戈维尔（Govier）在1989年发表的文章。然而我们意识到，这个论证概念并不能连接所有论证理论研究。尤其是它与“最好在对话与论辩情境下定义论证”这一观点不甚相符（Walton，1990）。但是，仍需注意我们的观点和某些对话式观点的相似之处。这些对话式观点以论证者及对话者的意图定义论证，使得品格与信任也可能与论证相关（如果我们只把论证看作命题的抽象结构，就不会有这种相关性）。至于我们的观点与关于论证的对话式观点之间有什么关系，则不在本文的考虑范围内。

德性论证理论家当然不会接受这种好论证的论述。他们认为使得一个论证成为好论证的关键在于论证者论证得当。而我们却认为“论证得当”就是论证者给出上一段所阐述的“好论证”。虽然不能断定我们的观点一定正确，但我们认为对于论证目标的直觉深藏在人们心中。任何以主体为中心的论证理论，若不能兼顾直觉，就不能为好论证提供完全的论述。

二、德性知识论

一个对知识基于品格的论述通过主体在真正相信命题 P 的过程中践行的相关认识论德性解释何为“主体知道命题 P”。根据相关的认知德性，德性知识论理论可以分为可靠论（reliabilist）和责任论（responsibilist）两个主要流派。前者由索萨最先发展，基于更标准的可靠论认知法。根据德性可靠论者对知识的理解，“相关的认知德性”包括感知、自省、记忆、演绎、归纳的能力（Sosa，1991）。而责任论最先由科德（Lorraine Code，她做了一些合并工作）和蒙特马科（James Montmarquet，1987）构建。为了回答认识责任的首要德性包含什么要素这个问题，科德追溯到了亚里士多德的智慧、智力、审慎等理智德性（Code，1984：40）。她最后得出的中心结论如下：

> 理智上有德性的人……能够在知道与理解事物本身中找到价值。当她/他能得到更全面的解释时，她/他拒绝与局限的解释为伍，拒绝活在幻想中。因为她/他认为即使梦中的生活，或是被幻想所装点的生活能够带来舒适与满足，求知更是值得追求的。（Code，1984：44）

责任论与可靠论的区别体现在责任论对于理智德性的强调，而理智德性的践行则涉及主体的选择（所以主体对践行与不践行这些德性负有责任）。但这种划分并不明晰，因为一个人可以选择是否践行某些责任论德性，而在这种情况下做出正确的（或错误的）选择本身就构成一种有德性的（或恶性的）行为。比如，某人可能是一个拥有良好记忆的优秀感知者，但此人在一些特定情况下没能尽力回忆起他/她所目睹的事件的细节。当责任论和可靠论发展成彼此竞争的理智德性学说时，另一些研究尝试从两个学说中各取所长（Battaly，2000；Lepock，2010）。扎格泽博斯基总结了可能是最全的理智德性列表。虽然她将自己的理论称为责任论，但她也在理论中采用了一些更应被归入可靠论的特性（Zagzebski，1996：114）。

三、德性论证理论

最近，因为基于主体和品格的认识论派别已被确立，一些对论证感兴趣的哲学家又开始考虑一种相似的、以主体为导向的转向是否有潜力增进我们对好论证构成的理解的问题。其中，阿伯丁为论证基于美德的论证构建了德性的一个框架雏形。这个框架与（类似）责任论基于德性来获取知识有异曲同工之处（Aberdein，2010）。据阿伯丁所言，对论证德性的恰当运用可以构成论证规范。

对于任何一个习惯于或多或少以主体中立的方式进行论证评估的人来说，将论证者的特征纳入考量的方法显得有违直觉。的确，很多论证之所以经常被认为是谬论的论证，原因是它们诉诸论证者本身，而这些主张又被认为与结论的真实性无关。从表面上看，一个结构严谨、前提能让论证评估者合理接受的论证不会被有关论证者品格或能力的主张削弱。任何朝着基于主体方法的转变表面上似乎制造了一些不合理的诉诸人身谬误。

虽然已确立的论证评估方法强烈地偏向主体中立性，但在一些情况下，它仍允许一些有关个人品质的事实影响我们是否相信此人所言：世上存在合理的诉诸人身论证。如果我们有理由认为张三习惯性地撒谎，那么我们不应该仅根据他的论证就接受他的主张。如果我们有理由认为李四的证言是不可靠的——比如，如果李四依据他的感觉来判断距离，而我们知道李四对纵深的感知有缺陷——且没有其他独立理由的话，我们就不应当接受李四的主张。有时候，指出说话者的特性（他缺少某种责任论或可靠论相关的认识德性）可以削弱他的主张。同样地，当我们不能直接确定真相时，我们会因某人在议题上的权威而接受他的论断，这也是在诉诸人的品格。合理地诉诸权威，不仅要求此人是本议题的真权威，以及在该领域权威达成相当程度的统一意见，还要求此人不偏不倚并值得信赖。后面这些条件为评估认知品格提供了机会。如果这种评估显示某种结果，它就能为我们拒绝权威人士的论证提供好的理由。①

合理的诉诸人身论证提供了基于表述者个人的事实来质疑其主张真实性的理由。然而，普遍的观点是我们永远不能合理地运用这种事实来拒绝论证。如果一位酿酒公司的首席执行官为“不该提高合法饮酒年龄”辩护，那么我们不应当仅仅因为他是该结论的既得利益者而拒斥他提出的论证，而应该根据这个论证本身的优点和缺点来评价它。表面上看，如果这是个好论证——要么有效，要么强归纳，同时其前提值得相信——那么没有任何关于论证者的事实能否定它。

然而，当某人提出一个论证时，一般来说他认定其前提是合理的，并暗示或直言这些前提为人们接受结论提供了恰当的理由。从某种程度上说，当我们纯粹因为论证者的断言而接受前提时，我们就应该考虑论证者是否真诚。换言之，当某人抛出一个论证时，他在一定程度上是在做一些重要表述。因而上文提到的所有考量，包括说话者的品格如何合理地影响我们对其表述的判断，都有用武之地。这不是说上一段的限制条件就是错的，只不过有关论证者品格的考量或许已经被打包塞进“我们有恰当理由相信的前提”这个先行条件中了。

那上文中“有效或强归纳”的部分又如何呢？关于论证者的事实是否有可能合理地影响我们对论证结构的评价呢？从表面看，答案是否定的。如果能从前提符合逻辑地推导出结论，那么这个结论几乎肯定为真，没有任何关于论证者的事实能改变这一点。同样地，任何关于论证者的认知德性也不能弥补一个脆弱的论证结构。但是，考虑以下

① 注意，这里需要宽容原则——如果我们没有好的理由去怀疑，我们就默认论证者怀着诚实、真诚的心去相信和交流真理。只有当我们有恰当理由认为其中一个特性缺失时，我们才能拒斥诉诸权威论证。

这些例子：

例1：可以肯定的是，关于论证者的事实不能削弱演绎论证的有效性，或是使无效的论证变得有效。然而，这些事实或许可以用于评估归纳论证，且不只被用于质疑前提的真实性。假定某人试图说服我“汤姆的德语不流利，因为他是个新西兰人，而只有2%的新西兰人会流利地说德语”，这看似是一个足够好的归纳论证。然而，我可能缺少一些足以削弱论证却没有证伪该前提的信息。例如，汤姆是新西兰驻德大使。基于此事实，关于论证者的事实可能很重要。论证者没有给我除“汤姆是新西兰人”以外的信息。那么，论证者是那种若他知道汤姆是新西兰人就应该会告知我的人呢，还是那种会为骗我相信新西兰驻德大使不会说德语而窃喜的人呢？他与令我相信这个结论有什么利益关系，以至于让他遗漏一些可能会使结论变得更难为真的事实呢？我把他当什么样的人好像关乎我是否应该接受建立在他前提下的结论。注意，如果论证者提供的是一个演绎论证，情况就不一样了（将“只有2%的新西兰人说德语”替换为“没有新西兰人说德语”）。这样一来，只要前提为真，结论也必须为真，所以品格问题只有在我们决定要不要只根据论证者所说就相信其前提才会出现。

例2：正如在某些领域我会听从专家对事实的意见，也许在某些领域我会听从专家对逻辑的意见。一些推理对没受过训练的人而言可能过分复杂，那么遵从专业人士对这些推理的意见就是符合认知的。

例如蒙提霍尔问题（Monty Hall Puzzle）。一个电视游戏节目主持指出三扇门，并告诉参赛者大奖在其中一扇门后，另外两扇门后则是安慰奖。接着参赛者被要求选择一扇门。当参赛者做出选择后，主持人会打开一扇没有被选择的门，揭晓门后的安慰奖。然后，主持人再问参赛者是否希望更改选择。参赛者做出决定，主持人开门，一切落定。如果大奖在门后，参赛者获胜；反之失败。令人困扰的问题是：当给予更改的机会时，参赛者是否应该更改选择？

当参赛者第一次做出选择时，奖品在门后的可能性是三分之一。在主持人打开未被选择的一扇门时，参赛者已经知道其中一扇未被选择的门后没有奖品。也就是说，至少有一扇未被选择的门会导致失败。所以当这扇未被选择的门被打开时，他没有得到任何有关其所选之门成功率的新信息——概率仍是三分之一。如果他更改选择，他不会再选主持人已经揭露为失败的那扇门，所以更改的机会等同于打开最初两扇未被选择的门的机会，这样就使他成功的概率翻倍。因此，他应该更改选择。[①]

这个结论非常反直觉，而其推理过程也难以理解。想象一下如果更改选择的理由被解释给某人，他似乎有点明白了。就在解释后，他认为他可以懂得为何更改选择是理性的，但是他不能记住这些理由——十分钟后，虽然他依旧认为更改选择是理性的，他已不能清晰地理解为什么是这样的了。然而，他被可靠的专家告知关于“参赛者应当更改选择”的论证是绝对无懈可击的。如果他能自己得出这个结论，那自然更好。但如果他不能，遵从有关专家的意见对他来说是合理的。

---

① 关于蒙提霍尔问题的更多研究请参见另文（Franco-Watkins, et al., 2003）。该文讨论了为什么参赛者应该更改选择以及为什么人们觉得这个问题难以理解。

例2似乎不是一个关于论证者的事实能合理影响某人对论证结构评价的例子。相反，即使他不能评价论证结构，他也接受了论证的结论：因为有关论证者的事实，使得他相信论证者不会提出一个结构糟糕的论证。那例1又如何呢？根据归纳论证的定义，就算论证结构有力，前提为真，也不能保证结论的真实性——永远可能有额外的信息来削弱前提对结论的支持。我们可以从不同的角度考虑这个例子。一方面，某人可能会认为上文所说的论证结构（2%的A类人群有B特征，张三属于A类人群，所以张三没有B特征）是一个强有力的归纳论证，因为如果你对案例情况的全部了解都来自前提，那么你就有很好的理由相信这个论证的结论。如果我们这样理解论证，那么关于论证者的事实就与评价论证结构无关。另一方面，某人可能认为该论证有未表达的前提条件，比如一些跟“没有任何异常情况表明汤姆可能会说德语”差不多的信息，能让论证变得更有力。如果我们以第二种方式理解论证，那么关于论证者的事实就能合理地影响我们对未表达前提（而不是论证结构）的评估。

简而言之，虽然论证者的特性可能与“我们是否应该只根据他的断言而接受其论证前提”有关，但它似乎与我们对论证结构的评价无关。这个结论对试图通过诉诸论证者品格来定义好论证的德性论证理论家意味着什么呢？

一个有关知识的德性理论通过主体在真正相信命题 P 的过程中践行的相关知识论德性，来解释何为“主体知道命题 P”。一种有关“好论证”的德性理论将通过论证者展现的论证德性来解释什么才算好论证。根据这个论述，好的论证者运用的德性将构成论证优度（the goodness of argument）的一部分。好论证与知识之间有一些关键的不同，所以我们或许应该拒绝这个类比。诚然，一个展现了可靠论和责任论所有相关特性的人似乎更能构建好的论证并成功评价他人的论证，但一个缺乏这些特性的人也能够提出好的论证。设想一个提出了拥有真前提的有效论证，却没看出这是一个好论证的人，例如，一个学会背诵有效三段论的人，一个不理解自己论证前提的人，或者一个错误地否定自己论证前提的人。我们不会否认这个论证是个好论证。相反，我们会说：“论证者碰巧提出了一个好论证。”[①]这就与我们在有关知识的同类例子中会说的话矛盾了：我们会否认这个碰巧达成真信念 P 的人知道 P。

这里有一个通过德性认识论挽回这个类比的方法：否认碰巧合理的论证是好论证，就像认为碰巧为真的信念不是知识一样。然而，这个方法与论证在此处的意义不符。它可能会迫使我们说，如果两个不同的论证者为达成同样的结论以相同的方式提出了相同的句子，那么他们实际上提出了两个不同的论证。我们有接受上述结论的修辞和论辩基础，但它们不是为了当下的目的。当谈到评价论证时，标准观点之所以标准是有理由的。它会迫使我们说，如果一个人提出了一个好论证，另一个人能用同样的论证，相信那个论证会保持原有的质量。德性论证理论家看到了不同却对相同视而不见。

“一个好论证能被无论证德性的论证者提出”这一事实表明，在那些有德性的论证

---

① 当论证是一个好论证时，如果论证者没有好的理由去接受他自己的前提条件，或他没看出这个三段论是有效的，那么论证者自己不应该被他的论证理性地说服。但是，如果某人听到了他的论证，并且有好的理由理解并相信论证前提，那么这个人应该是被他的论证理性地说服了。

者提出好论证的案例中，论证优度不是由论证者所展现的德性构成的。一个基于主体的论述不能替代对论证的传统论述。然而，这并不意味着德性论证理论毫无未来可言。论证者是否拥有这些美德，对于我们是否应该接受论证者的前提是有区别的。更广泛地说，好的论证者和好的论证评价者的德性是我们应当立于己身并鼓励他人培养的，所以我们应该思索什么是德性以及为什么它们是德性。

将哪种论证者的特性放入评估前提的论述中是有用的呢？我们已经提到了一些，如知觉敏锐之类的可靠论德性，或诚实这样的责任论德性。扎格泽博斯基提供了一个认识论德性列表，其中包含了以下选项：识别重要事实的能力；对细节敏感；思维开放；公正；认知上谦卑；有毅力，勤奋，谨慎和周到；能分辨可靠的权威；思想上诚恳，主动，大胆，创新，有独创力（Zagzebski，1996：114）。这些都是认知德性（可靠论的和认识论的都一样），因为拥有它们会使人倾向于相信和维护真理。一个思维开放、认知上谦卑的人会根据新的证据修正他的信仰，即使是那些他珍视的信念。一个理智上勇敢的人会考虑不受欢迎的、令人不快的、主张为真的可能性。如果证据足够有力，会把它们放到台面上，即使大众明显对这些主张会有不好的反响。一个认知上勤奋（且善于评估论证）的人会在接受或将主张呈现给他人之前小心地考察证据。了解论证者的特性可能会在一些情况下合理地影响我们对其论证的评估，因为缺乏这些特性的人相信并维护真相的可能性更小。然而，尽管德性论证理论对论证教学以及思考具体的论证案例有所助益，但它依旧无法涵盖论证评估的全部。

参考文献

[1] Aberdein A, 2010. Virtue in argument [J]. Argumentation, 24 (2): 165 – 179.

[2] Battaly H, 1998. What is virtue epistemology? [C] // Hintikka J, Neville R, Sosa E, et al., editors, Proceedings of the Twentieth World Congress of Philosophy. Boston: Philosophy Documentation Center: 18 – 26.

[3] Battaly H, 2010. Attacking character: Ad Hominem argument and virtue epistemology [J]. Informal Logic, 30 (4): 361 – 390.

[4] Code L, 1984. Toward a responsibilist epistemology [J]. Philosophy and Phenomenological Research, 45 (1): 29 – 50.

[5] Cohen D H, 2009. Keeping an open mind and having a sense of proportion as virtues in argumentation [J]. Cogency, 1 (2): 49 – 64.

[6] Franco Watkins A, Derks P, Michael D, 2003. Reasoning in the Monty Hall problem: examining choice behavior and probability judgements [J]. Thinking and Reasoning, 9 (1): 67 – 90.

[7] Govier T, 1989. Critical thinking as argument analysis [J]. Argumentation, 3 (2): 115 – 126.

[8] Lepock C, 2011. Unifying the intellectual virtues [J]. Philosophy and Phenomenological Research, 83 (1): 106 – 128.

[9] Montmarquet J, 1987. Epistemic virtue [J]. Mind, 96 (384): 482 – 497.

[10] Paul R W, 1992. Teaching critical reasoning in the strong sense: Getting behind worldviews [C] // Talaska R A, editor, Critical Reasoning in Contemporary Culture. Albany: State University of New York Press: 135 – 156.

[11] Sosa E, 1991. Knowledge in Perspective [M]. Cambridge: Cambridge University Press.

[12] Walton D N, 1990. What is reasoning? What is an argument? [J]. Journal of Philosophy, 87 (8): 399 – 419.

[13] Zagzebski L, 1996. Virtues of the Mind: An Inquiry into the Nature of Virtue and the Ethical Foundations of Knowledge [M]. Cambridge: Cambridge University Press.

论基于主体的论证规范的优先性*

大卫·戈登[1]/文，胡启凡[2]、李安迪[3]、牛子涵[4]/译

（1. 欧道明大学，哲学系，弗吉尼亚州，美国；2. 科尔比学院，哲学系，缅因州，美国；3. 科尔比学院，哲学系，缅因州，美国；4. 中山大学，哲学系，广东广州）

摘　要： 本文反对“德性优先论”，即纯粹的、基于德性的论证规范论述的优先性。此类理论基于主体且致力于优先性主张：好的论证和好的论证行为可以通过德性论证者做德性论证这类优先概念来解释。本文指出优先性主张存在两个问题。第一，定义问题：德性论证者做德性论证既不是好论证的充分条件，也不是必要条件。第二，优先性问题：论证优度并非由德性来解释。相反，德性作为优秀特质，对其他非德性的好而言（在此处是理由和理性）是工具性的。德性既不构成理由，也无法解释它们的好。对于德性优先论只剩下两个选项，要么提供用德性术语解释理由和理性的理论，要么接受它们是给定的非德性的好。后一个选项虽然可行性更高，但是要求德性优先论承认它无法为论证理论提供核心规范。

关键词： 论证规范；好论证；优先性主张；好理由；德性论证；德性论证者

一、序言

在论证中，至少有三个本体的组成部分：行为人（论证者和受众）、论证（论证者和受众直接互相传递的事物）、论证活动（传递论证的行为）。①

在传统上，论证的规范理论关注论证结果（论证 1）。② 在此处，论证评价的关注点是好论证：主要的规范目标是一个对象（论证 1：一系列语句、主张和命题的集合），而且与规范相关的特征是这些事物的形容词性的、结构型的特质（例如有效性），或是这些事物构成部分（例如前提和结论）的形容词性的特质（例如真、可接受性）和这

---

* 原文为 David Godden，2016. “On the Priority of Agent-Based Argumentative Norms,” *Topoi*，35，pp. 345 – 357。本译文已取得论文原作者同意及版权方授权。

① 这个列表对这些组成部分的本体优先级持中立态度。在自然世界中，因果优先级是行为人，行为和结果，部分理论或许会认为本体顺序与因果顺序相符（即论证结果由论证行为得出，进而假设了参与该行为的论证者），但其他理论学者或许会坚持认为有些抽象事物（例如论证类型和行为类型）优先于基于主体的独立行为。也就是说，结果或行为有本体优先级。

② 奥基夫（O'Keefe，1977）区分两种概念的论证：论证 1，即那个……的论证，以及论证 2，即关于……的论证。前者是一个人所做的沟通行为，而后者是有两个或更多人参与的沟通行为。布罗克里德（Brockriede，1977）用结果（论证 1）和过程（论证 2）来阐明这个区分方法。而温泽尔（Wenzel，1980）加入了程序这第三个维度。

些构成部分之间关系的形容词性的特质（例如蕴涵性、证据支撑）①。我们把这些称为基于对象的或基于结果的方法。

研究领域近50年来的发展让学者们认识到论证1是作为置于某情境的造物自然出现的，由较为理性的主体在有较明确定义的情景下交换和运用来达到有较明确定义的目标。也就是说，论证1是论证行为（论证2）的自然产物。同时，大家都接受的是，论证1的描述性研究和规范性研究均与论证2有关。

虽然基于结果的方法（例如非形式逻辑）仍然在论证研究中致力于论证1，基于过程和基于程序的方法（例如研究对话的、实用性的、修辞的或言语交际的方法）将论证行为作为研究目标和价值的关注点。在此处，论证评价的关注点是好的论证行为：主要的规范目标是一个行为（例如论证2：一个复杂的言语行为，或是一个人与人之间的活动），而且与规范相关的特征是行为中副词性的特质（例如满足某些恰当的条件，或在表达时符合某些辩证的规则），或是行为组成部分的那些特质。被论证内容的价值取决于论证方式，而且由论证方式来解释。我们称这些为基于行为的方法。

论证的德性理论方法通过主张将合适的评价关注点放在论证者上而非论证（1或2）上，将发展再推进一步。根据这个思路，论证的行为人（论证的提供者和接受者）是理论的主要规范目标，而且与规范性相关的特征是论证者的特质，尤其是德性（我们称这些为基于主体的方法）。虽然还有其他基于主体的论证规范理论，但论证的德性理论方法“德性优先论”是其中的主要例子。例如，科恩（Cohen）写道：“其总体导向是基于主体的，即一个好的论证是一个以有德性的方式进行的论证。”（2007b：1）类似地，阿伯丁（Aberdein）指出：“德性论显然基于主体而非行为”，“德性论在论证中的应用必须关注主体而非行为”（2010：160，171）。根据优先性论点，在一个基于主体的方法中，好的论证者或是有德性的论证者作为研究的主要目标和规范价值的关注点，处在理论的中心位置。

本文反对纯粹的、基于德性的论证规范论述的优先性主张。关于论证规范纯粹的德性论述是基于主体的，他们主张德性论证者做德性论证提供了核心的论证优度，而其他论证的好和规范都是从中推导出的，也是由它们来解释的。根据优先性主张，论证得当是通过德性论证者在做德性论证时所做的事来解释的。而好的论证则被解释为德性论证者在做德性论证时所用的论证。本文会指出两个接受优先性主张的问题。第一，从定义性问题来讲，一个德性论证者有德性地做论证既非好的论证的充分条件，也非其必要条件。这体现在有德性但不可靠的论证者和诡辩的论证者身上。第二，从优先性问题来讲，论证的好并非由德性来解释。相反，德性作为优秀特质，对其他非德性的好而言（在此处是理由和理性）是工具性的。这给德性论证理论学者留下了两个选择：要么提供用德性术语解释理由和理性的理论，要么接受它们是给定的却是非德性的好。后一个选项虽然可行性更高，但是其要求德性论证承认它无法为论证理论提供核心规范。

① 这种以语法方式描述方法之间的关系的做法借鉴自科恩（Cohen，2008，2013b：482）（注：具体文献详见文后参考文献，后同）。

二、不同种类的德性理论：概览与类型学

论证的德性理论方法源自德性知识论的研究，而德性知识论则是从伦理学的德性理论方法中获得灵感。由此看来，通过简短地回顾各类德性理论来对需要考虑的不同版本有所了解是有必要的。

先来看现有各种对德性知识论的分类。首先，巴塔利（Battaly，2012：5ff.）区分了德性理论和德性反理论。德性理论尝试以德性术语为研究主题提供强有力的、综合的，且系统性的论述，德性反理论否认在德性和研究主题之间有需要被解释的综合的、系统性的联系。反理论更进一步被分为扩张派和消除派。扩张派试图补充现有方法的结果，而消除派力图替换现有的方法。

在另一条分支上，基于品格的或责任论的方法（被称为德性责任论）与基于能力的或可靠论的方法（被称为德性可靠论）被区分开来（Axtell，2000：xiv－xix；Battaly 2012：9－17；Baehr，2012：34）。德性可靠论者，例如索萨（Sosa）和格列柯（Greco），将德性认定为例如感知的那些认知机能，它们能很自然地被应用在例如感知知识这类低等级知识之中（Battaly，2012：17－22）[①]。相反，德性责任论者，例如科德（Code）和蒙特马科（Montmarquet），将德性认定为通过训练或练习获得的技能、性情、习惯或性格特质，例如思维开放。

在基于性格的、责任论的方法中，贝尔（Baehr，2011，2012）进一步区分了保守主义方法和自治方法（2012：35ff）。保守主义方法保留了一系列标准的学科问题，但使用德性方法来解决或消解这些问题。强保守主义方法通过使用德性方法为领域内的传统问题提供一些推定的、独特的、有效的解决方案来“拯救局面”。弱保守主义方法用一个基于德性的视角来看待传统问题，揭示一些对于理论而言虽然是补充性的或次要的，但却有用的观点。相反，自治方法并不拘泥于现有问题，而在于改变理论议程。自治方法中，贝尔区分了极端派和适度派。适度自治方法有一个扩张派的主旨，通过寻找新问题来支持和补充传统的方法。而极端自治方法有一个更具消除性的基调，力图“替换或代替传统顾虑”。

三、论证的德性理论方法

德性论证理论项目的早期研究倾向于一个扩张的、责任论的反理论，它是弱保守主义的且适度自治的[②]。

它的早期支持者，特别是科恩，不仅想为论证理论研究提供一个新的视角，而且想展示现有方法缺乏解决现存问题的理论资源，并将关注点过于狭隘地聚焦在结构性质（例如有效性）上，以至于忽略了一些重要的维度。例如，科恩（Cohen，2013b：475，

① 详见布兰登（Brandom，2000，chap.3）。

② 详见科恩（Cohen，2013b：473ff）。帕格利里（Paglieri，2014）提供了一个类似的论证德性理论的分类。

479）列举了帕格利里（Paglieri，2014）后来称为坏有效论证（balid arguments）的例子："那些即使是有效性也无法将论证从最终的坏中拯救的案例。"（例如，恶性的循环论证完全无法为他们的结论提供理由）[①] 无独有偶，科恩（Cohen，2005）还描绘了一系列糟糕的论证者。他们通过明显的不良论证或不合适的论证经常成功地使受众降低对他们结论的信心，尽管从一个纯粹逻辑的角度上讲这应该完全不会发生。[②]

作为一剂针对现有理论中病症的良药，科恩（Cohen，2008，2013b）建议拓展我们对于论证优度的概念去囊括他口中的"完满论证"。根据科恩的理论，做出这个改变需要一个"有力"（2008）或"丰富"（2013b：480）的论证概念，其中包括论证者和他们的德性。想要了解在这个"有力的"意义上理解一个论证为何为好论证，我们需要关注论证者的德性（Cohen，2008）。[③] 而早期德性项目的扩张主义元素源自现有规范理论，这在解决现存论证评价问题上明显不合适。

德性优先论中的弱保守主义元素，或许最好用他们对现有方法处理论证谬误所持的修正态度来理解（Cohen，2005：64）。例如，阿伯丁（Aberdein，2010：171）建议德性理论或许可以被用于区分正当的和有谬误的诉诸人身论证："负面道德论证只有在被用于关注论证恶习时才是正当的。"阿伯丁（Aberdein，2013）发展了这一论点并将其延伸到其他谬误。因此，论证中的"德性转向"可以从认识现有规范类别与标准不足以就理论中的规范性问题给出完善且合适的回答开始。

除了弱保守主义的元素，德性优先论的扩张主义还朝着适度自治的方向移动，试图囊括我们理论中那些先前在论证研究中被忽略的维度。例如，科恩提议基于主体的德性优先论调整论证理论和其研究对象之间的关系：

> 这将是一个更为宽泛的思维模式，它能整合这一领域中不同的要素并重塑其发展方向。我相信这一研究方向的转变能帮助论证理论学者回答一系列显著的问题，即我们应在"什么时间，与什么人，关于什么内容"进行论证，以及最为关键的，"为什么"我们需要论证……以及不论证。（Cohen，2007b：1）

科恩（Cohen，2007b：6，2007a）进一步提供了一系列论证中的好（argumentative goods），它们在标准上并不被包括在以结果为中心且关注"好理由"的论证理论中，比如说加深对自身或他人视角的理解；这些好是论证的结果，体现了认知进步，且以不作为信念集合直接改变的结果出现。更概括地说，科恩（Cohen，2007a，2007b：4）提

---

① 重要的是，我们并不需要用德性优先论去揭示、解释或补救这类问题。现有论证 1 的认识论方法能很好地处理此类问题。

② 从一个纯逻辑的角度来讲，论证的坏是与前提和结论之间取得（或没能取得）的联系有关。因此，失败的论证不应该降低他们给出的结论的初始可接受性；相对地，这些失败的论证应该只是无法提升结论的初始可接受性。然而，科恩（Cohen，2005）提供了一些能加深一个受众对它们结论的怀疑从而降低它们可接受性的论证类型的例子。

③ 部分德性优先论的早期资料，尤其是科恩所著的那些，只出现在学术会议的演讲中。作者非常慷慨地提供了这些演讲稿（其中部分已经在现有文献中被引用），并许可了引用和引述。我尽可能地从已经出版的材料中引用并同时标明页数。在引述演讲时，我只（通过其年份）来引用演讲。

倡最好不要将批判性探究的教育视作传授什么事物值得相信，或训练如何进行好的推理，而是将其视作培养这样一类思考者：批判性的或有德性的思考者。

德性优先论提出的德性在性质上倾向于责任论，包括愿意参与论证，愿意去聆听，愿意调整个人立场，愿意质疑理所当然的事（Aberdein，2010：175）。科恩（Cohen 2007a）提出的批判性德性，例如思维开放和有分寸感，与知识论德性不同，且一种性格特质是否是德性，是由论证者在论证中扮演的角色决定的。

最后，虽然德性优先论的早期倡议者拥护论证研究中基于主体的方法带来的益处，但他们所提供的是用于补充现有理论工具和方法的一个视角和一套随之而来的概念，而非一种完整的理论。例如科恩，虽然他主张"关注论证者为传统论证评价提供了一个有益的补充……"（Cohen，2005：59），但最后他总结道："德性……为我们思考问题提供了一个很好的视角，但它们在理论上的效用终究有局限性，它们无法支撑一个完整的论述。"（Cohen，2013b：473）

四、基于主体的论证规范

在某种程度上，基于主体的方法可以以一种共生的关系与基于结果的和基于行动的方法共存来促成它们的共同发展。它们可以被视作为对同一类现象和随之而来的问题提供互补的视角。但在另外一个维度上，这个理论上的共生关系掩盖了潜在的关于不同方法在理论和规范上优先性的问题。

对于以结果为中心的方法，论证得当和好的论证者都是通过好的论证这个优先的、独立的概念来解释。根据这个观点，论证得当在本质上就是运用好的论证，好的论证者就是论证得当的论证者①。类似的论述可以而且经常通过语用或修辞方面的考量得到完善，这些论述通过决定何时使用好论证是恰当的或有效的（有说服力的），或决定何时语用因素（如会话含义）的考虑能在论证分析或评价中发挥重要作用，来为论证的规范理论做出贡献。相反，在基于行为的方法中，论证得当这个概念是基础的，而论证1和论证者的好是通过诉诸论证行为的副词类型的特质来解释的。同样，此类理论经常会在它们的理论中吸收基于结果的概念，例如有效性和证据强度，但力图解释它们的论证规范是基于过程的。

基于主体的论证理论方法，例如德性论证理论，建议我们将论证者和他们的特质放在首位，而且是作为论证行为和它们的结果的规范和解释。在这里，论证得当是通过一个德性论证者所做的或可能做的这一优先概念来解释的，而好的论证是通过德性论证者在论证得当时所用的那类论证来解释的。因此，论证（1和2）的好和坏由论证者的特质来解释。

要理解这一点，请思考科恩对好论证本质的论述。在为应用于论证的好提供了一种拓展性的阐释后，科恩（Cohen，2008）宣称，"想要在这个强有力的维度上去理解是

① 例如，鲍威尔和金斯伯里（Bowell & Kingsbury，2013：23）写道："我们认为论证得当就是论证者给出好论证"，而一个论证的好是"为目标受众提供接受结论的好理由"的能力。

什么让一个论证成为好论证，我们需要着眼于好论证者的德性”。然后，他进一步提供了以下准则（2008）：

> 好论证是论证者有德性地进行论证的论证。[1]

随着科恩（Cohen，2008）的拓展，他的准则要求论证评价做出两个改变：

> 首先，形容词“好”被副词“有德性地”替换……从而将关注点从论证的“结果”转移到论证的“过程”，就像论证理论的论辩进路。第二个转变是从“论证”转移到“论证者”，这将关注点从构成论证的“行为”拓展到包含做出这些行为的“论证者”。确切来说，这个中心概念既不是德性行为，也不是德性主体，而是“主体做出德性行为”，包括它间接提及的性格中的常存特质。

因此，对于德性优先论而言，论证的中心和基本规范是“德性论证者论证得当”。[2]这一类方法似乎包含基于主体的方法和基于过程的方法的基本元素。毕竟，论证得当似乎在这个阐释中有理论上的原始价值。然而，想要从基于过程的方法（例如论辩进路）中维持自治，德性优先论必须提供自己对于论证得当的论述，并完全通过论证者对德性的运用来解释。

正如阿伯丁（Aberdein，2010：170）认识到的，“去讨论‘论证的德性’是完全合理的”，将这些类型的德性作为基础或基始概念，然后将论证者的德性用论证的德性来定义为“有德性的论证者是一个倾向于提出或接受德性论证的人”。但是阿伯丁主张这样的处理并不能产生一个适当的德性理论方法：

> 这个方法中就德性的讨论将会仅是辅助性的，因为“论证的德性”想必可以用更为人熟知的论证评价形式来表达。因此如果一个德性论证理论要做出任何贡献，它必须是基于主体的。（2010：170）

五、优先性问题

主体的中心性作为论证价值的主要关注点指出了处在论证规范理论核心的数个极具争议的问题。在本质上，这些问题是逻辑（或概念）和解释的优先性。在解释的顺序上（与任何本体论的顺序或因果的顺序不同），什么是论证中基本的好（fundamental

---

① 最近，科恩（Cohen，2013b：482）主张“德性论证理论的核心概念，在我的理解当中可做如下小结。首先，为了一个好的论证，进行得当的论证……其次，论证得当需要好的论证者”。

② 至少这个限制的一部分意义是表明并非所有德性论证者的特质都组成了论证的规范论述，例如，他们的饮食和衣着偏好通常是无关的。相对地，由德性优先论提出的与规范性相关的特质很明确是有德性的论证者的论证德性（它们作为有德性的论证者的特质），而且它们作为论证者的德性在他们做德性论证时显现、实现、展现。

goods）？或什么是论证理论的基本价值和规范？另外，与之相关的，从逻辑角度，理论中首要价值的承担者是谁？确切地说，它们是主体、行为还是物品？按照推论，基于德性的论证理论是独立的、自给自足的，还是相反需要依靠某些优先和独立的概念、特质、价值和规范？

在德性理论文献中，这通常被称为“优先性主张”（Blackburn，2001：15ff；Battaly，2012：4）。例如，斯洛特（Slote，1995：84）根据“德性事实”是否在与非德性领域的概念、特性、价值或真理的关系中处于主要的和解释性的地位区分了“基于主体”和“关注主体”的德性理论。类似地，扎格泽博斯基（Zagzebski，1996：79）将“纯粹德性理论”定义为“使一个正确行为的概念源自一个德性概念或一个人某些属于德性组成部分的内在状态”的理论。[①]

根据布莱克本（Blackburn，2001：15）的观点，一个纯粹德性的、基于主体的论证理论的中心规范原则或许可以总结如下：

> 德性优先论的好论证（定义）：一个论证1（df）是好论证，当且仅当它是一个德性论证者在有德性地论证时会使用的论证。
>
> 德性优先论的论证得当（定义）：一个论证2（df）是论证得当的，当且仅当它是以德性论证者在有德性地做论证时会使用的方式进行。

这些定义至少强调了纯德性理论的、基于主体的方法中关于论证价值和规范这两个关键组成部分。首先，对德性优先论的中心概念的定义，即德性论证者有德性地做论证，为论证价值和规范提供了充分和必要条件。其次，优先性主张要求上述定义应该从右往左读。换言之，德性优先论的德性理论元素是基本的和原始的，即它们的详细说明可以优先于或独立于任何其他类型的论证价值与规范，而且对于这些论证价值和规范，它们应该作为权威和解释。这些组成部分中的每一个都产生了问题，我将它们分别称为“定义问题”和“优先性问题”。

六、定义问题：一个反对主体优先性的初步案例

处理定义问题时，我们发现从表面上看，好的论证1与好的论证者的概念是可以分离的（Bondy，2013：5）。如果是这样，那么德性论证者做德性论证既不是好论证1的

① 这与我在下文中称为德性的“工具性”论述形成对比，扎格泽博斯基（Zagzebski，1996：81－82）（在道德语境中）将其归于亚里士多德和赫斯特豪斯。在一个工具性论述中，“根本的道德概念的顺序如下。在幸福意义上的好是概念上的根基。一个德性的概念是从幸福的概念中推导出的，而一个正确行为的概念是从德性的概念中推导出的……德性是好的，因为它与更基本的好（也就是幸福）存在联系”。

充分条件，也不是必要条件。[①]

要理解这一点，请考虑两类额外的论证者，他们或许与科恩所描述的论证者很接近。首先考虑“有德性却不可靠的论证者”。这类论证者拥有德性论证理论家列出的所有论证的、批判的和理智的德性（更为关键的是，德性理论家选择了一个完全责任论的德性论述）。但是，即便他们拥有所有的德性，有德性却不可靠的论证者还是不断地且在不知情的情况下使更弱的论证看起来更强，他们完全是在诡辩。出于某种原因，且对于他们而言是极大的不幸，他们勤勉地使用论证德性始终是缘木求鱼，因为他们内在理智上的（感知或认识的）机能是完全不可靠的。[②]

虽然他们对自身内在的不可靠性一无所知，对我们而言却是一目了然。对于我们来说，很明显，有德性却不可靠的论证者给出的理由要么显然无法被接受，要么严重地不充分，要么完全无关，但问题在于：他们的论证好吗？他们论证得当吗？在我的观念里，这两个问题的答案明显都是否。我们不该被他们的论证打动。虽然事实是他们作为德性论证者在进行德性论证，但是他们给出的理由客观上是坏理由。更进一步地说，规定有德性却不可靠的论证者给出的理由在客观上完全无法作为其结论的依据或支持其结论并不会导致自相矛盾。这么看来，在考虑论证 1 的证明价值时，论证者的德性行为应该不重要。因此，有德性地论证在任何规范（即前理论的）意义上都不足以构成论证优度。

其次考虑诡辩的论证者。诡辩的论证者并不计划让更弱的论证看起来更强。他们也不是有意识地在做这些。相反，他们的恶是一种完全不同形式的恶。诡辩的论证者拥有近乎所有德性优先论者提倡的论证责任论德性，而且他们对它们的运用都十分得当。此外，他们还是可靠的。他们是完美的技术人员，精通探查、分析和呈现证据。他们的坚

---

① 这一节针对德性优先论的好论证 1 的定义给出了反例，尽管我认为可以就其关于论证 2 得当的定义构建类似的反例。科恩曾经处理了来自阿德勒的类似的反对意见（Cohen，2008）。科恩对这个批判的回应依靠这个反对意见立足于“道德德性和论证德性的合并，而这并非德性优先论的必要部分”的主张上。下文我尽力通过将相关的德性明确为那些被德性优先论理论家特别宣传为与论证相关的德性来避免此类合并。

② 有人或许会反驳，这个反例的成功是利用了一个无法被接受的关于德性的论述；正如一位审稿人提出的，德性至少“暗含了在选择和决定这两方面是优秀的”，但这似乎在所谓的有德性却不可靠的论证者身上是缺失的。

我必须承认，在我们对德性本质的论述中加入足够的可靠论元素，例如规定德性论证者比非德性论证者更有可能呈现一些可取的特质（例如，拥有用理性证成的，或真的信念）或达成一些令人满意的结果（例如，用理性证成的，或真的信念），能破坏我的论证。

针对这个反对意见，有几点值得提及。首先，迄今为止，德性优先论选择了一个几乎完全是责任论的论证德性论述（Cohen，2005：64；Aberdein，2010：175，2013：2－3），以至于拥有或使用论证德性与一个在真势、认知，甚至论证理性结果上明显的（若非完全的）可靠性缺失是相容的。科恩（Cohen，2007b：2）明确主张一个有关论证中的好的扩张主义视角，其中包括认知但非认识的目标和成就。其次，在我们的论证德性论述中加入一个充分的可靠论维度看上去能解决问题。然而，做出这一改变后，德性的责任论元素似乎被它们规定的可靠性掩盖了。举一个例子，假设这个主体是可靠的，他们是否负责任地行使了这个可靠性？而非不负责任地实现了可靠性有什么影响吗？类似地，假设他们是不可靠的，我们对他们是否负责任地行使了不可靠性应该持什么态度呢？确实，强调德性的可靠论元素看上去是在鼓励一种可靠论的论证理论，而非基于德性的论述。想要保留一个显著的德性责任论元素，看上去我们需要一个工具性的论述——一个主张负责任地行使我们的能力和技能以使我们变得可靠。那么最后，采纳更可靠论的德性论述进一步使德性优先论者投身于一个德性的工具性论述中（在下文第八节中探讨），而这反而妨碍了论证中任何德性或原始的德性的好，以及优先性的主张。

韧与勇气都被用在正确的地方，他们同时也思维开放，愿意考虑他们主张的其他可能性并探查异议，而且都能以令人信服的方式回应这些异议。事实上，他们如果不是最好的论证者，就是模范论证者。但是，他们的诡辩之处在于他们自身思维完全不开放。他们自己的观点从来不会被放在论证交流的台面上，而且他们感受不到任何根据更好的理由调整认知的义务。诡辩论证者是论证中反交流的人。他们是绝佳的伪装者：他们表面上呈现出所有的德性，但他们内心没有任何德性（除了在需要蒙混过关时呈现出来）。他们不为德性或任何认识或论辩的目标所动（例如理性的信念或和解）；相反，驱使他们的是胜利，在这方面他们是极为成功的。他们意识到他们的对话者在大多数情况下都相信真或是向善的，于是据此来呈现他们自身和他们的理由。因此，虽然他们所有的论证行为都是不真诚的，但是他们非常擅长使好的论证看上去更好，即便他们自己完全不被这类论证打动。我认为诡辩论证者与顽固的教条主义者一样在这方面是缺乏德性的，他们完全不愿意基于论证给出的理由来调整自身的观点。① 现在我们可以问同样的问题："他们的论证好吗？他们论证得当吗？"在我看来，至少在一个很重要的意义上，此处的答案明显是"是"。也就是说，我们应该被他们的论证打动。即便他们是做恶意论证的恶意论证者，他们提供的理由也是客观上的好理由，是我们在正确接受他们的结论时应该认可的理由。那么重要的是，在考虑论证者给出的论证1的证明性价值时，他们缺乏的论证德性应不对其造成影响。因此，在任何常规意义上，有德性地论证不是论证1好的必要条件。

通过想象一个可以对给予和询问理由进行模仿的自动化机器，我们可以拓展以上观点。首先思考真实存在一个诸如生成证明或检查证明的机器，类似于象棋程序。假设此类设备并不是真的主体——它们不仅缺乏内在性或意图，而且没有完整的生命形态。② 虽然它们是能可靠地区分部分显著不同的机器（因此，它们作为信息处理器是合格的），但是它们完全无法参与相关的规范实践（例如，证明它们的"行为"根据某个规则是合理的），从而无法被合理地描述为参与相关行为的主体（例如下象棋或证明公理）。因为它们不是主体，所以它们无法成为德性论证者。询问这样的装置是否能很好地下象棋无疑是奇怪的问题。虽然它完全不能下象棋，但它每次都能打败我！的确，我们或许能从中学习如何下象棋，而且它肯定可以下出公认的好棋步（即我们认为的好棋步）。现在想象一种类似的科技，它可以可靠地探查、生产那些好的或坏的论证，或是那些执行得好或不好的论证。我们甚至可以规定，不管采用哪种规范（它有一个选择开关！），它都能达成这一点：它有能力生产出有力的，论辩上恰当的，修辞上有说服力的，或外延上与德性论证者做德性论证时会给出的论证等同的论证。但是，根据假

---

① 因此，我认为诡辩论证者的教条主义不仅仅是他们道德上的缺陷，更是一个理性的或论证的缺陷。诡辩论证者确实可能缺乏一种关键的论证德性，即面对更好的理由时愿意改变自身的想法。科恩（Cohen，2005：64）和阿伯丁（Aberdein，2010：175，2013：2-3）都明确指出这是论证德性，而戈登（Godden，2014：137 ff.）将其归为一个基本的理性责任。

② 这一论点中价值的关键之处不在于一个人是否在事实上接受这类设备缺乏相关的主体性这一主张。相反，单是非主体生产出合乎逻辑的论证的例子的可设想性或例子之间的一致性就展示了论证逻辑性与论证者主体性之间的概念独立。

设，这样一个设备完全无法做论证——不管它在做什么，它不是在给予和询问理由的游戏里行动（相反，它生产出的是我们认可为论证的事物）。因此，它无法进行得当的论证。更进一步地说，它甚至不是一个论证者，把它称为论证者是一个范畴错误。它不可能是一个德性论证者。就像我们能辨别象棋程序所下的棋是不是好棋，我们也可以正确地判断论证程序输出的是不是好论证 1。另外，和诡辩论证者一样，我们应该被这样一个程序得出的论证 1 打动，即便这个程序不仅是非德性的，而且完全无法拥有德性。

这样看来，论证 1 的证明性价值是独立于提出者的德性（甚至是德性的能力）的，或在通常情况下是独立于它们产生的方式的。因此，看上去纯德性理论基于主体的论证价值和规范方法的第一个定义组成部分是错误的。虽然这一点不利于 VA① 的消除主义和强保守主义追求，但一个带有弱保守主义和适度自治的扩张派项目或许还在考虑的范畴之内。此外，看上去这就是 VA 所宣传的自己所提供的内容。所以，或许定义问题对总的 VA 项目只有相对较少的影响。但在另一方面，“德性论证者有德性地论证”甚至不是论证 1 好的必要条件对于任何纯德性的论证规范论述来说都是一个明显的打击。

更重要的是德性理论基于主体的论证价值和规范的第二个，也是优先性组成部分。麦克弗森（MacPherson，2013）在雷切尔等人（Rachels & Rachels，2010）的基础上指出，德性理论是不完整的，因为它们缺乏理论资源去解决论证德性之间的冲突，无法为我们成为德性论证者提供理由。我认为其中的问题要比这深很多。

七、优先性问题 1：探究作为对立恶习之间均值的德性

要让优先性问题成为焦点，请考虑一种有德性地辨别论证德性的方式。亚里士多德告诉我们，根据中道思想，德性大致处在两个对立恶习的中间。阿伯丁（Aberdein，2013：2）将一个论证德性的亚里士多德式论述归功于科恩（Cohen，2005：64），“德性通过一对恶习的均值来理解”。愿意聆听或调整自身立场的德性处在“顽固的教条主义者”与“让步者”的恶习之间；愿意提问是“急切的信徒”与“不确定的担保人”的均值；而愿意参与处在“寂静主义者”和“论证挑衅者”的恶习之间（Aberdein，2010：174）。科恩接受了这个德性方法。对于思维开放，他指出，“它通常被认为是某种技巧的德性形式，其缺乏会导致教条式的思维封闭，而过剩会导致轻信他人”（Cohen，2013a：18）。②

为了当下的论证，让我们暂时接受这一观点。但在这基础上，我们仍然会问：处于两个恶习之间构成了德性，还是仅仅是德性的标准？某个事物是一种德性，是因为它处在一个均值上，还是它处在均值上是因为它是一种德性？也就是说，它的德性是否来自

---

① VA 英文全称为“the priority of pure，virtue - based accounts of argumentative norms”，指“关于基于主体德性的论证规范的优先性主张”，文中简称为“德性优先论”。

② 科恩这番话的语境是就德性是处在线性的两个对立极端之间的观点提出警告。“这个论述忽略了一件很重要的事：思维封闭并非唯一缺乏思维开放这种德性的体现。一个开放的思维会向理性敞开大门，所以注意力涣散或漠不关心和有意的、教条式的拒绝理性在效果上是相同的。一个没有参与度的观众并不比一个观念已经形成的人好说服”。（Cohen，2013a：18）也就是说，在德性四周，不同的维度上有各种各样的恶习。

其他事物，尤其是那些德性之外的事物？

以此类推，我们或许能将知识视作两个对立认知恶习之间的均值：无知在一端，错误在另一端。但是，我们如何知道什么能满足这个均值呢？考虑两个与各自认知恶习相对应的理性方针（例如信念获取、保留、改变和放弃的方针）。第一个方针是，我们或许可以什么都不相信：虽然这对于避免错误而言是好的方针，但它不理想的结果是接纳一种完全的无知。第二个方针是，我们可以相信一切：这个方针成功地避免了所有无知，但它以承认所有错误为代价。或许此处需要的是在无知和错误之间开辟另一条道路：只相信你听到的内容的一半（例如所有其他的句子或资料）。但很明显，这个方针和上面两个中的任意一个一样都是灾难性的。它完全是随机的，因此是不理性的。相对地，我们只需要去接受那些值得相信的内容（那些真的，很有可能的，或在某些情境下应该可以接受的内容），而不会相信其他所有内容。现在我们有一个更好的方针：只相信那些你有充分的好的理由去相信的内容。一个可靠的主体如果审慎地遵守这样一个方针，应该能在无知与平衡之间取得合理且明智的平衡。但重要的是，虽然这个方针处在什么都不相信与相信一切之间的某处，但是它的位置并不是根据任何均值或中间点。相反，它在这些认知上恶意的理性方针之间的位置是由一个完全独立的、非德性的规范条件决定的，即好理由。

我们可以就论证德性提出一个类似的观点。就愿意提问、愿意参与、愿意改变个人立场（使用科恩与阿伯丁的论证德性的例子）这件事上合理的明智的（更不用说那些有德性的），甚至是稍微有点可行的方针都不是通过“均分”两个对立的恶性极端的“不同之处”来达成的。顺带一提，请注意极端恶习的恶性还没有得到解释。为了在顽固的教条主义者与受让人之间取得平衡，我在每次听到我不认同的观点时改变自身立场明显是很荒谬的。相反，我应在有好理由去相信另一个立场相对于我现有立场在某方面是更可取的之时才改变自身立场。也就是说，质疑、参与、调整个人立场上合适的方针必须通过参考非德性的特质、价值和事实，比如说好理由这个概念来制定。

八、优先性问题 2：探究作为优点的德性以及理由的规范

理解优先性问题的另一个方式是将德性视作优点。然而，优点在标准上被理解为一种功能性价值；它是一种工具性措施，且只能通过某些目的（用途或理想状态）来定义（我称这些为德性的工具性论述）。重要的是，德性优先论已经采纳了一个论证德性的工具性论述。对于某个结果或目标是德性的东西，对于其他目标或结果而言则不必是德性。例如，科恩（Cohen，2007a）指出知识德性（其目标是知识）不必与批判性或认知德性（其目标可以不同于知识）一致。[①] 因此，科恩主张论证德性应该通过相对的论证目标来辨认。“当我们展现出这些已获得的思维习惯，这些能导向论证的典型认知

① 科恩（Cohen，2007a）列举了思维开放的例子，指出它对追求知识的影响或许是致命的。思维开放会冒险将现有信念置于讨论之中，这对于几乎拥有所有真且证成信念的主体而言是一个冒险且有反效果的认知策略。

成就的思维习惯时，我们就是在有德性地论证。”（Cohen，2007b：8）①

这个问题随即变成：哪些明确的、独特的、关键的论证的优度或成就可以用来辨认论证德性？举个例子，道德德性是通过它们对好的生活、幸福的导向性来确立的。阿伯丁（Aberdein，2010：173）意识到这个问题对于德性优先论的中心性：

> 这提出了一个问题：理想论证者的德性应该去追寻什么？伦理德性追寻良善：德性人倾向于做良善的事。认识德性追寻真相：德性求知者倾向于相信真的命题。那论证德性应该追寻什么呢？

在这一观点的影响下，科恩的回应（Cohen，2007a；2007b：6ff.）是扩展通过论证取得的好或认知成就的列表，但这一回应在理论上并非中立的②，而且他关于论证的扩张派论述也无法达成这些目标。③

阿伯丁的回复（Aberdein，2010：173）是论证在本质上是求真的：“论证的德性是传播真理……德性论证者倾向于在各处传播真理。”但是，邦迪（Bondy，2013：5）指出：“对错误结论的论证也有可能是好论证。”根据这个观点，邦迪就论证目标提出了一个责任论的思路：

> 论证德性是以负责任的态度参与论证的性格特质，而负责任地参与论证包括当（且仅当）前提给予论证者一个好的理由去认为结论为真时根据前提接受结论。

因此，“德性论证者会倾向于传播使人认为那些命题为真的好理由”，还有那些对不合理的论证的好的批判（Bondy，2013：6）。虽然邦迪对这个论述的描述是责任论的，但我会将其描述为理性的。论证的目标是使结果是理性的，或是合理的（在现在的讨论中，在使用时我会将它们等同）。总的来说，做一个理性的人就是通过正确地回应理由来将自身观点建立在这些理由之上（Brown，1998：38；Siegel，1988：32，2004：598）。虽然科恩宣传了一系列认知的好以及达成这些好的论证的方法，但我主张它们独特的和根本的论证性的一面是它们与理由之间的关系。

在最后的分析中，我认为我们也可以将科恩归入这个立场中。科恩（Cohen，2007：6）承认“呈现理性的权利”“理性的劝说”“通过理性取得的共识”都是通过论证取得的标准的好，而且指出，在论证取得各种结果的方法中，至少有一个是“提供理由”（Cohen，2007b：7）。科恩并未强调的一个点是通过理性方法达成理性结果是

---

① 科恩在辨认批判性德性时也采取了类似的方法。科恩规定：“批判性德性是那些帮助我们达成批判性思考目标的后天习惯或技能”，而且“可以通过它们在论证中帮助我们获得的好与帮助我们取得的成就来定义”。

② 在呈现理性拥有信念、理性劝说与理性取得的共识之外，科恩（Cohen，2007b：6；2007a）还列出了诸如对某一立场的进一步理解，对某一立场的改进，对他人立场的更多关注，认可与欣赏这样认知的好事。

③ 科恩（Cohen，2007b：7；2007a）区分了四种论证可以达成这些目标的方式：①“被很多人视作典型的情况是”提供理由；②作为原因；③作为证据；④（最重要的，也是以上所有的融合）论证可以作为引发认知转变的其他过程的催化剂、情境或条件。

独属于且从根本上是论证性的。我们有通过非理性的方式取得的非理性结果，这两者完全是有价值且值得称赞的，而且我们或许可以通过论证达成其中任意一个。然而，虽然用非理性取得的非理性结果可以用非论证的形式达成，但是用理性（例如用提供理由的方式）取得的理性结果只能通过推理与论证达成。科恩最终承认："当我们询问这个论证是否有德性地进行时，我们不是在关心劝说或共识；相反，我们在间接暗示的是作为认知成就可能的理性劝说与理性达成的共识。"（Cohen，2007）因此，就或许能加入我们论证的认知成就这一更宽泛的概念的其他好而言，不论它们的价值是什么，与论证最核心的工作——传递与分析理由相比，它们仍然是附属性的。论证核心的优度源自它为达成理性结果提供了一个理性的方法。

如果说德性是某种杰出的东西，那么一个论证德性大致可以被理解为一种在通过理性手段来实现理性目标方面很杰出的东西。而这之中就潜藏着优先性问题。理由与理性这两个概念虽然独属于论证的优度与规范，但无法用德性术语来诠释。相对地，论证德性是通过它们导向这些非德性结果的工具性来诠释的。

九、优先性问题3：探究德性理由与德性理论的思考者

最后，想要完全理解优先性问题的重要性，请考虑德性优先论应该规定的理由类型，或能解释理由与推理好处的特征。重要的是，作为基于主体的论述，采纳一个纯德性理论的论证方法的结果是论证主要的好是主体的特质。论证规范与其他类型的好从这些主要的好中推导得出，而且由它们来解释。

如果用一个德性理论来研究论证规范的方法是正确的，那么理由或理性规范应当是基于主体的。最理想的情况是，一个理由的本质由德性的术语来解释。最不理想的情况是，区分好理由与坏理由的特征是与主体相关的。不论哪种情况，诉诸人身的论证与诉诸权威的论证不仅应该在我们的规范理论中起重要作用，在我们的日常推理中也应该如此。

迄今为止，关于论证的德性理论方法的合理性与可行性的批判性分析主要关注了这个基于主体的方法对论证的评价。鲍威尔和金斯伯里（Bowell & Kingsbury，2013：27）认为德性理论方法关注对论证者的分析是错误的，因为论证证明的质量完全独立于提供它们的论证者的性格。事实上，他们声称（Bowell & Kingsbury，2013：26），当与做出声明的人相关的事实和他/她所做声明的真实性和可接受性有关时，即事实上决定理由或论证好坏的因素是非德性的相关特质时，诉诸人身论证的合理性可以被确定。

作为回应，阿伯丁（Aberdein，2014）主张我们可以正当地提供诉诸人身和诉诸权威论证，所以基于主体的论证方法仍然是可行的。然而，相比于我们是否可以给出基于主体的理由，一个更有趣的问题是：我们是否会这么做？当我们在提供理由时，我们实

际上或通常在做什么？当我们在提供和评价理由时，我们实际上会有哪些方面的考量？[①]

虽然这是一个经验性问题，但我可以用规范性的视角来看待它。想象你与一个德性理论论证者进行论证，这个德性理论论证者展现了所有的论证德性：思维开放且公道，愿意提问并参与；思想上勇敢且谦卑，严谨且反应迅速，可靠且有责任心，严格且包容——所有这些都恰到好处。看上去这些就是一个理想论证者的特质，但它们在论证得当和好论证之中扮演什么角色呢？它们当中有任何一个构成了理想的理由吗？那么，想象一个德性论证者同样也是一个德性论证理论的拥护者。也就是说，想象他们现在要将他们拥有的这些特质，或他们在这个场合运用了这些特质作为受众应该接受他们的主张或评价他们的论证为有价值的理由。在这一刻，德性论证的规范性机器看上去停止运作了。

德性理论论证者在性格和论证行为上是有德性的，但这并不构成受众采纳他的观点或同意他的推理的理由。实际上，它也不构成德性理论论证者采纳这个观点或同意他自己推理的理由。问题在于，他的德性能力与他在某些场合运用这些能力都不能为他的主张提供任何支撑。[②]

更进一步地说，理由的好坏甚至不是通过参考德性来解释的。理由的好坏不能用它是由一个思维开放、公道的论证者得出的来解释，即便他细致且公正地探查，分析并评价所有证据，同时思想上勇敢且谦卑，等等。相反，一个理由的好坏是通过它是否且在什么程度上支撑一个主张来解释的。

理由通过使主张在比缺乏理由或有错误时更可信或更可能成立来支撑它们。理由的功能要么是呈现（当前提和结论之间有逻辑关联时），要么是证据/证明（当前提与结论之间有认识的关联时）。理由的真（或论证者接受其为真）要么呈现（即建立或点明）一个主张的真，要么使一个主张在其他情况下（在表面上）更有可能为真。也就是说，理由和主张之间的关系是在真值承担者之间获得的，即有真假的事物，例如命题或句子的断定内容。理由的好坏是一个关于它是否且在什么程度上支撑一个主张的函数。

---

① 在这个方向上的质疑与批判是受古德温在第15届维克森林大学论证会议（Winston-Salem，NC，April 11，2014）的德性论证研讨会上提出的一个尖锐问题的启发。根据我的笔记，古德温的问题的要点是："在真实的论证行为中存在对这些论证恶习的指责吗？"

② 这并不意味着我们不能在某些场合使用论证者的性格作为主要理由的代理，我们在用专家的意见、认知、地位、（有时）证词或迹象进行论证时就使用论证者的性格。然而，当我们使用这些方式论证时，我们假设了内在理由是符合逻辑的（这些专家与证人应该是知情的，或这些迹象应该是指向性的），即便我们自己无法理解甚至直接表达它们。造成这种情况的典型原因就是我们自身所处的位置限制了我们去分析主要理由，要么是因为我们无法接触到它们，要么是我们能接触到它们，但没有能力去理解它们。然而，在此类例子中，论证中引用的论证者的性格只是主要理由的替代品。我们可以从这个事实中观察到这一点——这些主要理由中的任何问题或缺陷会（在专家的例子中）推翻或（在认知地位的例子中）破坏基于性格的论证所引用的考量，即便它们不直接与这些基于性格的论证的考量相矛盾。类似地，正如鲍威尔和金斯伯里（Bowell & Kingsbury，2013：26ff）论证的那样，纯粹诉诸人身和诉诸权威的论证只有在与有关主张的真实性或可接受性有直接的关联时才算是合理的使用。因此，事实仍然是，即便我们可以提供基于性格的论证，这些纯德性论证在他们将对理由的分析替换为对论证者的分析的意义上也是错误的。

因此，要支持一个主张，应基于理由如何发挥作用，并且由它而不是思考者如何行动来解释。因此，推理的好坏，至少在核心维度上，是通过理由的好坏而非思考者的好坏来区分的。虽然论证德性或许可以规定我们该如何处理理由（和如何参与论证），但德性既不构成理由自身，也不能作为决定理由好坏的基础的特征。

十、结论：优先性与理论的适度

虽然“我们会在人的身边发现论证”（Brockriede，1975）是一个真理，但这不代表论证者而非论证1的结果或论证2的行为，是规范价值与论证理论分析所关注的。德性论证理论方法将论证者和他们的特质，尤其是他们的德性与恶习，放在论证其他的构成部分之前。根据优先性主张，论证得当是根据德性论证者在有德性地论证时会做什么的优先概念来解释的，同时，一个好的论证是由一个德性论证者在有德性地论证时会使用的那类论证来解释的。

纯德性的、基于主体的论证方法致力于优先性主张。然而，正如上文所论述的那样，优先性主张是不可行的。正如在有德性却不可靠的论证者与诡辩的论证者的例子中呈现的那样，德性论证者有德性地论证既不是好论证的充分条件，也不是必要条件，故优先性主张面临着定义性问题。另外，德性理论的论证方法需要一系列非德性的概念、价值与常规，故它还面临着优先性问题。纯德性理论似乎无法通过自身来定位德性或解释它们的优点。相反，一个德性似乎是一个工具性的概念，根据一些非德性的好来定义，例如在伦理学中德性是幸福，在论证理论中德性是理由与理性。最后，如德性论证理论者的例子所展现的那样，虽然论证德性或许可以规定我们该如何处理理由，但一个理由的本质与它的好坏都不是由德性来解释的。

在我看来，这给德性理论家留下了两条路径：一条困难的路和一条轻松的路。困难的路要求他们从固有的德性原始理论材料中制造出那些会被归入规范理论的善。我认为在此处最重要的概念是：理由、理由的优度和理性（或合理）。选择这条道路会要求德性优先论放弃德性的工具性论述，并通过一些内在条件来解释德性的好与恶习的坏。这将要求我们使用德性术语来解释理由的本质、运作与质量。虽然这不是一条轻松的道路，但它指向了一个纯德性的、基于主体的论证规范。①

相反，轻松的路允许从现有理论中引入这些现成的、非德性的好。帕格利里（Paglieri，2014）建议德性理论学者选择这条轻松的路。他根据基于结果的论证1的好坏是否在论证评价中扮演任何角色来区分温和的德性论者与极端的德性论者。温和的德性论者认为有效性（我将其粗略地理解为基于结果的、用“好理由”来衡量的论证价值）对论证质量是必要的，但不是充分的。也就是说，所有好论证都必须是有效的，坏有效

① 当然，德性优先论者或许会选择极端自治的第三条路（消除主义），以此完全抛弃论证理论中传统的好、规范和问题并将其替换为纯德性的方法。我将这一条路称为死路。

(balid①) 的论证是存在的。② 相反，极端的德性论者认为"有效性对论证质量既不必要也不充分"。也就是说，"从有效性的角度来评价论证质量是行不通的"。在德性优先论的温和版本之中，帕格利里继续细分了适度的一方与有雄心的另一方。适度的温和派满足于用非德性的术语来分析与解释有效性，而有雄心的温和派尝试用德性术语来解释有效性。帕格利里建议德性论证理论不必是极端派，甚至不必是有雄心的温和派，因为德性优先论"从来不是必须致力于提供一个论证分析的完整理论"。帕格利里意识到实际上"从一开始德性优先论就将其自身作为一个超越有效性去分析论证质量的尝试"。在其扩张主义的尝试中，德性优先论的主要关注点并不是像有效性这样的规范性质量，而是如科恩的拓展列表上的那些认知成就所代表的更宽泛的价值或好。

既然帕格利里让我们选择轻松道路的建议是明智且谨慎的，那么此处应该强调这条道路不导向一个纯德性的、基于主体的论证规范论述。最初的结果就是，德性优先论在它无法为论证的好和规范提供一个完整论述的意义上必须是一个反理论。但正如帕格利里所说的那样，这一点对于德性理论研究的扩张主义维度而言并不是致命的。然而，它同样要求德性论者承认，至少在德性优先论需要例如理由和理性这样的非德性概念、好和规范这一点上，德性优先论不仅是不完整的，而且是不独立的。相对应地，对德性优先论的研究需要依靠能够明确表达和解释这些在本质上非德性概念的论证理论分支。

更进一步地说，理由和理性的概念对论证而言并不是附属的或是处于边缘的。相对地，他们构成了论证核心的优度。论证独特且根本的一面是它提供了一个达成理性结果的理性方法。这一点就构成了结果，论证德性就是根据它而被工具性地定义。这使得德性论证方法的处境与邦迪描述的德性方法在知识论中的处境类似（Bondy，2013：5）。

> 它们（认知德性）不是证成的主要承担方的事实并没有使它们在认知论的理论构建和教学上沦为无用之物。虽然它们既不是认知论的主要工具，也不是根本的认知论价值，但在推动那些基本的认知论价值的实现上，它们既有趣，也很重要。

此处的担忧是，虽然轻松的道路为论证研究提供了一些有趣的观点，但它们还是游离在论证理论主流研究方向前行道路的边缘。

因此，对于轻松的道路有两重挑战：一是要展示关于德性的讨论并不是装饰性的，即它们无法被关于非德性的好与规范的讨论所替代；二是要展示关于德性的讨论给论证理论带来的价值。③

---

① 即 bad validity。

② 重要的一点是，将有效性狭隘地理解为演绎有效性并不能为德性理论者提供用于推动他们的方法的支撑。现有的、基于结果的方法能很轻松地辨别狭隘的坏有效论证，并给出一个解决方案，且根据这些方法做这些事时完全是依靠自身的理论资源。

③ 在此我要感谢本篇论文的两名匿名审稿人和他们有建设性的和挑战性的评论，以及对于几个错误的指正。我还要特别感谢 Andrew Aberdein 和 Dan Cohen，他们是这一期《论题》（*Topoi*）的客座编辑——首先是因为他们专业的、有效率的、一丝不苟的编辑指导，更重要的是他们在德性论证方面取得了突破性的学术成就。如果没有他们的努力，《论题》这特别的一期就不会出版，这一研究领域也不会存在。

参考文献

[1] Aberdein A, 2010. Virtue in argument [J]. Argumentation, 24: 165-179.

[2] Aberdein A, 2013. Fallacy and argumentational vice [C] // Mohammed D, Lewiński M, editors, Virtues of argumentation: Proceedings of the 10th international conference of the Ontario Society for the Study of Argumentation (OSSA). Windsor: OSSA.

[3] Aberdein A, 2014. In defence of virtue: the legitimacy of agent-based argument appraisal [J]. Informal Logic, 34: 77-93.

[4] Axtell G, 2000. Knowledge, Belief, and Character: Readings in Virtue Epistemology [J]. Lanham: Rowman & Littlefield.

[5] Baehr J, 2011. The Inquiring Mind: On Intellectual Virtues and Virtue Epistemology [M]. Oxford: Oxford University Press.

[6] Baehr J, 2012. Four varieties of character-based virtue epistemology [C] // Greco J, Turri J, editors, Virtue Epistemology: Contemporary Readings. Cambrige: MIT Press: 33-69.

[7] Battaly H, 2012. Virtue epistemology [C] // Greco J, Turri J, editors, Virtue Epistemology: Contemporary Readings. Cambrige: MIT Press: 3-32.

[8] Blackburn S, 2001. Reason, virtue, and knowledge [C] // Fairweather A, Zagzebski L, editors, Virtue Epistemology: Essays on Epistemic Virtue and Responsibility. Oxford: Oxford University Press: 15-29.

[9] Bondy P, 2013. The epistemic approach to argument evaluation: virtues, beliefs, commitments [C] // Mohammed D, Lewiński M, editors, Virtues of argumentation: Proceedings of the 10th international conference of the Ontario Society for the Study of Argumentation (OSSA). Windsor: OSSA.

[10] Bowell T, Kingsbury J, 2013. Virtue and argument: Taking character into account [J]. Informal Logic, 33: 22-32.

[11] Brandom R, 2000. Articulating Reasons: An Introduction to Inferentialism [M]. Cambridge: Harvard University Press.

[12] Brockriede W, 1975. Where is argument? [J] The Journal of the American Forensic Association, 11: 179-182.

[13] Brockriede W, 1977. Characteristics of arguments and arguing [J]. The Journal of the American Forensic Association, 13: 129-132.

[14] Brown H, 1988. Rationality [M]. London and New York: Routledge.

[15] Cohen D, 2005. Arguments that backfire [C] // Hitchcock D, editor, The uses of argument: Proceedings of the 6th Ontario Society for the Study of Argumentation (OSSA) conference at McMaster University. Hamilton: OSSA: 58-68.

[16] Cohen D, 2007a. Virtue epistemology and critical inquiry: open-mindedness and a sense of proportion as critical virtues [Z]. Association for Informal Logic and Critical Thinking (AILACT), American Philosophical Association (APA) central division meetings. Chicago.

[17] Cohen D, 2007b. Virtue epistemology and argumentation theory [C] // Hansen H, Tindale C W, Blair J A, et al., editors, Dissensus and the search for common ground: Proceedings of the 7th international conference of the Ontario Society for the Study of Argumentation (OSSA). Windsor: OSSA: 1-8.

[18] Cohen D, 2008. Now THAT was a good argument! On the virtues of arguments and the virtues of arguers [Z]. The Centro de Estudios de la Argumentacion y el Razanamiento (CEAR). Santiago.

[19] Cohen D, 2013a. Skepticism and argumentative virtues [J]. Cogency, 5: 9 – 31.

[20] Cohen D, 2013b. Virtue, in context [J]. Informal Logic, 33: 471 – 485.

[21] Fairweather A, Zagzebski L, 2001. Virtue Epistemology: Essays on Epistemic Virtue and Responsibility [M]. Oxford: Oxford University Press.

[22] Godden D, 2014. Teaching rational entitlement and responsibility: A socratic exercise [J]. Informal Logic, 34: 124 – 151.

[23] Greco J, Turri J, editors, 2012. Virtue Epistemology: Contemporary Readings [M]. Cambridge: MIT Press.

[24] MacPherson B, 2013. The incompleteness problem for a virtue-based theory of argumentation [C] // Mohammed D, Lewiński M, editors, Virtues of argumentation: Proceedings of the 10th inter-national conference of the Ontario Society for the Study of Argumentation (OSSA). Windsor: OSSA: 1 – 8.

[25] O'Keefe D, 1977. Two concepts of argument [J]. The Journal of the American Forensic Association. 13: 121 – 128.

[26] Paglieri F, 2014. On argument quality in virtue argumentation theory [Z]. Presented to International Society for the Study of Argumentation (ISSA), 8th international conference on argumentation, at the University of Amsterdam. Netherlands.

[27] Paglieri F, forthcoming. Balidity and goodacies: on argument quality in virtue argumentation theory [J]. Informal Logic, 35 (1): 65.

[28] Rachels J, Rachels S, 2010. The Elements of Moral Philosophy [M]. McGraw Hill, New York.

[29] Siegel H, 1988. Educating reason: Rationality, critical thinking and education [M]. Routledge, New York.

[30] Siegel H, 2004. Rationality and judgment [J]. Metaphilosophy, 35: 597 – 613.

[31] Slote M, 1995. Agent-based virtue ethics [J]. Midwest Studies in Philosophy, 20: 83 – 101.

[32] Wenzel J, 1980. Perspectives on argument [C] // Rhodes J, Newell S, editors, Proceedings of the 1979 summer conference on argumentation. Washington: Speech communication association: 112 – 133.

[33] Zagzebski L, 1996. Virtues of the Mind: An Inquiry into the Nature of Virtue and the Ethical Foundations of Knowledge [M]. Cambridge: Cambridge University Press.

“坏说服力”与“好谬误”：德性论证理论中的论证质量*

法比奥·帕格利里[1]/文，张安然[2]、胡启凡[3]、卢斯佳[4]/译

（1. 国家研究委员会，认知科学与技术研究所，罗马，意大利；2. 芝加哥大学，政治学系，伊利诺伊州，美国；3. 科尔比学院，哲学系，缅因州，美国；4. 中山大学，法学院，广东广州）

摘　要：德性论证理论因无法以德性框架来阐释论证的说服力，故被指责为一种不完备的理论。与其为德性论证理论回应这一挑战，不如指出这一挑战是不得要领的。因为这一挑战建立在德性论证理论并不被认可的前提之上，并提出了一个大多数德性论证理论都认为是无关痛痒的问题。这要求我们分辨几种不同的德性论证理论，并厘清对它们来说什么才是重要的。

关键词：论证质量；说服力；冲突的德性；相干性理论；德性论证理论

一、引言

德性论证理论在论证理论界相对来说是一个新的竞争者——顺便一提，一些德性理论家可能并不准备毫无保留地接受这个说法（Cohen，1995）。据我所知，这个理论在2007年由安德鲁·阿伯丁（Andrew Aberdein）在他的文章中提出，他引用了丹尼尔·科恩（Daniel Cohen）之前作品中一些有说服力的文本证据，并把他当作一位隐蔽的德性论证理论家（Cohen，2004，2005）。但是，阿伯丁（Aberdein，2007，2010a）同样非常清楚地表明：德性论证理论不过是古典哲学，是亚里士多德伦理著作的灿烂学术传统（即一般意义的德性论）的最新继承者。众所周知，这种方法近几年在德性伦理学（Foot，1978；MacIntyre，1981；Hursthouse，1999）和积极心理学（Seligman & Csikszentmihalyi，2000），以及与论证理论有许多相同研究课题的德性知识论（Sosa，1991；Zagzebski，1996）中得到很大的发展。德性论证理论如今正蓬勃发展，例如，“论证德性”是安大略论证研究学会第九届（Wirdsor，22 – 25，May 2013）国际会议的主题，其中科恩是主要发言人之一。德性论证理论的相关性也不局限于论证理论：一个不区分领域的哲学期刊《论题》（*Topoi*）刊登了一期由阿伯丁与科恩主持编辑的关于“德性

* 原文为 Fabio Paglieri，2015. “Bogency and Goodacies：On Argument Quality in Virtue Argumentation Theory，” *Informal Logic*，35（1），pp. 65 – 87。本译文已取得论文原作者同意及版权方授权。

与论证"的特刊。

除了上述所取得的进展，德性论证理论日益重要的最可靠的标志是它受到了相当数量的批评与怀疑。其中有些相对温和，应当被理解成改进这种新方法所做的建设性工作。例如，巴塔利（Battaly，2010）认为区分谬误和非谬误的诉诸人身论证应该在德性知识论的语境中进行（Walton，1998；Tindale，2007；Woods，2007）。如果巴塔利是对的，那么以上几位不认为自己是德性理论家的学者也应当更深入地思考论证德性。然而，其他对德性论证理论的批评就不那么友好了，鲍威尔和金斯伯里的一篇文章便是如此（Bowell & Kingsbury，2013）。该文认为德性论证理论无法为"什么是好论证"（尤其是从有效性的角度看）提供另一种解释。这种疑虑之后被阿伯丁（Aberdein，2014）解答。虽然是从一个非常不同的角度，但本文也想解决这一问题。事实上，接下来我会努力进行元论证的重构，并据此提出如下论点：

（1）鲍威尔和金斯伯里批评的关键问题是它指向了一个错误的论辩目标。

（2）相应地，像阿伯丁那样以这个批评为中心并对其进行详细回应，将会造成不良后果：进一步使有关德性论证理论的讨论朝与其目标无关且不太可能特别有成效的问题上偏离。

（3）德性论证理论的支持者与批评者都应该把优先级放在对德性论证理论来说更紧要的理论问题上。

（4）讽刺的是，这里分析的整个争论例示了其中一个主要问题，即如何在多种论证德性相互矛盾时建立通往德性的路径。

虽然我的分析意在消解鲍威尔和金斯伯里对德性论证理论的批评，但这种分析最后并不会让他们的意见毫无意义。相反，在此过程中，我会证明他们的贡献是很好的试金石：一个人如何回应他们的论证揭示了他/她准备成为哪种德性理论家。

二、一种对德性论证理论的批评，以及它为什么不重要

鲍威尔和金斯伯里着手证明"德性论证理论没有提供一个可靠方案来替代对'好论证'更标准化、主体更中性的解释"（Bowell & Kingsbury，2013：23）。为了说明这点，他们采用的论证可以被重构如下（以下简称该论证为BK）：

（1）他们用证成（justification）的概念将好论证定义为这样一个论证：前提为接受结论为真或很可能为真，或为某行动应该被采纳或很大程度上应该被采纳提供了充足的证成。

（2）他们强调论证评价的两个主要因素：前提的真实性和前提与结论间的结构性关联。

（3）他们认为对论证者品格的考量可能有助于确定其主张的真实性，包括其论证的前提（比如在合理的诉诸人身中），但这从来与论证结构的评价无关，而该评价却对有效性来说至关重要。

（4）他们考虑并反驳了关于第3条的两个明显反例：评价可能被潜在因素影响的归纳论证，以及过分复杂以至于外行难以理解的论证，如蒙提霍尔问题（Monty Hall

Puzzle)。

（5）他们总结道，对论证的评价不能被简化为对论证者品格的考量："德性论证理论无法涵盖有关论证评价的全部。"

在阿伯丁对BK的回应中，他主要关注上述的第3、第4点（Aberdein，2014）。也就是说，他试图展示论证者的品格如何为论证的结构和有效性提供见解（反驳第3点），以及这一作用如何同时出现在鲍威尔和金斯伯里认为已被反驳的例子里（反驳第4点）。本文不讨论阿伯丁的工作是否成功，因为我想要将重点放在BK的第1、第2点上，同时引出对第5点的进一步反思。

BK的出发点为论证质量是如何被定义的。这一步非常关键，因为他们的批判虽然指向论证评估，但该评价取决于德性论证理论在处理论证结构中所谓的局限，因此主要取决于论证是否缺乏有效性。所以，除非有效性，或比其涵盖范围更广的术语——"说服力"（cogency）在论证评价中扮演了一个关键角色，否则我们便没有理由担忧。鲍威尔和金斯伯里当然意识到了德性论证理论不太可能认同一个将论证质量归纳为说服力的定义。他们是这样描述这个问题的："德性理论学家不会接受他们自己对好论证的解释。德性理论学者认为一个论证好就好在提出者论证得当。而我们却认为'论证得当'就是要论证者给出上一段所述的好论证。"（Bowell & Kingsbury，2013：23）然而，在我看来，这种描述现状的方法几乎没有带来任何帮助，就像众所周知的"鸡生蛋还是蛋生鸡"困境一样——我们都知道这种讨论是一条死胡同，尤其是在此处鲍威尔和金斯伯里一开始就没有提到促使德性论证理论关注论证者的品格。[①]

回顾文献，显而易见的是德性论证理论源自对过分关注论证结构的好论证定义的深层怀疑，因为该定义无法解释人们对论证质量的直觉。考虑以下教科书上所谓好论证的例子："皮埃尔和玛丽·居里都是物理学家。所以，玛丽·居里是个物理学家。"（Cohen，2013：479）如果我们读这段文字时脑子里对"论证质量"有一个丰富的概念，那么我们很难高度赞许这个例子，因为它在任何意义上都不像是非常"好"的，反而在一系列明显的方面上都是"坏"的：缺乏信息、微不足道、迂腐学究——你可以自己列举。这就是为什么一些人甚至可能会发出我称为"科恩式反应"的回应——就像"你在开玩笑吧？这就是你给出的好论证例子?!"（Cohen，2013：479）

我们可以将其称为"坏有效性"（balidity）问题：它基于一个事实，即虽然一些推论结构的有效性无可置疑，但它们最终仍然是坏论证。这种坏有效性并不罕见：作为其中一个典型例子，想想所有省略三段论法之母："苏格拉底是一个人，所以苏格拉底会死。"如果用暗含的前提"所有人都会死"来重构一个省略三段论，它是完全有效的——但除了用作解释说明外（不出所料，这也是它仅有的用途了），它仍然不是一个好论证。真的有人能严肃地想象亚里士多德，或者其他任何人，将这段话用于现实论证吗？比如，说服一个对话者接受苏格拉底的必死性。当然不会，他仅作为一个例子，且

① 这不该被必然地当作他们的疏忽：围绕德性论证理论的争论在数年中获得充分发展，所以现在的理论目标与范围可以说比他们那时更清晰了。事实上，我相信他们的论文已经（并可能仍将）为启发德性论证理论的发展与解释做出贡献。

一直都是如此，而不是一个论证。

一个解决坏有效性问题的方法是坚称坏有效论证虽然在一些方面可能令人失望，但它仍然保有一些可衡量的价值。例如，即使是三段论的标准例子也能在一些方面提供信息。比如，表明基于前提、通过推论我们能知道什么：如果我们知道苏格拉底是一个人，而所有人都会死，那么我们能够合理地主张我们知道苏格拉底会死。[①] 这是绝对正确的，但这也是完全无关紧要的：没人想要主张有效性是一个无用的概念，否则会难以解释为什么哲学家们对它痴迷了千年。坏有效论证的意义仅仅是指出有效性无法保证论证有价值。诚然，它们对于哲学分析而言是绝妙的例子和有力的工具，但它们不是好论证，这一主张是基于直觉而不是基于对构成好论证事物的规定。

同样值得一提的是，坏有效性只是更大议题的局部表现。我把这个大议题称为坏说服力（bogency）的问题：至少根据部分对说服力这个概念的解释，上文谈及的例子不仅有效，而且有说服力（cogent）。就拿众所周知的且被广泛接受的RSA[②] 论证说服力标准——前提是相干、充分且被接受的（Johnson & Blair，1977；Johnson，2000）来说吧。现在再看看居里和苏格拉底的例子：他们满足于这些标准，即便像有些人建议的那样在标准中加上真实性（Johnson，1990；Allen，1998），他们在RSA定义下仍能被当作有说服力的论证。然而，尽管有说服力，它们依然是坏论证。

至此，一些人可能会驳斥坏说服力这个说法，因为像上文提及的例子可以理解为完全非论证的。简而言之，这个观点主张某种语言表达，即使传达了一种清晰的（在这里，亦即有效的）推理模式，或许起到的是无关论证的作用。比如，例示什么是一个论证。但是，这种观点存在两大问题：第一，将类似的句子呈现为"论证"的象征代表是前后不一致的，而且它也不能解释它们作为例子如何展现一个论证中什么为"好"（相较之下，考虑一个美味的苹果，通常这是一个有恰当特质的苹果，并非与其完全无关的事物）；第二，学者们把类似的例子当作论证（事实上是典型论证）已有几个世纪了，所以我们需要一种令人信服的理论来解释为何我们所有人都深陷于这个错误当中。没有这种理论的话，把这些例子当作有说服力是糟糕的，即坏说服力的（bogent）论证会更为简洁，由此可以尝试给出一个不把论证质量简化为说服力的论述。

从德性论证理论所赞同的这个角度看，坏说服力论证是一些即便有说服力但也没法改变论证是坏的实例。正如科恩所说，只有戴着"逻辑有色眼镜"的人才会忽视说服力背后惊人的价值缺失。鲍威尔和金斯伯里没有注意到坏说服力论证也是德性论证理论的主要动机。所以，一种对德性论证理论在论证质量的立场上更佳的重构如下：德性理论家认为一个论证之所以"好"，是因为其有说服力（因为坏说服力论证的存在），故而他们认为论证的质量有赖于论证得当的行为。这不仅是一个有关视角的问题，更是关乎何为好论证这个重要分歧，它根据的是人们可被验证的诉诸直觉。

结果，鲍威尔和金斯伯里给了我们一个关于质量的定义，其中说服力是充分必要

---

① 我十分感谢一位匿名评审员将我的注意引向这个潜在的对坏有效性的反驳。

② RSA英文全称为"relevance - sufficiency - acceptability"，中文全称为"相干性、充分性和可接受性"，是约翰逊（Johnson）和布莱尔（Blair）提出的论证评价的RSA标准。

的；而德性理论家反驳充分性，且根据他们的激进程度，他们可能也会拒绝必要性（之后会谈到这点）。所以BK是从一个德性论证理论明确拒绝的前提出发来批评德性论证理论。不难看出，这样是不会有多大成果的。当然，鲍威尔和金斯伯里（或者其他任何德性论证理论在该问题上的批评者）仍然能够论证德性论证理论错误地拒绝了一个基于说服力的论证质量的定义：这么做要求他们解释为什么坏说服力对于论证评价来说并不是一个真正的问题。回答这个疑问可能的确值得一试，虽然我个人认为不太可能成功，而鲍威尔和金斯伯里在其论文中也没有着手去做。他们只是规定了一个德性论证理论并不赞同的关于论证质量的定义，然后用这个定义去批评德性论证理论，并且没有解释为什么德性论证理论必须在一开始就采纳这个定义。

三、论证质量与论证运气

这里至少还有另一个理由可以解释为何德性理论家不支持BK的论点1。接受用说服力来定义论证质量，将使德性论证理论在面对一种对德性理论方法的常规反驳时过分脆弱。这种反驳就是运气反驳（Pritchard，2003，2008，2012）。简单地说，这种反驳有如下观点：如果德性论证理论将预设的成果（比如做出一个高质量的论证）归结于论证者的具体德性，而这些成果能仅仅通过偶然情况就轻易地达成，那么有德性的性格和有德性的行为之间的联系就会变得脆弱，以至于前者无法解释后者。这个问题常常在知识论的语境下被讨论，也就是所谓的认知运气问题（运气如何影响知识的获得，而知识的获得又如何影响认识论）。让我们转而关注论证运气，即运气如何影响对好论证的阐释，以及其如何影响论证理论。事实上，不论何时，如果德性论证理论试图展示某些德性对论证质量来说是必要的，那么单单一个论证运气的事例（比如，尽管论证者的相关性情有重大缺陷，一个好论证仍旧被偶然提出）就能反驳这个理论；反之，如果德性论证理论想要展示德性集是可以共同满足论证质量的，那么它必须准备好排除任何明显的论证霉运的例子（比如，尽管他运用了所有相关德性，受超出论证者控制的因素的影响，一个坏论证仍旧被提出）。

尽管一些德性论证理论支持者在其他语境下，比如数理哲学（Aberdein，2010b），讨论了认知运气，但论证运气在论证理论中，甚至在德性论证理论语境下[①]，鲜有被关注。我认为这是一个遗憾，因为这个议题有太多可讨论的了，并不局限于有关德性论证理论的论辩。例如，即便德性论证理论在面对论证运气时有相对简单的解法（比如，

① 一个值得注意的例外是科恩的以下论述："难道偶然提出的好论证不和以有德性的方式提出的那些一样好吗？即使我们忽略这个问题中'好'和'论证'含混的语义，答案依然是'不'。根据同样的原因，偶得的真信念不算知识。不然，论证者将无法拥有对自己论证必要的'所有权'，而责任和奖惩都建立在这种关系上。"（Cohen，2013：482－483）这是一个值得坚持的立场，但它需要进一步详述：在知识论的语境下，普里查德（Pritchard，2012）已令人信服地论证了对认知运气的讨论可以通过对这种运气本身和其含义的仔细探究得到极大促进。此外，科恩还欠我们一些解释：究竟什么是必要的所有权（这些是浮夸的强调吗？如果是的话，为什么？），为什么所有权对论证来说应当是必须的（我们拥有我们的论证就像我们拥有我们的信念和目标等一样吗？），以及所有权和论证德性之间的关系是什么（后者决定前者吗？如果是的话，怎么决定的呢？）。

认为某些德性通常有助于提出好论证，而不是后者的必要条件或充分条件），论证霉运凸显了一个事实：没有一个个体能完全掌控哪怕是最简单的论证。所以，德性论证理论不仅应该关注论证者的德性，也应该关注其他所有参与者的德性。比如，目标观众、偶尔的路人、对议题感兴趣的被讨论的第三方、各辅助方、辩论的外部裁判以及其他种种。另一种说明这一点的方法是像科恩那样提及"我们需要扩展'论证者'的种类，使其囊括所有与判定一个论证是否完全令人满意相关的人士"（Cohen，2013：480）。

尽管如此，我当前的目标不是评价德性论证理论如何对抗论证运气的问题，而是要注意接受 BK 的论点 1 将会使这个问题非常棘手。理由显而易见，在鲍威尔和金斯伯里提出的这种基于说服力的论证质量的定义中，上文提到的关于居里的论证是一段完美的论证；然而，这个论证肯定不需要由一个天才来说出，所以完全可以想象一个尽管缺乏任何重要论证美德的人仍然可以设法创造出这样一颗智慧明珠。根据 BK 的第 1 步，这将会被当作一个德性论证理论的"运气反例"。类似的反例能被轻易地提出许多，而德性论证理论很快会发现自己被成群靠运气论证的笨蛋包围，一个个叫嚷着他们的论证应该被接受为好论证，而德性的"高墙"应该被推翻。

如果你想研究德性论证理论，那就有更多理由不接受基于说服力的论证质量定义了。这整个理念一看就没什么道理：为什么有人会想要费尽心思地得出一个相当繁复的德性理论，然后把这个理论与一个极为狭隘、几乎不关心超文本特征的质量定义捆绑在一起？与此相反，德性理论家尝试在他们的写作中呈现出一个丰富的论证质量定义（Cohen，2004，2005，2009，2013；Aberdein，2007，2010a，2014），以更好地抵御运气反驳——不是因为这个定义对后者免疫（它并不），而是因为相关反例必然更难被找到。如果论证得当是漫长的、涉及多个利益方与复杂议程的论辩的特性，那么定义这些论证的质量就要求平衡所有利益方在不同层面上的一系列考量。如此，出现好坏全凭运气的论证的概率几乎可以忽略不计。论证运气原则上依然是个问题，也对刺激德性论证理论进一步发展有帮助，但它的实际意义是微不足道的。

四、德性论证理论的变种

我们现在转向 BK 的论点 5。值得注意的是，鲍威尔和金斯伯里会在他们的论文里转换目标，或至少在"目标究竟是什么"上给出了多种解释。有时候他们批评德性论证理论的方式是将其描述为失败的，但更多情况下他们把批评表述为对不完整的指控。鲍威尔和金斯伯里甚至可能不认为这两种立场有真正的区别，因为在他们眼里，说服力是论证质量的关键。如果德性论证理论不能给予我们说服力，那么它对论证的评价在大体上就是失败的。然而，对不认为说服力是论证质量关键的德性理论家来说，这两个指控明显不同。接下来我将遵照对鲍威尔和金斯伯里论文更温和的一个解读，正如 BK 在第 5 点所说的（引自他们自己的结论）："德性论证理论无法涵盖有关论证评价的全部。"（Bowell & Kingsbury，2013：31）

我想要提出如下问题：德性理论家应当为这个不完整的指控而忧虑吗？答案取决于一个人准备成为哪类德性理论家。简单来说，应进行如下区分：

（1）温和德性论证理论：说服力是论证质量的必要但不充分条件，因此，一个论证也完全可能是有说服力的坏论证，但所有好论证都有说服力。

（2）激进德性论证理论：说服力对论证质量而言既不必要，也不充分，因此，依据说服力来评价论证是无稽之谈。

现在我会关注研究领域内有哪些德性理论家，并把德性论证理论领头人的科恩与阿伯丁作为主要例子。但是，我们首先应该注意激进德性理论家从定义上就对 BK“免疫”：如果说服力对论证质量而言既不必要，也不充分，那么谁会在意它是不是取决于论证者的品格呢?

回顾文献，科恩似乎（至少在有效性上）采取了激进的立场：“有效推理显然对一个可接受的论证而言既不必要，也不充分。”（Cohen，2013：479）虽然科恩很快补充道，“可接受”和“完全令人满意”并不同义，但就有效性而言，这听起来显然像是对激进德性论证理论的支持。现在，否认有效性是保证论证质量的充分条件并不是特别困难。因为像我们讨论的那样，坏有效论证在这个方向给出了非常有力的理由，坏说服力亦然。但是，要同样拒绝必要性的话，必须给出至少一个（可能是多个）例子。这些例子中的论证毫无疑问是好的，但却缺乏说服力，因为它要么无效，要么缺少某条 RSA 标准。简而言之，激进德性理论家提出的是一个“好的谬误”（goodacy）。我认为这难办得多。但科恩认为他能做到，所以让我们再一次关注他的著作，以做进一步阐明。

然而，我不认为他对这点的处理真能为激进德性论证理论赢得胜利。科恩这样反驳说服力对论证质量的必要性：

> 在某些情况下，忽视一个论证的缺点不一定是不合理的。比如，一个人可能诉诸像这样的元论证：“我能理解论证目前这样并不成立，但是这个结论太有吸引力了，以至于肯定有人能够处理它。我现在暂时接受这个错误的论证。”法国数学家、物理学家亨利·庞加莱提出他有时会这么办：在他有任何关于一个公式的证明前，接受它为临时引理公式，并用这个引理公式来做定理证明。（Cohen，2013：479）

如果我们把这个例子当作好的谬误，我相信我们注定会失望。毕竟，被接受为好的是结论而不是论证：虽然这确实是一个相当普遍的例子（我们也时常会对某些事有清晰的直觉，即便我们缺乏满意的证明方法），但是它跟论证的质量没什么关系。事实上，当庞加莱暂时接受某公式为辅助定理时，他肯定不是在说他对此有很好的证据。此外，暂时性的全部意义在于你能在此时以实际考量的名义搁置问题，但你迟早要给出“全部内容”。所以我不认为科恩提出的这种元论证是一个令人信服的好的谬误的例子。

在我看来，如果一个人真的想在德性论证理论上变得激进，最可行的办法是观察一些说服力对利益方无关紧要的例子，而不是那些客观上不存在说服力的例子。好的谬误或许能，又或许不能被称为“论证独角兽”，但不少例子证明，人们：①有完全满意的论证交流的经历；②但略过对说服力的仔细考量；③甚至认为此类考量会阻碍他们正在体验的最佳论证互动。当你沉浸在生命中与朋友热切交流时，追究各自论证的说服力很可能会被认为是在自讨没趣。诚然，将类似的例子作为反驳说服力是论证质量的必要条件的证据并非没有问题。一个可以预想到但并非无足轻重的反驳是：一旦没有了对各自论证的相互理性质疑，很难看出为什么我们还应该坚称该特定活动为"论证"。然而，在我看来，对于激进的德性论证理论来说，类似的例子比完全承认说服力欠缺的那些，如科恩讨论的就说服力对论证质量必要性的反驳的例子更有前景。这是因为，在后一种情况中，"质量"的概念被应用在了结论上，而没有真正应用到论证上。

但是，我这里的目的并不是为激进形态的德性论证理论辩护，而是指出：①做一名激进德性理论家并非易事；②如果你设法保持这个立场，那么你完全不用担心 BK。这反过来又为我们重建一个更精简、更明晰的 BK 提供了智识资源。在我看来，鲍威尔和金斯伯里的论证可以总结如下：

> BK 简洁版：除非激进德性论证理论能被证明，不然要么说服力能被论证者的品格决定，要么德性论证理论不能提供完整的论证评价理论。

激进德性理论家否认前提（他们已经准备好了为激进德性论证理论辩论），所以他们可以忽略析取结论。相反，温和德性理论家必须决定他们想要直面第一个难题还是第二个难题。而他们对此的选择也再次告诉我们他们意图成为两种不同的温和德性理论家中的哪一种：

> 适度的温和德性论证理论：说服力是论证质量的必要条件，但不是充分条件，而且这方面的质量是不要求考量品格的。
>
> 有野心的温和德性论证理论：说服力也被认为是论证质量的必要但不充分条件，但像其他方面的质量一样，它被认为由德性理论的考量决定。

在阿伯丁对 BK（Aberdein，2014）的回复中，他似乎赞同后一种立场。所以尽管他有温和的一面，我在这里自作主张把他当作有野心的德性理论家。同样值得注意的是，阿伯丁想要说服我们相信的那些德性理论家，即有野心的温和派，是唯一需要回应 BK 的人。对于激进派而言，BK 的挑战是无稽之谈。对于适度温和派而言，接受对不完整的指责也不是问题，因为他们同意虽然论证评价需要诉诸论证者的德性来确定其总体的质量，但该评价不需要用相似的方法来处理说服力这个具体问题。换言之，鲍威尔和金斯伯里的意思是：因为说服力不是论证评价的全部，所以将说服力放在德性范围之外不会降低德性论证理论对理解论证质量的必要性。这就是为什么适度温和派对 BK"免疫"。

但适度温和的德性论证理论真的是一个有趣的理论选择吗？我相信它——或者，至少我初步主张如此。就德性论证理论而言，表现得适度温和完全没问题。这个主张基于两大理由：第一，在德性论证理论方面，适度温和是一种我们自然而然就会拥有的理论立场；第二，人可以在非常有野心的意义上保持适度。也就是说，不会有损德性对于论证评价的重要性。我认为第一点是不证自明的。像我们讨论的那样，德性论证理论从一开始就把自己当作一次在评价论证质量时超越说服力的尝试。由此，它永远不必致力于为论证评价提供一个完整的理论，尤其在说服力的意义上，因为那恰恰是德性论证理论不关心的，至少不是主要关心的。这就将我们带到了第二点，即就其将说服力留给非德性考量而言，德性论证理论可能是“适度”的，但它也否认说服力在决定论证质量上有任何特殊作用，它用一个全新的视角看待其他重要的事物——开放性思维、公正、分寸感、审时度势和相互尊重等。所以虽然适度温和德性论证理论可能无法告诉我们论证评价的全部，但它肯定涵盖了大部分；说服力虽然是必要的，但它还是被放在了注脚里。

五、相关性理论与德性论证理论：是敌是友？

我们简短地回顾一下相关性的概念。它是说服力的关键组成，至少 RSA 标准这么认为（Johnson & Blair，1977；Johnson，2000）。正如我提到的，在论证理论中，前提和结论的相关性通常用“有影响”这一属性来理解：必要前提相关性（Blair，1992）、非正式相关性（Jacobs & Jackson，1992）、前提相关性（Hitchcock，1992）以及内在相关性（Paglieri & Castelfranchi，2014）等概念都是这一共同主题的不同形式。只要依照这些思路来理解相关性，那么坏说服力论证的存在就是不证自明的了。正如我们前面提到的例子：“皮埃尔和玛丽·居里都是物理学家”显然与结论“玛丽·居里是个物理学家”的真实性有关。当构建“苏格拉底是否会死”时，相关性也能（共同地）应用于前提——“苏格拉底是人”和“所有人都会死”。这是因为，如果前提足以推导出结论，且（假定）观众都接受该前提，那么这些论证就符合说服力的要求，但它们在直觉上是非常糟糕的论证。一言以蔽之，它们只有坏说服力。

但是如果我们现在加入一个不同的、十分权威的相关性概念，坏说服力论证的存在就会变得不那么明显。就相关性理论而言（Sperber & Wilson，1995），居里论证和苏格拉底三段论都不算相关，因为现在相关性被成本－收益的术语所定义。[①]在论证语境下，这些贡献不会产生交流收益，所以它们也没有相关性——当然，它们可能在另一些语境下是相关的，比如举例和哲学分析。然而，尽管已进行了一些初步努力（Iten，2000；Oswald，2011；Paglieri & Woods，2011a，2011b；Paglieri & Castelfranchi，2012，2014；Paglieri，2013；Thierry & Oswald，2014），且人们对论证理论中相关性概念的问题也有了广泛的认识，但将相关性理论全面融入论证的研究中还没有开始。本文不解决这个复杂而微妙的课题。讲明这一点已足矣：如果说服力要求的和相关性理论描述的是同一种相关性，那么坏说服力论证将更加难以解释。什么论证能够既在施佩贝尔（Sperber）

① 以下是对相关性两个方面本质的简要阐述：（a）相同条件下，个体在给定时间内处理输入所获得的积极认知影响越大，输入与个体的相关性也就越大；（b）相同条件下，个体获得这些影响所花费的处理精力越小，输入与个体在那时的相关性越大（Sperber & Wilson，2002：602）。

和威尔逊（Wilson）所述的意义上相关，但在直觉上又是明显糟糕的呢？假设坏说服力是一种幻觉，那么我们将得出这个结论：不管怎样，说服力是论证质量的充分条件。这将会对所有德性论证理论类型产生深远的影响。它似乎宣告了温和派的终结。因为根据这个观点，现在说服力将成为全部，至少乍看上去（见下文），它既是论证理论的充分条件，又是必要条件，可终结一切“超越”的尝试。至于激进派，他们仍可能坚持认为，说服力虽然是论证质量的充分条件，但不是必要条件。然而，这需要他们提供一个好的谬误的鲜活样本。我们已经讨论过了，这条计策难以实现。

看来，相关性理论似乎给德性论证理论带来了灾难性后果。但是，仔细一想，这可能因为相关性理论在相关性概念中隐含了德性论证理论想要表明的信息：论证者的德性对论证质量很重要。毕竟，施佩贝尔和威尔逊在相关性定义中对论证目标（或是任何交流行为）直言不讳：我们只能通过考虑“个体获得的积极认知影响”和“个体思考花费的精力”来衡量“输入与个体的相关性”（Wilson & Sperber，2002：602）。在这里，相关性不再是论证本身的属性，而是一种论证、情境、阐释者相互作用的特征。或许相关性理论家会就此止步，但德性理论家仍然想要进一步补充道，进行相关论证的能力（即在恰当情境中产出与目标受众相关的论证）也是一种值得拥有的德性——现在针对的是论证生产者，而不是阐释者。

上述分析的结果是：如果相关性被理解为（推理意义上）的“影响”，那么坏说服力就是一个生活中的事实，德性论证理论坚持认为这种说服力不足以体现论证质量是正确的；相对地，如果相关性被理解为相关性理论术语（也就是按施佩贝尔和威尔逊的方式），那么我们就更难得出一个坏说服力论证，说服力也就成了“论证质量的充分条件”的可行候选项。但在后一种情况下，相关性本身取决于论证者的品格特征——其方式尚未明确，在此不做讨论。所以，德性论证理论在被逐出充分性之门后，又通过相关性之窗回来了。不管哪种情况，相关性理论和德性论证理论的理论关系最后都非常和谐。

六、论证德性冲突的一个教科书式案例？

让我们回到鲍威尔和金斯伯里的论证。如果我的重构是正确的，那么BK就没有对德性论证理论提出一个特别好的批评：他们的批评基于一种不被德性理论家接受的论证质量定义，而且其结论在德性论证理论的三种形式中只会困扰“有野心的温和派”这一种——这对阿伯丁来说很不利，但对我们大家来说是件好事！加上诊断BK的论证帮我们发现了不同种类的德性论证理论，这可能对促进论辩有所裨益。

然而，我认为BK和阿伯丁对这个批评的反应是支持者与批评者对话间潜在对峙的缩影。因此，我试图以利益第三方的身份介入这场论辩。冒着将严肃争论变为滑稽漫画的风险，我想起发生在一位德性理论家丹和一位“说服力迷”（即把说服力作为论证质量关键的铁杆辩护人）鲍之间的假想对话：

丹：瞧，有太多论证有说服力却不在任何合理意味上是“好”的。这可真迷人！这说明我们不仅需要说服力，还需要其他事物来阐述论证质量。

鲍：好吧，或许是这样，但说服力又如何呢？

丹：你没在听吗？我对说服力没有异议——留着它吧，我根本不关心！我想要谈谈所有其他与论证质量有关却与说服力无关的事物。

鲍：啊哈——那你不能阐述说服力！

丹：天哪，这儿缺失某种关键的论证德性。

当然，这只是个略显夸张的虚构对话，但它强调了一个现实问题：在坚持说服力是论证评价的关键这一点上，鲍威尔和金斯伯里关注一些对德性论证理论的总体原理和目的来说相对无关紧要的东西。相对地，阿伯丁接受并处理他们的挑战，让有关德性论证理论的论辩暂时偏离到了充其量只是与其相关的问题上。我当下的努力也不该被认为是无可指摘的，因为我正在主张我们不应当过多地关注说服力是否能以德性来分析，而这对否认我们必须处理鲍威尔和金斯伯里提出的担忧是至关重要的——很多论证理论不会特别欣赏这种态度。

看起来我们面临的是一场论证德性的冲突。在冲突中，没人能够诚实地声称自己同时支持了全部相关德性：不管这场小型学术话剧的演员做什么，他们都将违背某种论证德性。简单来说，鲍威尔和金斯伯里通过运用细致的、批判的审查德性（关注目标论证中任何不清楚或有缺陷的细节），违背了恰当参与的德性（即避免关注目标论证中明显不重要的细节），反而可能使关于德性论证理论的讨论偏离方向。阿伯丁通过密切关注他们的疑虑，虽然运用了论辩回应的德性（即处理所有潜在的合理批评），但却没能在理论构建中应用最大相关性的德性（即主要关注最重要的东西），从而使讨论偏离了轨道。最后，我试图运用最大相关性，但仍没能展现论辩的回应性，所以鲍威尔和金斯伯里的有关论证根本没有得到回复。①

无论我对这个小小的学术论辩的重构是否正确，现在大家应该都可以看出一个普遍的问题：论证者无法保证当其运用一种论证美德时不会违背另一种美德。这引发了一个显而易见且对德性论证理论至关重要的问题：在相似的论证德性冲突中，什么是有德性的选择？选择基于的理由是什么呢？

现在，这对德性论证理论来说是一个很好的挑战，它并不是争论一些德性论证理论从来没有倾向于考虑的东西，即说服力。如果德性论证理论不能为我们生活中时常遇到的论证德性冲突提供解决方案，那么它就会面临一个严峻的问题，这个问题适用于所有德性论证理论类型。另外，解决这一特定问题的理论方法就在德性论证理论的范畴中。有两种可能性立即出现：一是假设某种德性排行，这样每当冲突产生时，某些德性就优先于另一些；二是跟随亚里士多德的步伐采用中道思想。前一种解法很适合整齐的形式

① 正如阿伯丁在私人通信中所说，我们也可以采用拉卡图（Lakato，1978）的积极－消极启发法来比较他和我对BK的回应。这种方法认为，即使一个有进展的项目能够支持积极启发（探索新应用）而忽略消极启发（回答批评者），其他的项目也可能被消极启发推动。另外，除了时间上的限制，我们没有理由不同时追求这两种启发法。所以，我希望读者们意识到，我提议德性论证理论应该忽略说服力这个“红鲱鱼”只是在开玩笑——尽管我认为完全被消极启发而忘记积极启发会对德性论证理论不利。

主义，但它也带来了一个棘手的问题，即如何建立标准（可能会随着时间和/或情境/文化转变）来确定相关排行。至于中道思想，它当然适合所有德性理论框架，但它难以被具体化来解决现实中的论证德性冲突，这反过来可能极大限制了德性论证理论的应用范围。

不出所料，当科恩在探讨德性论证理论时，他在计划表中列出了论证德性冲突："诸如论证中不同角色需要哪种德性，它们如何互相关联，如何解决它们之间的冲突，以及它们和技巧有什么区别等问题。"（Cohen，2013：484）然而，科恩却没有在该文中考察这些问题。对此，他在文中给出的解释是："所有这些问题都已经被其他人连篇累牍地讨论过了。"然而，他并没有为这一主张提供任何确切的引文，我也无法在德性论证理论相对较少的文献中找到令人满意的解决论证德性冲突的方法。所以，我怀疑科恩有些夸大其词了。虽然他提到的有些问题（比如德性与技巧的区别）已经被其他学者详细讨论过了，但另一些还没有，而我认为论证德性的冲突属于后者。

事实上，我只在科恩自己的作品中找到了对论证中冲突德性的简短讨论，不论是在阿伯丁于2007年"开创"德性论证理论之前（2005）还是在此之后（2009）。简而言之，科恩倾向于把冲突的论证德性看作抗衡的双方。比如，他认为向对方让步太多的对话者（"让步者"）是与"顽固的教条主义者"（即不论如何也不向对手妥协的人）对立的另一个极端。由此，即使只是顺便一提，科恩也明确援引了亚里士多德的中道思想："如果亚里士多德是对的，中道是通过追求与我们自然倾向相反的极端来实现的，那么我们可能会比试图模仿让步者做得更糟。让步者毕竟善于倾听，并具有承认好观点的诚实和自信。如果我们希望我们的对话者也能如此，我们应当首先在自身培养它们。"（Cohen，2005：62）科恩用相似的方式讨论了开放性思维和分寸感这两个关键论证美德，并通过同样的平衡行为进行调节。用他自己的话来说就是："尽管开放性思维是我们从论证中获得最大收益的必要前提，但这种论证思维也可能适得其反。问题在于，开放式论证有不同的形式，甚至可能被无限延伸。开放性思维加剧了这个问题。它需要分寸感来制衡。"（Cohen，2009：59－60）

尽管我非常赞同这个关于论证中冲突德性的平衡观点，但科恩的评论仍没有为我们提供一个一般的、详细的理论，关于平衡力以及它们如何运作的问题。在我看来，我们仍然缺少一个精心描绘的论证德性地图。在该地图被更精确地绘制出来之前，我们还不能就德性论证理论是否能够给出关于论证德性冲突的满意理解做一个判断。所以，这些问题仍然值得德性理论家及其批判者们探索。在还有许多问题亟待解决时，我们不应该把精力投进那些不那么必要的事务中。德性理论家应该从这些论辩中学到一课：不要再讨论说服力了！

七、结论：对德性论证理论来说，什么是重要的？

本文花了大量篇幅来讨论鲍威尔和金斯伯里对德性论证理论的批判，以表明我们需要停止讨论它，并在通常情况下避免过分忧虑是否应当从德性理论的角度来理解说服力。读者可能会震惊于这种行为的吊诡之处，我也不认为这是符合日常讨论习惯的。但在往往需要自身理由来判断某物是否必要的哲学论辩中，这么做并非没有先例。另外，我希望这次对鲍威尔和金斯伯里观点的批判性重构能给有关德性论证理论的论辩带来一些额外的益处：对作为论证德性理论家的不同方式进行分类，对相关性理论与德性论证理论之间的关系进行初步思考，并举例说明论证德性如何可能发生冲突，以至于对德性论证理论构成挑战——更不用说阐明坏说服力论证与好的谬误各自在德性论证理论发展中所扮演的角色。

最重要的是，我的目标是实践性的：我真诚希望自己能被看作这场特别学术争论中的公正旁观者，因为我并不自认为是德性理论家，也没有要把说服力捧为论证质量的标志的强烈意愿。如果说我有任何偏好的话，那应该是我享受在德性论证理论的支持者与批判者之间来回交流，只要交流仍关注对这个特定理论真正重要的事物。基于本文的分析，我认为这个事物并不是“说服力”。所以，我恳请德性理论家及其批评者们停止进一步拓展说服力或缺乏说服力的德性解释，并重启真正关键的工作，解决一些关键问题，诸如如何解释论证德性冲突，我们应该考虑什么样的论证德性结构，以及为什么这么处理（Aberdein，2007；Cohen，2013）。我还想给新进入这个迷人的论证理论领域的人两点建议：

（1）如果你对德性论证理论感兴趣，不要从说服力的角度入手。

（2）如果你是个“说服力迷”，或许你不会在德性论证理论中找到太多满足感——接受它吧！

参考文献

[1] Aberdein A, 2007. Virtue argumentation [C] // Van Eemeren F H, Blair J A, Willard C A, et al., editors, Proceedings of the Sixth Conference of the International Society for the Study of Argumentation. Amsterdam: Sic Sat: 15 - 19.

[2] Aberdein A, 2010a. Virtue in argument [J]. Argumentation, 24 (2): 165 - 179.

[3] Aberdein A, 2010b. Observations on sick mathematics [C] // Van Kerkhove B, De Vuyst J, Van Bendegem J P, editors, Philosophical Perspectives on Mathematical Practice. London: College Publications: 269 - 300.

[4] Aberdein A, 2014. In defence of virtue: The legitimacy of agent-based argument appraisal [J]. Informal Logic, 34 (1): 77 - 93.

[5] Allen D, 1998. Should we assess the basic premises of an argument for truth or acceptability [C] // Hansen H V, Tindale C W, Colman A, editors, Argumentation & Rhetoric. St. Catharines: OSSA.

[6] Battaly H, 2010. Attacking character: Ad hominem argument and virtue epistemology [J]. Informal Logic, 30 (4): 361 - 390.

[7] Blair J A, 1992. Premissary relevance [J]. Argumentation, 6: 203 - 217.

[8] Botting D, 2013. The irrelevance of relevance [J]. Informal Logic, 33 (1): 1 - 21.

[9] Bowell T, Kingsbury J, 2013. Virtue and argument: Taking character into account [J]. Informal Lo gic, 33 (1): 22 - 32.

[10] Cohen D, 1995. Argument is war...and war is hell: Philosophy, education, and metaphors for argumentation [J]. Informal Logic, 17 (2): 177 - 188.

[11] Cohen D, 2004. Arguments and metaphors in philosophy [M]. Lanham: University Press of America.

[12] Cohen D, 2005. Arguments that backfire [C] // Hitchcock D, Farr D, editors, The Uses of Argument. Hamilton: OSSA: 58 - 65.

[13] Cohen D, 2009. Keeping an open mind and having a sense of proportion as virtues in argumentation [J]. Cogency, 1 (2): 49 - 64.

[14] Cohen D, 2013. Virtue, in context [J]. Informal Logic, 33 (4): 471 - 485.

[15] Finocchiaro M A, 2013. Meta-argumentation: An Approach to Logic and Argumentation Theory [M]. London: College Publications.

[16] Foot P, 1978. Virtues and Vices [M]. Oxford: Blackwell.

[17] Govier T, 1985. A Practical Study of Argument [M]. Belmont: Wadsworth.

[18] Hitchcock D, 1992. Relevance [J]. Argumentation, 6 (2): 251 - 270.

[19] Hursthouse R, 1999. On Virtue Ethics [M]. Oxford: Oxford University Press.

[20] Iten C, 2000. The Relevance of Argumentation Theory [J]. Lingua, 110 (9): 665 - 699.

[21] Jacobs S, Jackson S, 1992. Relevance and digressions in argumentative discussion: A pragmatic approach [J]. Agumentation, 6 (2): 161 - 162.

[22] Johnson R H, 1990. Hamblin on the standard treatment [J]. Philosophy & Rhetoric, 23: 153 - 167.

[23] Johnson R H, 2000. Manifest rationality: A pragmatic theory of argument [M]. Mahwah: LEA.

[24] Johnson R H, Blair J A, 1977. Logical self-defense [M]. Toronto: McGraw-Hill Ryerson.

[25] Lakatos I, 1978. The Methodology of Scientific Research Programmes [M]. Cambridge: Cambridge University Press.

[26] MacIntyre A, 1981. After Virtue [M]. Notre Dame: University of Notre Dame Press.

[27] Oswald S, 2011. From interpretation to consent: Arguments, beliefs and meaning [J]. Discourse Studies, 13 (6): 806 - 814.

[28] Paglieri F, 2013. Choosing to argue: Towards a theory of argumentative decisions [J]. Journal of Pragmatics, 59 (B): 153 - 163.

[29] Paglieri F, Castelfranchi C, 2012. Trust in relevance [C] // Ossowski S, Vouros G, Toni F, editors, Proceedings of Agreement Technologies 2012. Tilburg: CEUR-WS. org: 332 - 346.

[30] Paglieri F, Castelfranchi C, 2014. Trust, relevance, and arguments [J]. Argument & Computation, 5 (2 - 3): 216 - 236.

[31] Paglieri F, Woods J, 2011a. Enthymematic parsimony [J]. Synthese, 178 (3): 461 - 501.

[32] Paglieri F, Woods J, 2011b. Enthymemes: From reconstruction to understanding [J]. Argumentation, 25 (2): 127 - 139.

[33] Pritchard D H, 2003. Virtue epistemology and epistemic luck [J]. Metaphilosophy, 34 (1 - 2): 106 - 130.

[34] Pritchard D H, 2008. Virtue epistemology and epistemic luck, revisited [J]. Metaphilosophy, 39 (1): 66 - 88.

[35] Pritchard D H, 2012. Anti-luck virtue epistemology [J]. Journal of Philosophy, 109 (3): 247 - 279.

[36] Seligman M E P, Csikszentmihalyi M, 2000. Positive psychology: An introduction [J]. American Psychologist, 55 (1): 5 - 14.

[37] Sosa E, 2007. A Virtue Epistemology: Apt Belief and Reflective Knowledge, Vol. I [M]. Oxford: Oxford University Press.

[38] Sperber D, Wilson D, 1995. Relevance: Communication and Cognition. 2nd ed. [M]. Malden: Basil Blackwell.

[39] Thierry H, Oswald S, editors, 2014. Rhétorique et cognition: Perspectives théoriques et stratégies persuasives [C] // Rhetoric and cognition: Theoretical strategies and persuasive strategies (bilingual volume). Bern: Peter Lang.

[40] Tindale C W, 2007. Fallacies and Argument Appraisal [M]. Cambridge: Cambridge University Press.

[41] Vorobej M, 2006. A Theory of Argument [M]. Cambridge: Cambridge University Press.

[42] Walton D, 1998. Ad Hominem Arguments [M]. Tuscaloosa, AL: The University of Alabama Press.

[43] Wison D, Sperber D, 2002. Truthfulness and relevance [J]. Mind, 111 (443): 583 - 632.

[44] Woods J, 1992. Apocalyptic relevance [J]. Argumentation, 6 (2): 189 - 202.

[45] Woods J, 2007. Lightening up on the ad hominem [J]. Informal Logic, 27 (1): 109 - 134.

[46] Zagzebski L, 1996. Virtues of the Mind [M]. Cambridge: Cambridge University Press.

拓展德性理论

有德性的论证者：一个人扮演四种角色*

凯瑟琳·斯蒂文斯[1]/文，王荣书[2]、胡启凡[3]、牛子涵[4]/译
（1. 莱斯布里奇大学，阿尔伯塔，加拿大；2. 科尔比学院，哲学系，缅因州，美国；
3. 科尔比学院，哲学系，缅因州，美国；4. 中山大学，哲学系，广东广州）

摘　要：当我们评估论证者而非论证时，我们会陷入一个让人困惑的处境：在一种论证情境下似乎是德性的特质，在另一种情境下却完全可以称得上恶习。本文提出以下观点：其实一个论证者要具有两种德性，并针对它们扮演四个有时截然不同的角色。

关键词：对抗典范；合作典范；实践智慧；德性

一、序言

在考量论证者应当具有的德性的时候，我们可能不禁设想一个简单的清单①。我们或许会设想清单中有公正、聪明、周全等特点。不过我们不会想到，一个理想的论证者可能要具有一些乍看起来互相矛盾的德性；但在本文，我主张事实恰恰如此。我会论证，有德性的论证者擅长达成的善（good）是改善信念系统；而对于何种行为可以达成这种善，则有两种迥异的观点，它们可以分别称作论证的对抗典范（adversarial ideal）和合作典范（cooperative ideal）。两种观点都有很强的论证支持它们所提倡的行为方式，且它们指出对方有严重缺陷或者不恰当时都有令人信服的理由。但不巧的是，论证者遵循其中一种所需的德性与遵循另一种所需的德性相矛盾。我不主张在两个方法中只取其一，也不认为这两种德性中有哪一种是多余的或者不利的。实际上，我主张一位论证者应当兼具两种德性，并利用实践智慧判断在哪种论证情境下以哪些德性为行事准则。接下来，我会提出并证明一个帮助论证者决定他应该奉行对抗性德性还是合作性德性的判准：论证者应当根据彼此就论证和主张的理解程度做出决定②。

---

* 原文为 Katharina Stevens，2016. “The Virtuous Arguers：One Person，Four Roles，” *Topoi*，35：375－383。本译文已取得论文原作者同意及版权方授权。

① 在本文中，我不会依赖一个特定进路来处理德性伦理，如亚里士多德进路。我会使用德性伦理学中的一般观点作为整体思路。

② 本文为了简单起见，仅仅专注于在论证中能被我们称作“主要角色”的人物。科恩指出，论证会牵涉到更多角色，不仅仅是支持者和反对者这经典的两位，还可能有仲裁者和评判团（陪审团）。我十分感激我在2013年的OSSA会议上呈现本文时他给我提出的建设性意见。此外，这些角色还包括虽然与论证没有利害相关，却对论证很有帮助的旁观者。他们为如何改进现有的论点提供指引。所有这些参与者自然都有可能拥有或者缺乏某种具体的德性，而一个方方面面都好的论证者（即一个有德性的论证参与者）需要具有所有这些德性。然而，为了简化情况以方便本文行文，我将讨论身处论证中心的论证者，即在论证的那个人。

二、论证者的善

随意翻开一篇关于德性伦理学的介绍，我们常常会看到一个关于刀的故事[①]。故事告诉我们，刀是用来切割东西的。德性作为一种性格，具备它的人惯常依照它行事，它能使其持有具备者成功地达到他/她/它的目的。德性具备者的目的是达成具体的善。对于一把刀来讲，其具体的善在于切得好[②]。刀的德性就是那些令它切得好的属性。因此，一把刀应当锋利、结实，刀柄应能被稳稳握住等等。

这个故事给我们解释了何为德性。德性是使我们得以达成某种善的倾向。如德性伦理学鼻祖亚里士多德所述："每一种技巧与每一次探究，每一次行动与每一个决定，似乎都以某些善为目的；由此看来，把善定义为所有事物的目的不为过。"（Aristotle，1973：1094a 1－3）

刀之善在于切得好，这很容易判断。然而，论证者的善才是我们的兴趣所在。我们可以说："这同样容易：论证者的善是论证得好。"但是，说完这话后，我们会立刻预见我们将面临数不胜数的问题。一位论证者可以为了各式各样的原因论证，这取决于论证的原因，他的目标也可能大相径庭。在一种情况下，论证者的目标可能是不惜一切代价来说服他人；在另一种情况下，论证者的目标可能是寻求解决问题的最佳方案或者在谈判中达成最有利的协议。对于论证者而言，论证完全可能意味着迥异的活动。这取决于论证者自己的目标。而一般而言，并非所有目标都可取。

我们可以重新组织一下我们的答案以绕开这个困境。我们可以说，论证者的善即推进论证的善。这样就好多了，因为现在我们可以问自己一些严肃的规范性问题：为什么论证是件好事？它在何时是好的？论证的目的是什么？但这些问题也不容易回答。正如我们从沃顿（Walton）和克拉贝（Krabbe）关于对话的种类的文章中了解到的，论证能被有效地应用于许多不同类型的对话中，且有助于达成各种有价值的目的（Walton & Krabbe，1995：65 ff.）。他们对我们最大的帮助莫过于展示了不同类型的对话的一系列"主要目标"：说服对话中的解决分歧、谈判对话中的做交易、询问对话中的增长知识、商讨对话中的做决定、探究对话中的传播知识和表明立场、争吵对话中的寻求和解，等等（Walton & Krabbe，1995：66）。所以，我们可以说论证的善取决于论证者当下参与的对话的类型吗？我们无法再进一步了吗？

这也不见得。或许在各类对话以及（几乎）所有论证被卓有成效地应用的情形中，有种善通过论证而得到增进。阿伯丁（Aberdein）在他的文章《论证中的德性》（*Virtue in Argument*）中从真理的角度描述此善（Aberdein，2010：173－174）。"如果有德性的求知者倾向于以会获得真信念的方式行动，那么有德性的论证者会倾向于传播真信念。

---

① 刀似乎是德性伦理学研究者的最爱。欲求证这个古怪或许又有点叫人担心的偏好，用谷歌搜索"德性"和"刀"一词，你可以得到超过400万条结果。如此做介绍的例子参见 Andre Comte-Sponville，"A small treatise on great virtues"，2002，p. 2；Douglas Soccio，"Archetypes of Wisdom"，2012，p. 38；Michael Winter，"Rethinking Virtue Ethics"，2012，p. 14，等等。

② 为了简单起见，在这里我们只讨论通常情况下的刀，而非典礼仪式用的刀之类。

有德性的论证者之间发生论证的结果会是真信念更广的传播或是错误信念的减少。”（Aberdein，2010：173）

以传播真信念为论证的善似乎可行，但回想到沃顿与克拉贝的对话类型，这样定义论证的善未免狭隘。有些目的称得上一种“真信念的扩散”[①]，比如知识的增长，知识的传播，立场的表明，甚至还包括分歧的解决。然而，做交易、做决定，以及在一段关系中寻求和解似乎很难归为此类。或许我们能给论证的善找到一个兼容并包的定义。

让我们来看看谈判对话。沃顿与克拉贝认为谈判对话的目的是做交易。参与者们都通过“利己的讨价还价”来最大化己方利益。沃顿与克拉贝似乎认为“找到对双方都有吸引力的折中方案”是个“好”的结果（Walton & Krabbe，1995：72）。论证如何促进这个结果呢？显然，需要达成的决定（哪一方得到什么）也可以由第三方强加到双方头上，而这个第三方并不需要证明自己行为的正当性。那我们为何会觉得论证有助于促成一个大家都满意的折中方案呢？我们或许可以说，这是因为，通过论证，双方能更好地理解对方的利益。主体间理性的考量是论证的一部分。通过这样的考量，当事人能找到一个途径，把关于利益的信息与关于现有资源的信息联系起来。这有助于他们在考虑到各方利益和现有资源的情况下找到最合理的交易方案[②]。

论证有何功劳？我的答案是，在谈判过程中，论证通过补充关于另一方的利益的信息，澄清每一位参与者的立场，以及构建有助于估评各种可能协议的推断等，改善双方的信念系统[③]。基于改善了的信念系统，最终参与者们得以做出最明智而合理的选择[④]。论证所提供的善就是它改善了参与者的信念系统。

这个论证的善的定义比阿伯丁所提出的更宽泛。传播真理自然算作改善信念系统，不过除此之外，还有澄清立场、获得理解和加强证明关系，等等。即使真信念没有散布开来，这些也可能发生。或许我们可以试探性地提出：论证的善是信念系统的改善——知识的增长、论证推断的延伸、信息和理解的获得，等等。参与论证是值得赞许的，毕竟这个活动促成了信念系统的提升，包括论证者的信念系统、旁观者的信念系统和对手的信念系统。

我们得出的结果有多大用处呢？现在我们可以为有德性的论证者下一个有些含糊的定义了：有德性的论证者倾向于（或惯常）以能在总体上促进信念系统改善的方式参

---

① 毕竟，即便是在纯粹的说服对话中（即论证者只考虑说服对方），我们期待，如果只使用令人信服的论证，真理会更具说服力（至少从统计学来看如此）。

② 在此不做深入讨论，但一些类似的说法也适用于“做出决策”之类的目标。

③ 对于在这里用“信念系统”还是“认知系统”我斟酌了很久。毕竟论证也可能提升我们对某些局面的情绪反应。我选用“信念系统”主要是因为这样更简单，但我也很乐意有人来说服我选用“认知系统”。很多种情况都可以算作“改进信念系统”。增添真信念与摒弃假信念明显属于这一类。通过证明的推论将信念互相联系起来属于这一类。甚至把错误的信念换成依旧错误但更有优势的信念或许也是如此（例如，将相信地球是平的改成相信地球是正圆形的，或者将相信动物基本上如机器般没有感情，换成相信它们有感情但不具备更高级的认知能力）。信念系统有很多改善的方式，我相信我的读者们能想到更多。

④ 沃顿与克拉贝对争吵对话的讨论也很有趣。很多论证理论家甚至根本不愿意把争吵算作论证。沃顿与克拉贝承认争吵看似无用，但他们接着主张争吵有时是一种正面的论证形式。他们指出，争吵宣泄了强烈的情绪，并且能促使参与者向对方表达他们受伤的情感，最终他们能够更体贴对方（因为他们更加了解彼此了）。换句话说，争吵使当事人更为了解彼此的情绪状况。这也算是提升信念系统的一种善（Walton & Krabbe，1995：77－78）。

与论证。这包括参与论证者的信念系统，以及通过其他方式受到论证影响的人的信念系统。

至此，我们会意识到我们面临的新问题：对于论证者如何行事才能达到这一点，人们的看法颇有分歧。通过调查就可以知道，针对哪种类型的行为最有利于信念系统的改善，至少有两种不同的观点。第一个观点推崇论证者参与所谓对抗性论证[①]，而第二个观点则期望论证者乐于合作与互助。两者都很好地论证了它们的典范论证者是如何促进论证的善的。这些论证对我们的研究很有助益。

三、理想论证的两种模型

在此为了方便对比和比较，我将呈现两种理想论证者最极端的形态。我明白大多数致力于一方的理论家们所持的观点会更详尽缜密，通常也更温和。

（一）论证的对抗式模型

推崇对抗式论证基于适者生存的想法。我们可以重构思路如下：在自然中，所有的个体都参与资源竞争。适应得最好的个体是最成功的，因此，也是这些个体有机会把他们的基因信息传递给下一代。与此类似，在对抗式论证中，所有的主张、论证、辩护和立场都在争取被论证者、旁观者和对手接纳。最强有力的主张和论点是最成功的，因而也是最常被旁观者和对手接受的，并且还会在其他场合中被重复提及。

我们当中的不少人都通过它在批判理性主义中的应用了解这个观点。在20世纪，批判理性主义（critical rationalism）将其用于科学哲学和认识论当中。意识到来自经验的依据不能充分地证成任何主张后，批判理性主义放弃了这样的尝试。抛开对证实的追求，批判理性主义者们提出了持续进行的“批判性检验”。在“批判性检验”中，每个主张都被置于持续不断的批判之下——每个主张都要经受实验的验证或者经受由“理性论证辅助”的“批判性讨论”的考验（Albert，1985：46）。波普尔（Popper）在《科学发现的逻辑》（*Logic of Scientific Discovery*）中构建了一个关于科学的理论，而根据他的理论，那些经得住检验的主张和理论被认为比那些未经检验的更可靠，即使它们不能算作已经被证实的（Popper，2005）[②]。欲知一个理论的价值，就要尽可能多地用可能证伪的其他情况来检验它。

批判性检验可以用来筛选最佳的主张。论证理论可以套用这个思路。西尔维亚·伯罗（Sylvia Burrow）将其总结如下：“（……）客观地评价主张的最佳方式（……）是把这些主张置于最强最极端的反对意见之下。”（Burrow，2010：238）[③]

---

① 提及该词的文章，可参见Phillis Rooney（2010）。

② 波普尔的理论基于这样的见解：验证普适陈述（而科学理论由普适陈述构成）是不可能的，然而证伪却很容易。他主张唯有那些“可证伪的”陈述才是有意义的经验陈述，因为这把有可能的命题归为两类：可证伪的和不可证伪的（Popper，2005）。

③ 对于对抗形式的论证，还有其他构想（包括粗鲁、吹毛求疵等）。在此我要说的不是这些构想，因为它们已经得到了应得的批判，我认为难以从中得出德性来支持具有如此形式的论证。

然而，因为批判性原则被应用于论证理论中，而论证又常常是主张的辩护，所以批判性检验原则并不能取代辩护原则。相反，应用的目的是将批判性原则和辩护原则相结合：一个主张由论证辩护，又由反对它的论证来对它进行批判性检验。与此同时，支持与反对该主张的论证也将被辩护，也将经历批判性检验。如此，适者生存不仅适用于主张，它对于辩护（论证）也适用。

在这种情境下，论证的典范包括抨击或捍卫一个或多个主张与论证的手段。这个论证典范因而可以被称作对抗式论证模型（adversarial model of argumentation）。这一词语不应该引起误解，鉴于其目的并非反驳每一个主张和论证，而是检验它们有多强，除非最终发现它们太弱，才否定它们。因此，批判性检验要遵守一些公正的原则，如著名的宽容原则（principle of charity）。根据吉尔伯特（Gilbert）的看法，宽容原则“要求我们在逻辑合理性方面尽可能宽容地解读对手，同时也不能让他们带着问题和漏洞轻易过关”（Gilbert，1994：97）①。论证者的目标不该是不惜代价地击败某个论点或主张，而是检验它有多么强。此外，用来批评一个主张或者论证的论证也有强弱之分，因此捍卫这个主张或者论证时也需要通过回应反击来加以论辩，同时对其进行反思以变得更强。如此一来，每个论证在被攻击的同时也在得到捍卫。

如果对抗典范得以实现，那么其结果应当是差的论点（比如批判理性主义中的坏主张）被驳回，而优秀的论点得以保留。比起相信仅由差的论证或者未经检验的论证证成的主张，相信由这些优秀的（被保留下来的）论证证成的主张意味着更好的认知状态。②

（二）论证的合作式模型

缺乏合作是对抗式论证模型最大的缺点，而它也因此广受批评。批评者们相信，如果新的观点刚出现批判就迎面而来，知识就无法增进。贾尼斯·莫尔顿（Janice Moulton）提出了针对对抗典范最缜密的批评。她指出，把论点与见解置于最强有力的反对之下的想法可能迫使论点与见解以应对反对意见的形式呈现或者写就（Moulton，1983：153）。花太多时间帮助还没发展成熟的论点招致反例和批判可能会妨碍论点得到充分的发展，或者会也很难悉数呈现这个论点的种种内涵（Moulton，1983：155）。鉴于对抗式模型的唯一目的是证明别人的论证或主张是错的而自己的是对的，因而全面地了解这些论证或者观点潜在的价值就是次要的了（Moulton，1983：160－161）。同样屈居次要地位的还有帮助别人了解他们观点中存在的问题（Moulton，1983：156），以及通过进一步发展已提出的论证、主张和观点来建设性地解决它们的问题（Moulton，1983：161－162）。即便论证者用最强的方式攻击论证并不是旨在不惜一切地击败这些论证，而是为了检验它们，但这样的行为依然具有破坏性。吉尔伯特反对如此理解公正：

---

① 从宽容原则的出现或许可以得出，对抗典范其实比其反对者们所想要主张的更有合作性。然而重要的是，宽容原则的目标（如果我们相信吉尔伯特的说法）是与对手最强的状态较量，而非为了他/她想法的本身的利益而发展和巩固它们。

② 如莫尔顿（Moulton，1983）指出并批判的那样，论证的对抗式模型，如同批判理性主义一样，也认为论证应当主要是演绎论证。不过对抗性典范的这一部分——至少在论证理论中——应当不再发挥重要作用了。

“……公正并不是公平地定夺要否决哪个信念，而是尽可能多地融入与囊括其他人的看法和信念。”（Gilbert，1994：104）

综上所述，对抗典范的危险之处在于它可能压抑将他人的论点融入自己立场的尝试，不利于将批评看作助益，或者试图把别人的想法作为自己的想法进步的台阶。它抑制了理解他人立场的动力，抑制了为充分看到他人立场的优点而发展他人立场的动力，抑制了与论证者共同进行论证而不是反对他/她的动力。上述的最后一条来自科恩的想法（Cohen，1995：128）。

为此，人们或许会认同论证的合作典范而非对抗典范。合作典范指出，如果一个主张或者论证在还未发挥出大部分潜力的时候就被驳倒摧垮，我们就很难发掘到它真正可贵之处。这回应了对抗典范的进化论式思想。也基于这个原因，合作典范要求论证者培养老师与学生的态度，从对的视角和观点中学习，力图孕育每一个主张和论点直至成就它们最吸引人的模样，弥补它们的短板，发扬它们带来的任何价值。若做到这些，可期的回报是：每一位论证者通过权衡考量众多得到充分发展的论证与主张，通过尽数吸纳能说服他们的观点，成就他们最好的信念系统。这里的目的不是检验主张或者用自己的论证说服对手；相反，恰如福斯（Foss）与格里芬（Griffin）的模型所示，论证的目的是创造一个环境，在这个环境中，另一方能够（但不必）利用环境给予的新的理解或者领悟发展自己的信念（Foss & Griffin，1995）。

然而，我们也要当心，虽然人们为了回应他们认为的占上风的对抗典范而发展出论证的合作典范，合作典范在批判对抗典范中诞生，但这不意味着它本身不能被批判。对抗典范的支持者可能会指出，若论证者的唯一目的是尽快地帮助每一主张臻至成熟，那么主张和论点的弱点可能不会被察觉。他们或许会说，虽然有些想法纯粹就是错的，是被误导的，或者不那么实际，但还是有必要指出来。有些想法、主张和论点本就不值得人们发展。举例来说，我们所处的世界需要我们不断做出实际决策，在多个行动方案被提出的情况下，由于不可能根据所有的提议行动，因此必然要否决一些提议。

所以我们面对两种不同的典范，两者都有强有力的论证支持，也都可以被合理地批判。若我们认为两种论证都有其价值，也因此不愿意完全放弃其一，那么我们会面临一些问题。而当我们自问这两种典范向论证者提倡哪些德性时，情况并未变得明朗，反而更糟了。

四、“冲突问题”与实践智慧（practical wisdom）

（一）相悖的德性

让我们先考虑一下完美的对抗式论证者会有的德性，然后再来看看我们设想中的合作式论证者需要的德性。

首先，我们设想一位对抗式论证者显露出他所有的锋芒。他是他真理的骑士，他通过所有高尚的手段来捍卫自己的真理和抨击其他观点。他有与武士相似的德性：野心勃勃、满怀自信、勇于进取、意志坚决，在组织他自己的论证和搜寻他人的弱点时思虑周全。作为他自己的论证的捍卫者，他忠于自己的信念，且仅当他认为自己被击败时才会改变它们（如果论证没有在刚提出时被立马否决，在面对他人的攻击时他要替自己的论证辩护），他还要批判地看待他人的反对意见（因为它们也可能是错的）。与此同时，他要尽可能明明白白、条理清晰地表达他的论点（这样既能展现论点的优势，也不会掩盖其弱点）。当他反对别人时，他的批评强有力，寻找谬误时也很彻底。同时，为了不把论证的结果带偏，他也很小心地避免歪曲别人的主张和论证。以上所有都必不可少，因为为了实现对抗式论证，每个论证和主张都需要优秀的辩护者，亦如它们需要意志坚定的进攻者。

有了对抗式论证者的衬托，我们现在来描绘合作式论证者的模样。他谦虚随和，因为他知道他的论证有潜在的弱点，他乐于帮助其他人发展他们的论证。他用富于想象的语言展现他的论证，因为他的首要目标是让其他人理解他。同时他也准备好根据他人的论证的见解改变他自己的信念，即便这些见解不是定论。当别人论证时，他总是谨慎地对待他们的主张和论证，以避免破坏其中可能存在的价值。他斟酌其他人的论证中每一处语言的用法，因为这或许能让他理解一个新的观点。这些是实现合作式论证不可或缺的性格特征，因为仅当每个人都决定尽可能地理解他人时，这整个系统才能改善我们的信念系统。

我所描述的两位论证者无疑是极端的，我也不会宣称自己精准地刻画出了他们的每一个细节，但可以看得出来，出色的对抗式论证者恐怕不是一个优秀的合作式论证者，反之亦然。对抗式论证者是他自己的主张的骑士，是别人主张的攻击者，而合作式论证者是他的主张的导师。合作式论证者将自己看作其他论证者忠实的学生，而对抗式论证者将自己理解为辩护者并与其他人对立。

这让我们陷入一个奇怪的处境。我们有两个都有不错的论证支持的原则，而且两个原则似乎都拥有了另一方不具备的优势。我们的第一反应是尝试结合两者，但这可能很难。想象一下，比如，一个论证者发觉他遇到了针对自己的论证的反对意见，他应当做何反应？依照对抗典范，他应当寻找展现在他眼前的反对意见的弱点，试图保护他的主张和论点；依照合作典范，他应该设法采纳批评，改变他的论证。或者考虑这种情况：一位论证者必须应对他人的论证。对抗原则告诉他寻找他人论证的弱点以试验它是否坚牢。合作原则期望他寻找其中的优势并进一步发展这些论证。

似乎在许多情况下，依照对抗性德性行事与依照合作性德性行事会产生相悖的结果。

（二）“冲突问题”与实践智慧

德性伦理学家通常把我们在处理的问题称作“冲突问题”（Hursthouse，2012）。当一种情况下似乎有两种适用的德性，而且它们好像要求行动者采取截然不同的行动时，冲突问题就出现了。幸运的是，针对冲突问题有一个标准答案——否认这冲突的存在，或者更妙的——承认这冲突从来不是真正的冲突。赫斯特豪斯告诉我们，“有实践智慧的人具备明鉴德性和规则的理解力。这样的理解力让有实践智慧的人明白，在这个特定的情境下，要么德性不会对当事人有矛盾的要求，要么一条规则的地位高于另一条，要么其中包含某种例外的条件”（Hursthouse，2012）。当然，摆在我们面前的是多重的冲突问题，两难的处境遍布每个角落，因为对抗典范与合作典范意味着截然不同的理想论证者。幸运的是，对抗性德性与合作性德性所适用的情景多种多样，而且一个论证的实例可以说是由数个不同的情形组成的。我们只需要实践智慧就能解决我们的问题。然而，什么是实践智慧？

实践智慧是做决策的德性。根据德维特（Devettere）对审慎和实践智慧的介绍，审慎的人要对人性、目的和手段的关系，以及对通常情况下什么是好的或者有用的有一般的见解（Devettere，2002：115）。此外，他还需要积累大量关于典型的情境的经验，因为审慎“最重要的就在于具体情况具体分析——具体的人在具体情况下做一个关于具体行动的具体决定”（Devettere，2002：116）。这意味着实践智慧有双重性质——它是关于一类情形的一般的见解与从数个具体的同类情境中得出的经验的结合体。为了说明这一点，我们可以想象一个人利用实践智慧来决定吃什么：他得运用诸如食物来讲比较健康等的知识，然后考虑他所有消化的经验，还有此前他处于与现在相同状态时（或许他很累又特别饥饿等），某种食物对他的其他影响。

于是，对于我们面临的问题，“用实践智慧判断在哪些情境下运用哪一套论证德性”是一个很含糊的回应。但是我们也不一定就止步于此。的确，在决定施展哪些德性时，从大量论证情境中得来的个人经验或许必不可少，但还有被德维特称作“一般的见解”的部分。在本文的最后一部分（即第五节），我认为应有一个这样的“一般的见解”：它提供了判断何时对抗性德性更为妥当、何时合作性德性更妥当的粗略准则，或许对解决论证德性的“冲突问题”有所帮助。

五、“我们理解对方吗？”或：一位论证者应当扮演的角色

（一）当我们确实相互理解的时候与我们并不相互理解的时候

我认为有一个“一般的见解”很重要，它可以指导我们何时发挥何种德性。这条洞见是：有时我们相互理解，有时我们并没有相互理解。

对抗式模型似乎在每个人都能清清楚楚地理解他人时最有效。在这种情况下，论证者的唯一目的就是在论证中胜出。这意味着有人会动用所有可能支持一个主张的论证或者可能反对它的论证，也意味着这个主张会被最佳的反对论证攻击，也有最佳的支持论证为它辩护。如果每个人总能知道另一个人话中的意思，他提出的论据如何运作，以及他做主张时基于怎样的信念背景，那么每一次攻击都将适用于所提出的论点和主张。然而，一旦出现误解和不被察觉到的意义，论证的适者生存很容易变成论证者的适者生存：人有可能对他人甚至对自己不理解或误会，由此产生的问题很可能不利于对抗式模型。这些问题的成因不限于言辞模棱两可。不同的背景设想和不同的思维模式也可能造成这样的问题。

即便论证者双方都真正具有对抗原则鼓励的德性。也就是说，即使他们真诚地努力做到完全公正，同时也恪守宽容原则，他们之间依旧可能存在误解并导致挫败。这是因

为对抗式模型迫使他们把交谈的内容打造成互相评判和批判的形式，并要求他们表达准确、态度坚决。对抗式模型专注于识别潜在的弱点而非发展潜在的优点。善意原则不允许论证者在一个论证没有弱点（或者仅有很容易补救的弱点）时声称论证有弱点。但它也没有要求论证者寻找论证潜在的优点，或者重构这些想法使得它们更有道理。开放式的、探索的对话可能促成对于从未被考虑过的观点的理解，抑或从而化解误会。但这样的对话在此没有多少讨论的空间。论证者在处理尚未发展成熟的主张或者论证时可能会出现类似情况。构建论证是创造性的过程。如果迫于清楚确切地阐述一个人的想法并抵御对话者的测试性攻击，这一过程可能会被严重地束缚，以至于尚未发展成熟的想法的潜力可能得不到认识。或者论点可能会因为被修改重塑以招致某种出现得过早的批判，以一种不利的方式发展。

将每一个主张和论证置于可能出现的最为强有力的反对意见之下可以改进信念系统，这种想法基于一个假设，即论证以它最好的形式面对这些反对意见，而且这些反对意见确实是针对这个论证的，而非针对一个误解的版本。很不幸，这是在错误地假设。我们相互理解，要么是因为运气好，要么是有意的努力的结果。如果论证者没有努力地理解对方的观点并保持开放的态度以看到对方论证的优势，那么这可能意味着讨论过早地结束或者一个本来能被挽救的理论被抛弃。

论证的合作典范基于如下假设：最初，我们对任何论证和主张都没有充分的理解，但是每一个论证或主张都值得被塑造成它的最佳形式，并以最有吸引力的方式被展现出来。它假设每一个观点都可以做出重要的贡献，即便这贡献起初很难被认识到。最极端的情况是，看似谬误或者站不住脚的观点都仅仅是被误解了的假设。因此，当我们确实误解了对方，或是在处理尚未发展成熟的理论或者论证，或者需要了解彼此的背景信念系统才能够欣赏彼此的立场的时候，这个典范最有优势。有合作性德性的论证者能够创造一个环境，在这个环境里，想法能够发展，人也能够学着理解彼此。

然而，有时我们的确相互理解，而且有些时候我们起初没有相互理解，但后来达成了理解，又或者我们不得不凭借我们现有的理解继续下去。因此，有些时候不得不做出决定——做或者不做某件事，相信或者不相信某个主张为真。这时，合作典范就不能保证取得最佳效果了，因为它不允许我们轻易推翻某些主张或者论证。合作典范对理解和构建想法的偏重，促使人在可能不存在潜力的地方寻找潜力。虽然这样的态度对还处于孕育期的理论以及基于误会的分歧很有帮助，但在立场已臻完善、态度很明确的时候，它就成了阻碍。当一个论证结构的稳定性或主张的可接受性只能通过做出特别的假设或接受不太可能的东西来保持时，有时需要强烈的批评来剔除不再有用的东西。在论证中摆脱所有具有对抗倾向的风险是不会有任何结果的，或者会培养出过期的理论、争论和主张。

我们现在可以区别两个不同的论证阶段，每个论证阶段又对应一个最有效的论证典范。第一个阶段（可以预见，此阶段在讨论或者对话的开头最常见，所以称它为第一个）是致力于理解的阶段。它的特征是论证者们的相互理解不足以让他们欣赏彼此的立场。论证者有必要给对方讲解他们提出的主张有哪些含义，他们的论证如何奏效，以及他们的论证基于何种背景假设。或许他们的辩护还不完善，他们还要在辩护的展现方式上下功夫。或者他们想修改他们的主张使之与可能出现的反对意见更相容。第二个阶段是可以假定双方已达成充分的理解的阶段。立场已经发展得足够充分，并且以足够强有力的方式呈现，因而这些立场得以被欣赏。论证者们理解彼此的立足点与角度，并且清楚他们每一位运用语言的方式、习惯。现在他们应检验他们的论证和主张，以决定接受哪一个。

当然，实践中这两个阶段并不是相继出现的，两者之间甚至也没有清晰的界限。为了取得最佳效果，在讨论中，论证者可以随时踏入两个阶段中的一个。或许一位论证者引入了一个没人愿意接受的前提，但这位论证者坚持认为大家应当接受。这表明论证者们应该暂时转入合作模式，即便在此之前他们一直都在以对抗的方式论证。又或许一位论证者拒绝接受一个结论，纵然他之前所接受的一切都强烈地支持此结论。一场讨论处于第一阶段还是第二阶段，还需要由论证者自己在论证中时刻做判断。这是实践智慧中经验的部分，而试图制定评判讨论所处阶段的标准就不明智了。

（二）四种角色，两套德性——有德性的论证者到底是什么模样？

有德性的论证者是什么模样？首先，他需要有全部对抗性德性和合作性德性。他要能做他的真理的骑士，也能做他人观点的开放又乐于合作的学生，还可以做他自己的观点的导师。一方面，他应乐于通过创造一个人们相互理解和支持的开放环境，以助于别人构建他们的观点。另一方面，他应能够识别弱点，并激烈地驳斥。构建自己的论证时，他要能把其他人的输出的内容化为己用，对新的见解和想法保持开放态度。捍卫自己的论证时，他能批判那些批判性意见，用他的论证和主张回应别人的攻击。

这些仿佛还不够，他还要有能力解读当下的论证情形，评估他与他的对话者相互理解的程度以及此时呈现的论点的发展程度。他要明辨，分歧真的存在还是基于误解；论证是脆弱或者充满谬误，还是仅仅因为它是新的或者尚未发展成熟，导致它看似如此。他要能估评别人提出的观点若经培育是否有潜力开启新思路，还是死路一条，即只会耽误进一步理解当前的问题。

鉴于每个论证者都是不同的，每个情形都是独特的，这个能力——判断哪个角色最恰当，是骑士还是进攻者，是导师还是学生的能力——只能通过经验取得。有德性的论证者是身经百战且能从每一段经历中学习的人。他能体察论证情况的转变，并代入相应的角色。

因此，要做一个有德性的论证者并非依赖天赋，不像提高智力之类。要做到有德性，论证者不仅要具有种种不同的德性，还要培养实践智慧以判断何时发挥哪种德性。兼顾对抗性德性和合作性德性很重要，而明辨论证情形、判断依照哪些德性行事也同样关键。论证者需要有能力扮演四种角色，发挥两套德性——他还得明智地选择合时宜的德性。这样的论证者会促进论证目的的实现——当他参与到论证当中时，他自己的信念系统还有那些同他论证的人的信念系统就可能有所增益。

参考文献

[1] Aberdein A, 2010. Virtue in argument [J]. Argumentation, 24: 165 - 179.

[2] Albert H, 1985. Treatise on Critical Reason [M]. Princeton: Princeton University Press.

[3] Aristotle, 1973. Nichomachean Ethics [M]. Ackrill J L, translator, New York: Humanities Press.

[4] Burrow S, 2010. Verbal sparring and apologetic points: Politeness in gendered argumentation context [J]. Informal Logic, 30 (3): 235 - 262.

[5] Cohen D H, 1995. Argument is war… and war is hell: Philosophy, education, and metaphors for argumentation [J]. Informal Logic, 17 (2): 177 - 188.

[6] Cohen D H, 2013. Commentary on: Katharina von Radziewsky's "The virtuous arguer: One person, four characters" [C] //Mohammed D, Lewinski M, editors, Virtues of argument. Proceedings of OSSA 10.

[7] Comte-Sponville A, 2002. A Small Treatise on Great Virtues [M]. New York: Macmillan.

[8] Devettere R J, 2002. Introduction to Virtue Ethics [M]. Washington: Georgetown University Press.

[9] Foss S K, Griffin C L, 1995. Beyond persuasion: A proposal for an invitational rhetoric [J]. Commun Monogr, 62: 2 - 18.

[10] Gilbert M A, 1994. Feminism, argumentation and coalescence [J]. Informal Logic, 16 (2): 95 - 113.

[11] Hursthouse R, 2012. Virtue ethics [EB/OL] //Zalta E, editor, The Stanford encyclopedia of philosophy (summer 2012 edn). http://plato.stanford.edu/archives/sum2012/entries/ethics-virtue/.

[12] Moulton J, 1983. A paradigm of philosophy: The adversarial method [C] //Harding S, Hintikka MB, editors, Discovering Reality: Feminist Perspectives on Epistemology, Metaphysics, Methodology, and Philosophy of Science, 2003. Dordrecht: Springer: 149 - 164.

[13] Popper K, 2005, The Logic of Scientific Discovery [M]. New York: Routledge Classics.

[14] Rooney P, 2010. Philosophy, adversarial argumentation, and embattled reason [J]. Informal Logic, 30 (3): 203 - 234.

[15] Soccio D J, 2012. Archetypes of Wisdom: An Introduction to Philosophy [M]. Wadsworth: Cengage Learning.

[16] Walton D N, Krabbe E C W, 1995. Commitment in Dialogue: Basic Concepts of Interpersonal Reasoning [M]. Albany: State University of New York Press.

[17] Winter M, 2012. Rethinking Virtue Ethics [M]. New York: Springer.

如有德性的论证者一般论证*

何塞·加斯康[1]/文，胡启凡[2]、李安迪[3]、欧阳文琪[4]/译

（1. 国家远程教育大学，马德里，西班牙；2. 科尔比学院，哲学系，缅因州，美国；
3. 科尔比学院，哲学系，缅因州，美国；4. 中山大学，哲学系，广东广州）

摘　要： 德性论证进路关注论证者的品格而非他的论证。因此，好的论证与有德性的论证者之间的关系必须得到解释，本文将关注这个问题。本文指出，除了常规的逻辑标准、论辩标准和修辞标准，一个以德性方式产生的好论证还必须满足两个额外要求：论证者必须处于特定的心智状态中，而且论证必须被宽泛地理解为一种论证性参与（argumentative intervention），因此在每个维度都要表现出色。

关键词： 论证者；论证；品格；伦理学；技能；德性

一、引论

由科恩（Cohen，2013a，2013b）和阿伯丁（Aberdein，2010，2014）提出的论证的德性进路可成为解决批判性思维教育等问题的优秀理论框架，但它的分析方法和我们在非形式逻辑、语用论辩学以及修辞学中所熟知的截然不同。该理论主要关注论证的优度与论证者的德性之间的关系。在基于行为的进路中，论证者的德性或许可以通过他的行为是否符合某些好的标准来解释。从非形式逻辑的角度看，好的论证者可以被定义为根据非形式逻辑的标准始终如一地提出好论证的论证者。相对地，坏的论证者在非形式逻辑标准中被定义为不断地提出拙劣论证的论证者。

从好论证到好论证者的步骤以及从坏论证到坏论证者的步骤被认为是相对没有争议的。论证者的好坏视他们产品与行为的质量而定是一件很自然、几乎是下意识的事情。当然，单个坏论证不足以使一个论证者成为坏的论证者，但习惯性地提出坏论证无疑是可以的。

在德性论证理论中，论证者的质量与论证的质量之间的关系是相反的。如阿伯丁（Aberdein，2010：170）所说，德性论证进路应该将论证者的德性或恶习视作基始，然后用论证者的质量来解释论证的质量。然而，这一步骤并非不言自明。人们通常认为论证必须根据它们自身的优点来评估，而根据论证者的特质来评估论证会构成诉诸人身谬误。阿伯丁（Aberdein，2014）处理了这个问题，并提供了数个关于论证者特质与论证

* 原文为 Jose Angel Gascon，2015. “Arguing as a Virtuous Arguer Would Argue,” *Informal Logic*，Vol.35，No. 4（2015），pp.467－487。本译文已取得论文原作者同意及版权方授权。

评价相关的例子。然而，我们需要记住，在基于行为的论证理论中，论证者的质量源自他习惯性提出的论证的质量，而非单个论证。我认为反过来的关系是成立的，即论证者习惯性提出的论证的质量源自他的德性或恶习。之所以如此，是因为具备德性的条件之一是在可靠的基础上表现良好。正如德性知识论学者扎格泽博斯基（Zagzebski，1996：134）所说：

> 具备德性，要求在达成德性的动机部分的目标上取得可靠的成功。这意味着主体必须在与他所身处的环境中以及应用德性相关的技能和认知活动中取得相当的成功。

然而，这并没有为我们提供对任何单个具体论证的分析。如果一个人是有德性的论证者，这并不代表他在某一情境下提出的具体论证就是好的。我们大体上相信有德性的个体有提出好论证的可靠特质，而非永不犯错的特质。

那么，有德性的论证者与好论证之间的确切关系是什么呢？到目前为止，我所说的或许听上去合理，至少我希望如此，但它并不是非常明晰。这种关系仅仅在于有德性的论证者提出的大多数论证都是好的吗？这一切都归结于她提出的好论证的比例（proportion）吗？当然，有德性的论证者总是可以规定好论证是有德性的论证者提出的论证，从而加强论证者与论证之间的关系，但在我看来，这仍然没有什么解释价值。

众所周知，论证可以被视作产品或过程——作为“一个人提出的事物”或“两个或多个人之间进行的事物”（O'Keefe，1977：121）。在发展自己的论证理论时，约翰逊（Ralph Johnson）说：

> 为了充分理解论证，我们必须将其置于论证实践中，其中包括（a）论证过程、（b）参与实践的主体（论证者和他人）和（c）作为产品的论证自身。（Johnson，2000：154）

德性论证理论必定是关注主体并尝试解释他们是如何与论证过程及其产品联系的。在本文中，我会探索非形式逻辑和（我认为的）德性论证理论之间的关系，前者是探究作为产品的论证的主要进路。就论辩进路（例如语用论辩学）和德性论证理论之间的关系，有很多可以讨论且应该被讨论的内容，而且此类讨论有助于阐明论证德性和作为过程的论证之间的关系。然而，我认为这一类研究需要单独的一篇论文来阐述。在本文中，我会关注德性论证进路如何处理作为产品的论证。

事实上，论证的评价对于德性论证理论的提出者和批判者而言都是首要问题。鲍威尔和金斯伯里（Bowell & Kingsbury，2013）反对使用论证者的特质作为论证分析的基础。而阿伯丁（Aberdein，2010，2014）则认为该进路可行，而且实际上可以是一个富有成效的进路。帕格利里（Paglieri，2015）为这个讨论提出了富有见解的分析，并指出德性论证理论的优点之一在于采纳了一个比非形式逻辑更宽泛的论证概念。这将是本文探索的道路之一。

另一方面，科恩认为论证者的特质和论证的质量之间有很强的联系。他指出（Cohen，2013，2013b：482－483）：

> 难道偶然提出的好论证并不是和以有德性的方式提出的论证一样好吗？[……] 答案仍然为“否”，而且理由也是一样的，即偶然为真的信念不算知识。若非如此，论证者就不会对他们的论证拥有必要的“所有权”，这一关系是责任以及功过分配的基础。

这是一个有趣的想法。确实，主要关注论证者的德性论证理论似乎可以强调论证者对他们提出论证的责任，以此来分配功过。责任和功过的分配是伦理学的德性进路和知识论的德性责任论进路的重要特征。但是，正如我想在下一节中展示的那样，此类“所有权”在论证理论中不像在知识论中那般容易解释。与信念的传统进路相反，论证的传统进路并不允许引入主体。然而，我的提议是德性论证理论应该采纳科恩的主张，然后提出能赋予该想法意义的论证概念。理由是我相信将主体纳入考量且让他/她对其产品负责是德性理论中最有价值的特征之一。

在先前的引用中，科恩（a）承认好论证能被偶然地提出，但同时（b）认为以有德性的方式提出的论证不仅仅是一个好论证。我认为我们可以假定以有德性的方式提出的论证是由有德性的论证者提出的，而偶然提出的好论证是（有意提出的）出于运气的好论证。[①] 所以，看上去似乎一个不道德的论证者事实上也能提出好论证，但成为一个有德性的论证者在于能在某种意义上提出更好的论证。

好论证与以有德性的方式提出的论证的区别将会是我解释非形式逻辑与德性论证理论之间关系的关键。但在下一节中，我会首先探讨论证理论与知识论之间的一些相关差异，这或许有助于解释为什么德性论证理论会面临一些德性知识论不必面对的重要挑战。

二、好的和有德性的

一个论证如何能被称为一个好论证？根据非形式逻辑的传统论述，一个论证必须满足三个条件：可接受性（acceptability）、相关性（relevance）与充分性（sufficiency）或充分理由（good grounds），才能被认为是好的。相较于论证的优度，我们应该更准确地讨论说服力。戈维尔（Govier，2010：87）解释了说服力的三条标准：可接受性意味着“对论证的受众而言相信这些前提是合理的”；相关性意味着前提与结论相关，陈述或提供支持结论的论据或理由；充分的理由或充分性意味着对前提综合考量后能给予结论充分的支持。

为确保我们对有说服力的论证能采用一个足够强的概念，让我们考虑一个附加的条件。约翰逊（Johnson，2000：206－208）认为一个论证的存在本身就意味着该问题至

① 阿伯丁让我注意到这个潜在的含糊。

少是有潜在的争议的：或许会有不同的意见，支持和反对每种观点的论证，众所周知的反对意见，等等。一个有说服力的论证必须将这个论辩维度纳入考量范围，因此，一个论辩标准是必需的：论辩层（the dialectical tier）。除其他可能的问题外，对论辩层的评估应该包括：

——预见对论证前提的标准反对意见。
——预见对论证结论的标准反对意见。
——处理替代立场（alternative position）。
——预见个人立场的后果与影响。

如今我们有三个标准——可接受性、相关性和充分性或充分的理由——对应着约翰逊（Johnson，2000：190）所称的推论核、论辩层。对这些标准的简短反思或许能帮助我们探索论证与论证者的关系。

首先，相关性和充分性的标准是论证的特质；它们评价论证的内在关系，即前提和结论之间的关系。其次，可接受性这一标准关注前提与听众之间的关系，它旨在评价前提与受众信念一致的程度或听众愿意接受前提的程度。最后，论辩层涉及评价该论证与其他众所周知的或预期的论证之间的关系——在存在相反论证的情况下，该论证的表现如何。

约翰逊（Johnson，2000：334）明确分析了每个标准所涉及的关系。他将论证描述为"由三个向量决定的理智力量（intellectual force）"。第一个向量对应着相关性与充分性标准，"从前提到结论"。第二个向量代表着可接受性标准，"从前提到听众"。然而，首要标准应该是可接受性还是真标准依旧在讨论中。约翰逊（Johnson，2000：195－198）两者都采纳。因此，真标准的向量是由"从论证的前提到世界的方向决定的"。最后，约翰逊认为论辩层的标准"可以用从前提到听众的向量来解释"（Johnson，2000：335）。这与我提出的把论辩层理解为当前论证和其他论证的关系不同，但这不影响我想要提出的观点。

请注意，与传统假设一致，即每一个论证都必须根据其自身的优劣进行评估，任何这些标准都不会考虑论证者本人。因此，论证的评价不参考提出这些论证的个体的意见——它们可以像被匿名提出的论证一样被评价。部分作者对德性理论学者试图将论证者纳入论证评价中，甚至将论证者的品格作为此类分析的基础持怀疑态度是可以理解的。因此，鲍威尔与金斯伯里（Bowell & Kingsbury，2013：23）认为援引论证者的特征来拒绝他的论证从来就不是正当的，因为"德性论证理论并没有提供一个合理的替代方案来替代更标准的、主体中立的好的论证解释"。与此类似，戈登（Godden，2015）认为德性论证理论"无法提供一个关于论证的好和规范的完整论述"（Godden，2015：12），因为这一论述必须依赖于"完全独立的、非德性的规范性条件，即好理由"（Godden，2015：8，他所强调的部分）。

虽然我并不认同这些作者的担忧，但是我相信忽视或轻视他们的批判是一个错误，因为他们阐释了论证理论与其他采纳德性进路的领域（伦理学与知识论）之间的一个重要区别。正如要展示的那样，前文引用的科恩的观点，即一个偶然的好的论证并不是那么好的理由“和偶然为真的信念不算作知识的理由一样”并非那么显而易见。

伦理学和知识论都在传统上将行为或知识的主体包括在评价中。请考虑知识论的例子。知识的传统定义陈述了一个给定信念（*P*）构成知识的三个条件：

1. 该个体相信 *P*。
2. 该个体证成地相信 *P*。
3. *P* 为真。

条件 1 和条件 2 明确提及了个体，因此，如果不考虑拥有信念的人，我们就无法决定一个特定的信念是否构成知识。更进一步地说，条件 2 旨在排除偶然为真的信念：要使信念成为知识，个体必须通过可靠的过程获得它，或者他/她必须有好的理由相信它，等等。一个偶然为真的信念，根据这个定义，不能算作知识。

这或许是德性知识论如此成功的原因之一。构成知识的真信念与有德性的主体之间存在明显的关联；不参考主体就无法分析信念。因为这个理由，德性知识论提供的对知识的定义，以主体的特征作为基本概念，似乎是合理的。例如扎格泽博斯基（Zagzebski，1996：271）提供的定义之一：“知识是由理智德性行为产生的真信念状态。”因此，这个定义就像传统的知识定义一样明确排除了偶然为真的信念。

在伦理学中情况类似。尽管在这方面有很多例外可以讨论，总体上大多数伦理学理论都以某种方式包含意向这一概念①，而这个概念建立了行为与主体之间的连接。因此，为了判断一个行为的对错，除其他事情之外，了解主体打算完成什么是必须的。如果不考虑主体，就无法评价行为，即便该行为有明显的好或坏的产品。理由是，在大多数论述中，一个偶然有好产品的行为仍然不算一个正确的行为。

因此，我们可以看出论证理论与伦理学和知识论之间的重要差别。论证者不仅在传统上被排除在论证评价之外，而且在多数情况下，将论证者纳入考量甚至被视作一个有谬误的举动——诉诸人身攻击。因此，从这个角度看，偶然为好的论证与以有德性的方式提出的论证一样好。

为什么会这样呢？我们或许可以从亚里士多德在《尼各马可伦理学》（Ⅱ. 4. 1105a）中对于德性和技能区分的论证来获得一些见解：

> 而且，技能与德性之间并不相似。由于技能的产品本身就具有价值，因此，只要拥有某种品质便足矣。但是，合乎德性的行为是以公正或节制的方式完成的；不仅仅是因为它们拥有一些自身的品质，而且在于主体在行为时必须处于某种状态。即首先，主体必须理解那种行为；其次，主体必须经过理性选择才这么做，而且是因为行为自身而如此选择；最后，如此选择必须出于一种坚定的、不可动摇的品质。

① 一些根据行为带来的后果评价行为对错的后果主义理论会谈论预期的或可见的后果。

例如，一把椅子无疑是技能的产物，因为只要该椅子有好的质量，就没有必要去了解木匠的品格。如我们所见，因为从非形式逻辑的角度看，论证只根据它们自身的优劣进行评价，所以或许非形式逻辑是一项技能而非一种德性。如果情况是这样，那么德性论证理论应该采用不同的视角。非形式逻辑无疑会是有德性的论证者拥有的重要技能，但论证德性将不仅仅是非形式逻辑。为了在论证者与论证之间建立更强的连接，论证德性必须包括更多内容。

我相信这是一个有前景的假设。那么，我们能加入什么使得论证质量与论证者的特质有更强的关系呢？有两种可能性。首先，一个直接的解决方案是将论证者必须具有某种（德性的）心智状态的要求包括在论证评价的标准中。也就是说，如果一个论证是有说服力的，如果它遵守了非形式逻辑的常规标准，且如果它同时是被一个有德性的论证者提出的，那么这个论证就是以德性的方式提出的。其次，还有另外一个更微妙的可行性：德性论证理论可以拓宽论证的定义，采用一个比非形式逻辑更丰富的概念。如此，除可接受性、相关性、充分性和论辩层的严格逻辑标准之外，我们还可以为论证评价提供更多标准。这些额外的标准可以被证明更密切地依赖于论证者的特质。[①]

在接下来的两节中，我会考虑刚刚提及的两种可能性。此后，在第五节中，我会就这两种可能性提出一个解决方案。然后我会解释它给德性论证进路带来的一些重要影响。

三、心智状态的要求

如果非形式逻辑是一项技能，那么论证者还需要具备其他条件才能成为有德性的论证者。毕竟，如科恩（Cohen，2013a：16）所说："并非每一个技能都是德性；有技能的论证者可能是非常恶劣的。"我们还需要什么呢？一种可能性是部分德性理论所强调的个体必须处在某种特定的心智状态中。事实上，这是亚里士多德在上文引用的段落中指出的内容：有德性的行为是那些主体在行动时（a）对其有理解；（b）出于理性选择；（c）出于一种坚定的、不可动摇的品质。根据这个论述，一个偶然为好的行为不可能是一种有德性的行为。主体也必须意识到他的所作所为，选择去这么做，并且在类似的情况下有可靠的品性能采取这样的行为。换言之，不仅仅是行为本身，主体头脑中的所思所想对于该行为是否是一种有德性的行为至关重要。

当代德性伦理学理论也强调这个要求。一个常见的区分是正确的行为和有德性的行为或德性行为。例如，亚当斯（Adams，2006：9）指出德性不能仅仅通过正确的行为来定义，比如说将德性定义为一种采取正确行为的可靠品性，因为这样的定义带给我们的是"一个贫乏的德性概念"。此外，亚那（Annas，2011：43）从她自己的德性理论

① 当然，还有第三种可能性，即用德性的术语来定义非形式逻辑的标准。帕格利里（Paglieri，2015：79－80）探究了将相关性定义为德性的可能性。类似地，阿伯丁和马罗（Aberdein & Marraud）（在私下交流时）提议论辩层可以根据论证者来描述。虽然这些是很吸引人的建议，但我不确定基于一个德性论述的这些术语是否有清晰的解释性——或许会有，但直到被说服为止，我倾向于持一个保守的观点。

的角度出发，坚持认为“正确”这一弱概念本质上是不详细的：

> 也就是说，一个行为是正确的，这个评价仅仅将它定位在从勉强可以接受到非常有价值的范围内，却没有指出它处在这个范围内的哪个位置。这个评价并未给出太多关于一个行为的信息，尤其是因为一个行为是正确的并不能表明它是什么类型的行为：勇敢的，忠诚的，友善的，等等。

因此，根据这个论述，完全有可能有人做了正确的事却没有德性——甚至是恶劣的。如亚那（Annas，2011：45）所说：“比如说，一个残忍的人可以做出正确的事情，比如由于她的感情用事而做出的一个有同情心的行为。”因此，为了做出不仅仅是正确的行为，而且是有德性的行为，主体的头脑中必须呈现确定的思想和感受。亚那得出结论：

> 只有真正有德性的人才能像德性者那样做正确的事情，并在考虑到处境中所有相关特征的情况下展现出对应该做什么的独立理解。（Annas，2011：47）

在德性论证理论中，这意味着什么呢？一个可能的答案与论证理论领域非常接近：我们可以在批判性思维运动中找到这一答案。批判性思维运动的学者意识到拥有提出好论证与发现坏论证的技能是不够的。保罗（Paul，1993）区分了弱批判性思维（即“一系列或一组互不相连的心智技能”）和强批判性思维（即“一种思想的整合模式，即成为公正的、理性的人所必需的品性、价值观和技能的集合体”）（Paul，1993：257）。保罗认为“最合理的批判性思维不仅仅是<u>认知技能</u>的问题”（Paul，1993：258），他还提倡培养诸如“（知识论上的）思想谦逊、勇气、正直、坚韧、共情和公正（Paul，1993：259）”等德性。同样地，西格尔（Siegal，1993）辩护了批判性思维同时包含技能和品格的观点，认为“一个有价值的产品能通过最不加批判的方式达成”（Siegal，1993：167）。他指出：

> 一个人之所以是批判性思考者，依靠的不仅仅是个人思考的（命题式）产品，还取决于该思考的过程。正是在此处产生了对品格的考量。（Siegal，1993：167）

在德性论证理论中，科雷亚（Correia，2012）提倡一种囊括论证德性的进路，他认为逻辑的规则与论辩的规则对于日常论证的评价来说是不充分的。科雷亚强调了一些在分析论证结构时无法消除的偏见。他说：

> 一些论证从逻辑与论辩角度看或许是正确的，但仍然是“不公平的”，且有偏见的［……］讨论者们或许会严格地遵守语用论辩的行为准则，但仍然在带有偏见地论证。（Correia，2012：225）

因此，对心智状态的要求蕴含了一个论证必须作为一种德性品格的体现。论证者必须处在一个有德性的心智状态中，这意味着论证者必须出于某种德性品格提出他的论证。

更进一步地说，我相信在这个要求中加入一个额外的组成部分是可行的。虽然德性理论倾向于强调德性行为的自然性与自发性[①]，但是在论证理论中加入一个条件是合理的，即要想有德性地提出论证，论证者必须有意识地提出它。理由是论证者必须在除其他事情之外了解论证的优势和弱点，他必须知道论证的说服力如何，在什么情况下论证无法说服别人，以及为什么理由（或证据、材料、前提）是正当的。因此，德性论证理论可以解释为什么一个偶然提出的有说服力的论证不如一个以有德性的方式提出的论证。

有人或许会问，在论证评价中，这种考量真的有意义吗？毕竟正如戈登所认为的那样（Godden，2015：9），原则上可以对自动化设备进行编程以可靠地提出好［“有说服力的（cogent），论辩上充分的，修辞上有说服力的（rhetorically persuasive）”］论证，即便这种设备不能被认为是一个论证者，更不用说是一个有德性的论证者。从理论上说，我承认这样的一个设备可以提出好论证。然而，这个自动化设备无法回答有关理由（或证据、材料、前提）可接受性、相关性和充分性的问题，它无法回应反对意见，无法为自身的主张提供进一步的支撑，而这一切都是因为它不理解自己的论证。[②] 戈登（Godden，2015）主张“我们应该被这种设备提出的论证1所打动”[③]，但是一个独立的论证让我们不必提出任何问题就可以被它打动的想法在我看来是不合理的。我不建议任何人不加怀疑地接受任何论证，无论那个论证有多好。[④] 诚然，这个论证是好的，但仅仅只是因为它本身没有任何问题——它是正确的。反之，如果一个论证是以有德性的方式提出的，即如果至少论证者理解它，可以为它辩护并且回应反对意见，那么我们在某一刻被该论证说服是合理的。可以说，论证者至少有义务回应关于他论证的问题。在这个意义上，论证者应该对他的论证负责任，而这或许能阐明科恩提到的论证“所有权”。

亚那（Annas，2011：51）提出了德性与说外语的技能之间的类比，这或许能对当下情况有所启发：

> 假设我们深究这个问题：我们如何通过遵照指示变得诚实和勇敢来获得行为的指导呢？这项工作的一个主要主题已经明确了答案：这就像在问我们如何通过学习意大利语来获得与意大利人交流的指导（她的重点）。

---

① 我对维加（Jesús Vega）向我指出这点表达感谢。

② 如果一个自动化设备可以做到所有这些，那么我会认真考虑它是否算作一个能够拥有德性的论证者。

③ 详见 O'Keefe（1977）中关于论证1（产品）和论证2（过程）的区分。

④ 很有可能我与戈登的分歧事实上揭露了对论证这一概念的不同理解。他考虑的或许是一个拓展的书面论证，类似于约翰逊（Johnson，2020）的概念，而我设想的论证概念是一种口头交流，我认为这是主要的。不管怎样，我坚持认为如果一个设备能产出论证性的文本，其中它支持潜在的有争议的理由并将不同的视角纳入考量，那我认为它算是一个真正的论证者。

这恰恰就是德性的含义：我们不问在某个特定情况下诚实的做法是什么，我们问怎样成为一个诚实的人，然后诚实的行为自然会随之而来。因此，关注点要放在品格的教育和培养，而非规则和纪律上。

使用亚那的类比，我们可以区分两种会说出意大利语句子的人：

> 1. 某个人或许不会讲意大利语，而她仅仅重复了一个在别处听到的意大利语句子，或偶然地把几个词语以正确的顺序组合在一起。
>
> 2. 某个人确实会说意大利语，她准确地知道自己说话的内容，而且有能力用意大利语进行交流。

我们可以看出在两种情况下说出的句子在语法上或许是正确的，但第一种情况的话语不如第二种情况的话语。他们都说出了一个正确的意大利语句子，但只有会意大利语的人才能讲意大利语。只有会意大利语的人才能理解听者的回复并继续进行谈话。类似地，在某种意义上，偶然提出的好论证和以有德性的方式提出的论证一样好——它们都是有说服力的。然而，在另一个维度上，因为偶然提出的好论证并不是以有意识的、有意义的方式提出，所以它们不能算是以有德性的方式提出，而只能算是好的。如果论证者想要为其论证辩护，回应反对意见，并为有争议的理由提供进一步支撑来以此顺利地继续论证性对话，一定程度的德性是必需的。因此，不同之处并不在于作为产品的论证（那个语句或那个论证），而在于说话者的品性。

四、一个丰富的论证概念

我们可以考虑的另一种可能性是，论证不仅仅是一组前提和结论加上推论步骤的集合。如果情况确实如此，论证的评价将不仅仅涉及可接受性、相关性、充分性以及论辩层的标准。如果我们将论证中更明显依赖于论证者的特质纳入考量，那么在论证者特质的基础上解释论证的质量（至少是其中重要的一部分）是合理的。事实上，这似乎是科恩的观点（Cohen，2013b：484）：“论证的常规概念需要进行一些拓展。”例如，吉尔伯特为一个丰富的论证概念辩护，并总结道：

> 如果我们要以一种非常关键的方式处理论证，那么我们应该把关注点从论证放在论证者身上，从碰巧被选择用于交流目的的物件转移到这些物件作为组件起作用的情况中（他所强调的）。（Gilbert，1995：132）

虽然约翰逊的论证理论关注作为产品的论证和上述解释的四个标准，但他开辟了“将其他规范标准应用于论证的可能性”，提出了“诸如原创性、丰富性、独特性等特质”（Johnson，2000：336）。论证更宽泛的概念确实能让我们更全面和实际地了解在日常环境中普罗大众的论证是什么。非形式逻辑设想的论证的呈现形式，其中包括一系列命题和推论步骤，对论证具体组成部分的研究无疑是一个有用的分析工具，但它无法让我们全面了解在论证讨论中发生的事情。正如施赖尔和格罗本（Schreier & Groeben, 1996）所展示的那样，人们在论证讨论中通常不仅仅根据逻辑标准来衡量他人的论证。基于实证研究，这些作者提出了四个论证条件，使得对论证性讨论的贡献必须满足“如果合理的和合作的解决方案是触手可及的”这一要求（1996：124）。这些条件是：

——形式上有效：这个条件适用于论证。论证者提出的理由必须通过保证在实质和形式上与主张联系。

——真诚/真相：这个条件适用于论证者和论证之间。论证者展现的态度——例如相信一个命题——必须对应于她真实的态度。

——内容层面上的公正：这个条件适用于论证和论证所面向的受众之间的关系。论证必须只针对接受它的人。

—— 程序公正：这个条件适用于论证者和听众之间。论证程序必须保证交流和理解的机会不会受到阻碍。（Schreier，Groeben & Christmann，1995）

根据这些条件，论证可以被更宽泛地理解为一种在论证语境下发生的动作或交流行为。例如吉尔伯特（Gilbert，2014）的联合论证理论，它的出发点是提出超越对论证的逻辑分析并将出现在每个讨论的其他组成部分纳入考量。吉尔伯特（Gilbert，2014：58－62）区分了每个论证的四个组成部分或模式。第一个模式是逻辑模式，其中包括在传统上由非形式逻辑研究的元素。其他三个模式所解释的那些论证的层面是非逻辑的，但如果我们想要理解发生在论证交流中的内容，考虑它们是很重要的。这三个模式是：

——情绪的（emotional）：通过文字、语气、情境、姿势和表情传达的情绪信号。

——情境的（visceral）：设定论证中所有物理的和环境的方面，例如参与者所处的位置或讨论中进行的身体动作（提供一杯饮料，触碰他人的手臂，微笑，等等）。

——直觉的（kisceral）：经常在论证中被使用但无法通过经验检验的价值或信念，因此如果无法共享，至少应该被参与者理解。

如此丰富的论证概念将允许德性进路所具有的关键思想之一的概念，不仅是正确的，更是卓越的。我相信这个概念会让我们更接近困扰科恩的问题（Cohen，2013：477）的答案：“是什么让一个论证令人满意，以至于参与者在最后可以说，‘现在这是个好的论证’？”

然而，不可否认，将（作为产品的）论证理解为一种动作的这种定义和论证理论中的传统视角（逻辑学、修辞学和论辩术）的常规概念相去甚远。而或许这种极端的偏离并非必要的。尽管如此，不论是否使用“论证”这个词——而不是说“论证性参与”——德性论证理论都应该真实地呈现人们在论证讨论中的参与行为，其包括很多因素的丰富互动。只有从这样的角度看，说一个坏的或有恶习的论证者无法提出真正好的论证才是有意义的。

五、德性论证理论的目的

前两节中陈述的选项通过阐述论证者的特质，提供了一种德性进路来研究论证的可能性。根据第一个选项，有德性的论证者必须出于德性品格而行动，并且理解其论证的优势、弱点和含义——因此排除了偶然提出的好的论证的可能性。根据第二个选项，我们可以采纳一个丰富的论证概念，这样它的好至少部分地依赖于论证者的特质。我们应该采取哪一条进路呢？在我看来，这两个选项是互相兼容的，而且对于理解成为一个有德性的论证者包括什么同样重要。因此，我建议德性论证理论同时采纳这两个观点。

虽然部分作者例如阿伯丁（Aberdein，2014）认为德性论证进路可以是一个论证评估理论，但我不认为它可以提供一个比非形式逻辑更好的、更具洞察力的说服力解释。因此，我提议将非形式逻辑视作一种对有德性的论证者来说至关重要的技能。自然地，这就意味着德性论证理论（至少在我看来）不会是一个完整自立的论证理论。有些人会认为这是该理论的致命缺陷。但是请注意，所有的德性理论都包括一个最好的基于行为的标准分析的组成部分：我们行为的后果明显在德性伦理学中有一席之地，就像我们信念的真实性在德性知识论中占据重要地位一样。在另一方面，对论证的部分其他层面最好可以用德性进路来处理，例如偏见和教条主义。因此，在一个重要的意义上，没有一种进路可以成为完整的论证理论。

从教学的视角看，非形式逻辑可以被视作“我如何提出好的论证并且判断我的对话者所提出的论证是否是好的”这个问题的答案，而德性论证理论可以回答一个更宽泛的问题，即“我如何成为一个好的论证者”。部分非形式逻辑学者，诸如鲍威尔和金斯伯里（Bowell & Kingsbury，2013：23）合并了这两个问题。但是这两个问题不一样，因为一个论证者可以提出好的论证，但其仍然可能是有偏见的，理智上是傲慢的或教条式的，在此仅列举几个恶习。这个见解在我看来是德性论证进路的优点之一。虽然一个有德性的论证者确实可靠地提出了有说服力的论证，但仅仅从可靠的品质出发无法告诉我们成为有德性的论证者需要什么。将有德性的论证者仅仅视作一个有说服力的论证的可靠提出者或检测者的概念是相当贫瘠的。更宽泛地来说，一个个体的品格，包括其见解和对好理由的敏感，塑造了一个有德性的论证者，而拥有德性品格的部分原因在于她具有提出有说服力的论证的品性。

基于行为的进路往往是分析性的，而且会将行为的特定特质分离出来。论证的分析性研究当然是一项很重要的事业，但是它不应该让我们忽视全局的复杂性和丰富性。“前提是否支撑结论”无疑是一个很重要的问题，但此外还有其他问题。例如，论证者是否有偏见？论证者是否展示出对所有人的动机、目标和感受的尊重？所提出的论证是否促进了批判性思维，探究和观点的公开交换？或它的目标仅仅是使他人沉默？论证者是否表现出愿意改变其立场的品性，或呈现出一种教条式的态度？

然而，我知道，我提出的不以基于主体的术语来定义说服力的建议具有重要的且可能对一些人而言不受欢迎的后果。戈登（Godden，2015：7）坚持这个观点：

从表面上看，论证 1 的证明价值（probative merit）与推动它们的论证者的德性（或德性的能力）无关，或通常与提出它们的方式无关。

我同意。如果我们接受这种说服力（或就这个问题而言，有效性或可靠性）是决定一个主张是否被充分支持的最佳概念，那么通过拒绝用基于主体的术语来定义说服力，我关于德性论证理论的观点将无法评估论证的“证明价值”。我们对于德性论证进路的兴趣来源于它关注了说服力这个概念无法把握的论证的其他层面。当然，论证有“证明性”的组成部分，但这不是论证的全部。论证也可以是对听众的尊重或不尊重，它们可以是恰到好处的或不合时宜的，它们可以反映出思想开放或教条主义，它们可以是公正的或有偏见的，等等。虽然德性论证理论或许无法解释一个主张是否被充分支持，但这不意味着这样一个理论对于如何合理地论证没有任何意义。事实是恰恰相反。

帕格利里问道：“为什么有人想要致力于一个相当丰富且复杂的德性理论，然后将这个理论和一个极为狭隘的并且很少关注文本以外内容的质量定义联系在一起呢?”（Paglieri，2015：73）这正是要点所在。我们对于德性论证进路的兴趣在于它提供了一个不同于非形式逻辑的视角，而这有助于我们意识到此前的核心关注点（例如说服力）并不是唯一合理的关注点。德性理论通常是从对当时的核心概念与视角的不满中产生的。在德性伦理学中，安斯科姆（Anscombe，1958）反驳了道义论对“道德上应该”（moral ought）这一概念的关注。在另一个争议较少的例子中，德性知识论学者胡克威（Hookway，2003）认为德性伦理学可以提供一个视角，其中“知识”和“证成”的概念不那么重要，而更侧重于知识评价的其他重要方面：“因此德性知识论可能会作为对规范探究和理论审查所需的评估的说明。”（p. 194）然而，需要澄清的一点是，我并非在提议放弃说服力这个概念，但我确实认为我们不应该狭隘地将说服力当作论证质量中可以讨论的全部。

六、结论

我承认，在本文中，我关注了一个从德性论证进路的角度看相对边缘且不是很有启发意义的问题：作为产品的论证。在我看来，德性理论的主要优势在于它们为习惯和实践提供了一个新颖且有趣的视角，这也是德性论证理论吸引我的原因，而不是研究独立论证的前景，更不用提说服力。然而，最近就德性论证理论的讨论（Aberdein，2014；Bowell & Kingsbury，2013；Godden，2015；Paglieri，2015）恰好集中在这个点上，所以似乎有必要对此进行回应。

正如我所设想的那样，德性论证进路的主要关注点应该是论证者自身和他们的品格。也就是说，论证者的品格不应该被视作研究其他内容（比如说论证）的手段，而应该作为研究的主要对象。此举有一个明显的教学目的。我相信当品格得到培养时，论证的实践会得到很自然的改善。阿伯丁（Aberdein，2014：78）指出“（修辞的或论辩的）论证评价是最适合德性论证进路的”。这两个论述都集中在论证的过程和实践上，这不是偶然。然而，就特定论证的好坏而言，德性论证理论或许不是最好的进路。

如我们所了解的，非形式逻辑可以视作一项技能，因此，它不足以区分有德性和没有德性的论证者。我已经为以有德性的方式提出论证给出了两个可能的额外条件：论证者处于特定的（德性的）心智状态中，这和德性（责任论）进路对品格和个人性情的关注是一致的。此外，论证不仅仅从逻辑的角度来看是优秀的，而且被认为是一种复杂而丰富的交流行为。因为这两个条件互相兼容，而且德性论证进路的一个优势是它对情境有丰富且宽广的视角，所以我建议这两个可能性都应该被接受。在第三节和第四节中，我试图表明这两个观点都不是全新的，而是被几位作者提出过的。

有些人或许会认为“论证”这个术语和我所呈现的广袤且模糊的图景并不匹配——根据吉尔伯特所说，论证是发生在论证语境下的行为。毕竟，我所描述的是论证的对立面，也就是“论证实践的提取物”（Johnson，2000：168）。因此，我提出了“论证性参与”（argumentative intervention）这个术语。然而，这个术语意味着一个论证框架，也因此模糊了过程和产品之间的界限。根据至今为止所说的内容，这应该不足为奇。如果我们（像我一样）期望德性论证理论提供一个更丰富和宽广的图景，那么这个理论无法恰当地处理提取物是可以理解的，这从来都不是它的目的。因此，或许过程和产品之间的区分终究与德性论证理论并没有太大的关系。[①]

① 我对匿名审稿人所提的这个建议表示感谢。

参考文献

[1] Aberdein A, 2010. Virtue in argument [J]. Argumentation, 24 (2): 165 - 179.

[2] Aberdein A, 2014. In defence of virtue: The legitimacy of agent-based argument appraisal [J]. Informal Logic, 34 (1): 77 - 93.

[3] Adams R M, 2006. A Theory of Virtue: Excellence in Being for the Good [M]. New York: Oxford University Press.

[4] Annas J, 2011. Intelligent virtue [M]. New York: Oxford University Press.

[5] Anscombe G E M, 1958. Modern moral philosophy [J]. Philosophy, 33 (124): 1 - 19.

[6] Bowell T, Kingsbury J, 2013. Virtue and argument: Taking character into account [J]. Informal Lo gic, 33 (1): 22 - 32.

[7] Cohen D H, 2013a. Skepticism and argumentative virtues [J]. Cogency, 5 (1): 9 - 31.

[8] Cohen D H, 2013b. Virtue, in context [J]. Informal Logic, 33 (4): 471 - 485.

[9] Correia V, 2012. The ethics of argumentation [J]. Informal Logic, 32 (2): 222 - 241.

[10] Gilbert M A, 1995. Arguments and arguers [J]. Teaching Philosophy, 18 (2): 50.

[11] Gilbert M A, 2014. Arguing with people [M]. Peterborough: Broadview Press.

[12] Godden D, 2015. On the Priority of Agent-Based Argumentative Norms [J]. Topoi, 35: 345 - 347.

[13] Govier T, 2010. A Practical Study of Argument [M]. Belmont: Wadsworth Cengage Learning.

[14] Hookway C, 2003. How to be a virtue epistemologist [C] //Zagzebski L, DePaul M, editors, Intellectual Virtue: Perspectives from Ethics and Epistemology. New York: Oxford University Press.

[15] Johnson R H, 2000. Manifest Rationality: A Pragmatic Theory of Argument [M]. Mahwah, NJ: Lawrence Erlbaum Associates.

[16] O'Keefe D J, 1977. Two concepts of argument [J]. The Journal of the American Forensic Association, 13 (3): 121 - 128.

[17] Paglieri F, 2015. Bogency and goodacies: On argument quality in virtue argumentation theory [J]. Informal Logic, 35 (1): 65 - 87.

[18] Paul R, 1993. Critical thinking, moral integrity and citizenship: Teaching for the intellectual virtues [C] //Critical Thinking: How to Prepare Students for a Rapidly Changing World, Santa Rosa, CA: Foundation for Critical Thinking: 255 - 268.

[19] Schreier M, Groeben N, 1996. Ethical guidelines for the conduct in argumentative discussions: An exploratory study [J]. Human Relations, 49 (1): 123 - 132.

[20] Schreier M, Groeben N, Christmann U, 1995. That's not fair! Argumentational integrity as an ethics of argumentative communication [J]. Argumentation, 9 (2): 267 - 289.

[21] Siegel H, 1993. Not by skill alone: The centrality of character to critical thinking [J]. Informal Lo gic, 15 (3): 163 - 177.

[22] Zagzebski L T, 1996. Virtues of the Mind [M]. New York: Cambridge University Press.

关注他人的德性及其在德性论证理论中的地位*

菲利普·奥利维拉·德索萨[1]/文，王一然[2]、牛子涵[3]、廖彦霖[4]/译

（1．波鸿大学，法律、行为和认知中心，北莱茵-威斯特法伦州，德国；
2．中山大学，哲学系，广东广州；3．中山大学，哲学系，广东广州；
4．中山大学，哲学系，广东广州）

摘　要：本文认为，尽管德性论证理论近年来取得了一些进展，但它对他人德性的关注仍然缺乏更加系统的认识。对这些德性的更全面的认识，不仅丰富了德性论证理论的研究领域，而且使人们对德性论证者有更丰富、更直观的认识。有人认为，一个完全有德性的论证者应该注重培养以自我为中心的德性和以他人为中心的德性的双重发展。他既要关注自己作为一个论证者的发展，也要在这方面帮助其他论证者发展。

关键词：论证；关注他人的德性；德性论证理论；德性论证者；德性伦理学

一、引论

德性论证理论虽然才刚刚兴起，但已经产生了一些关于一个人如何成为一个有德性的论证者所需要的德性的探索研究（Cohen，2009；Aberdein，2010；Gascon，2018）。尽管人们还没有在重要问题上达成共识，例如是否有可能提供一个关于好论证在德性理论术语中的定义—— 一个普遍的共识是：反思所必需的技能和德性，对于一个人成为一个有德性的论证者来说是重要的，并且应该是论证理论的核心部分（Cohen，2009；Aberdein，2010；Bowell & Kingsbury，2013；Gascon，2018）。对德性论证理论持批评态度的作者也承认这一点（Bowell & Kingsbury，2013a）①。德性论证理论被认为是有用的，除了其他原因，还因为它对德性的关注，它突出了论证的一些虽然重要，但在主流论证理论中很大程度上被忽视了的方面。它采用了一种基于行为而不是基于主体的方法来进行论证，关注说服力、逻辑有效性等（Cohen，2008；Aberdein，2017；Gascon，2018）。例如，有人提出，对德性的关注可能会对教授和学习论证的方式产生深远的影响（Cohen，2008）。它还以重要的方式拓宽了论证理论的研究领域，例如，通过呼吁注意其他规范性标准来评估论证的说服力（例如原创性、创造力、生产力），通过在日

---

* 原文为 Felipe Olivera De Sousa，2020. "Other-Regarding Virtues and Their Place in Virtue Argumnentation Theory," *Informal Logic*，40（3），pp. 317-357。本译文已取得论文原作者同意及版权方授权。

① 鲍维尔和金斯伯里声称，"通过识别好的论证者的德性，并考虑这些德性在我们自己和他人身上的发展方式，将会收获颇多"（Bowell & Kingsbury，2013a：23）。

常情况下提出更全面和更实际的论证图景（Gascon，2015：480）。

尽管在很大程度上仍然缺乏对个人论证德性的详细分析，但人们普遍承认，有德性的论证者不仅必须表现出逻辑和辩论技巧，如逻辑的一致性和准确性[①]，还必须表现出某些德性，如理智的谦逊和勇气、毅力、活力，理智的公平、谨慎、开放和批判性洞察力（Cohen，2009；Aberdein，2010；Gascon，2018）。[②] 似乎拥有某些德性不仅能使一个人总体上成为更好的人，还能使自己和他人成为更好的论证者（例如，思想开放和理智的公平可能会产生更客观的评估和论证）。

尽管该领域的研究最近有所增长，但仍有重要的空白之处待填补。我认为，在其发展的当前阶段，德性论证理论（在我看来相当令人惊讶）对他人德性的关注仍然缺乏系统的认识。尽管人们对这些德性有所认识[③]，但我认为，这种认识还远没有达到应有的程度。我认为，关注他人的德性的观点与德性论证有关。这些德性是一个有志于成为有德性的论证者所需要培养、促进和发展的美德，除以自我为中心（关注自我）的美德之外。对这些德性的更充分的认识不仅丰富了德性论证理论的研究领域，而且对德性论证者有更丰富、更直观的认识。为了证明这些说法的正确性，我首先要介绍关注自我的德性与关注他人的德性之间的区别（第二节）。然后，我对这些主张进行初步论证（第三节），并提出一些可能的原因，说明为什么到目前为止，德性论证理论家对其他相关德性的关注程度相对较低（第四节）。最后，我将提出一些理由，说明为什么将关注他人的德性的观点全面地纳入德性论证理论是一件好事，并就如何做到这一点提出两个建议（第五节）。特别是，我认为，论证的某些有特点的（甚至是特有的）益处与某些关注他人的德性的运用有着明确的联系，并且只能通过这些德性的运用来实现。[④]

在继续之前，需要先澄清几点。首先，当我声称需要在德性论证理论中更系统地承认关注他人的德性时，我并不是说这是该理论的严重失败。正如我在下文中所解释的，德性论证理论家提供的德性列表可以很容易扩展到包括或者给关注他人的德性的内容更大的空间。例如，没有一位德性论证理论家声称德性论证理论中没有关注他人的德性的空间（事实上，我想知道德性论证理论家是否会提出这样的主张）。如上所述，提供论证德性列表的大多数作者都在其中确定了一些关注他人的德性的观点。[⑤] 在我看来，更充分地承认关注他人的德性的观点是德性论证理论的自然发展。这只是一个尚未以任何系统方式进行或实施的项目。尽管如此，我确实认为德性论证理论中存在一些盲点，因

---

① 其他示例包括生成假设、寻找证据、考虑反对意见、给出支持主张的理由、评估理由、将理由发展为论证、以有序的方式组织论证、识别谬误、感知敏锐度（Kuhn，2005：153－154）。

② 某些能力的良好运作似乎也是必要的，如内省、记忆、先验和逻辑直觉、归纳和演绎推理以及推理能力。

③ 编制了论证德性清单的作者通常会在这些德性中发现一些关注他人的德性（Cohen，2005；Aberdein，2010）。

④ 感谢其中一位匿名评审员的建议。

⑤ 阿伯丁（Aberdein，2010：175）提到愿意倾听他人是一种德性。德性论证理论家经常提到的保罗（Paul，1993）将理智的移情和公正的思想列为德性，这是另一种德性。其他常被提及的德性，例如思想开放，虽然不是本质上的关注他人的德性，但有一个重要的关注他人的方面。思想开放包括对他人的观点和论点持开放态度。科恩（Cohen，2009：55）强调它还包括“重新审视自己信仰的意愿、能力和决心，如果需要，让信仰消失”，这是德性中更为关注自我的一面。

为它忽视了关注他人的德性的问题，我将在下文纠正这些盲点。其次，当我提出上述主张时，我并不是说关注自我的德性与德性论证无关。相反，这些德性显然是相关的。我只是主张，这些德性在本质上并不是详尽无遗的，它们只是一个完全有德性的论证者想要拥有和发展的德性的一部分。在下文（特别是第五节）中，我认为，一个渴望成为一个完全有德性的论证者的人应该同时注意发展关注自我的德性和关注他人的德性。他既要关心自己作为论证者的发展，也要在这方面帮助其他论证者。

二、关注自我的德性与关注他人的德性

在德性伦理学中，关注自我的德性和关注他人的德性之间的区别是很常见的（Von Wright，1985；Slote，1995；Foot，2003）。事实上，这是两种德性之间最常见的区别之一。尽管它已经在邻近的领域如德性知识论（Kawall，2002；Baehr，2011）得到了认可，但它还没有进入德性论证理论领域。传统上，关注自我的德性和关注他人的德性之间的区别被认为是基于每种德性倾向于带来的益处的性质。关注他人的德性主要是因为他们给别人带来贡献而受到赞赏，而关注自我的德性主要是因为他们给主体自身带来好处。[①] 耐心、坚韧和毅力是关注自我的德性的例子。仁慈、慷慨和正义是关注他人的德性的例子。有些德性显然是关注自我的德性（如坚韧、谨慎），而另一些德性显然是关注他人的德性（如正义、慈善、仁爱）。其他德性似乎既有重要的关注自我的一面，也有重要的关注他人的一面（例如忠诚、诚实、值得信赖）。诚实、忠诚或值得信赖这些德性既是关注自我的德性，也是关注他人的德性。

正如一些作者所说（Slote，1995；Adams，2006），这两种类型的德性都值得拥有。它们通常也有内在联系。对于关注他人的德性而言，关注自我的德性往往起到促进作用，甚至是必要的。反之亦然。例如，勇气虽然通常被认为是关注自我的德性，但在某些情况下（例如，在危险的情况下），为了他人而行动会有很大的帮助；耐心可能会导致主体对他人的批判减少，从而使其他人在与主体的关系中受益。因此，我同意赫斯特豪斯（Hursthouse，2003）等人的观点，他们声称，如果人们认为关注自我的德性只对拥有者有利，而关注他人的德性只对他人有利，这种区分是错误的。在将一种德性描述为（主要）关注他人的德性时，他人被视为这些德性的具体目标，也是主要受益者[②]，这并不意味着拥有这些德性的主体不会从中受益。关注他人的德性主要是为了促进他人的福祉，而关注自我的德性则不是（Taylor & Wolfram，1968：244；Von Wright，1985：152，2003：2）。关注他人的德性的人主要是想为他人而不是为自己带来好的结果（例如，Von Wright，1985：152；Foot，2003：2）。

诚然，这是一个粗略的区分，但在我看来，这是一个区分关注自我德性和关注他人

① 不同的作者以这种方式解释了这种区别（Taylor & Wolfram，1968：238；Von Wright，1985：154 ff.；Slote，1995：91；Foot，2003：2）。一些作者（Driver，2003：371）表明，它也可以通过每种德性所特有的动机来把握。关注他人的德性的特点是关心促进他人的福祉，而关注自我的德性主要涉及关心促进自己的福祉。

② 我根据奥迪的建议（Audi，1997：212）提出这个构想，该建议是关于美德的“性格目标”。

德性的适当的草图。尽管它的精确轮廓是一个有待讨论的问题，但这种区别在伦理理论中是公认的，并且似乎捕捉到了德性之间的一个重要区别。近年来，围绕这一区别产生了各种争论。例如，这种区别在一些作者（Slote，1995，2014）的工作中起到了核心作用，他们阐述了理想道德生活的概念，包括培养关注自我的德性和关注他人的德性。它还允许对相关区分之间进行反思，例如，道德德性和其他类型的德性如理智德性之间的区别（Zagzebski，1996；Driver，2003；Pouivet，2010；Baehr，2011）。一些作者（Taylor & Wolfram，1968；Slote，1995）利用这一区别提醒人们注意这样一个事实，即当代伦理理论通常更强调关注他人的德性，而不是关注自我的德性，因而使得关注自我的德性比它们应得的地位更低。尽管这些辩论很有趣，但我不打算在这里偏袒任何一方。我引入这种区分主要是为了给我关于德性论证理论的主张提供更多的支持。正如我在下文中所说，尽管近年来取得了一些进展，但德性论证理论对关注自我的德性和关注他人的德性仍然缺乏平衡的对待。

三、最初的立场

尽管提供了论证德性列表的作者们已经在德性论证中确定了一些关注他人德性的观点，但他们提供的清单通常不会把重点放在关注他人的德性上。在科恩（Cohen，2005：64）的文章中，在一个有德性的论证者的四大德性里，似乎只有一种是关于“愿意聆听他人”的。其他三种德性——愿意参与论证、愿意修正自己的立场和愿意质疑理所当然的事都不是。第一个和第三个既不是关注自我的德性，也不是关注他人的德性，而第二个德性似乎更像是关注自我的德性。[①] 在我看来，即使愿意聆听他人的意见，本质上也不是关注他人的，因为一个人也可能出于非关注他人的原因而愿意聆听他人的意见（例如，只是为了击败他们的论证或让自己变得更有知识）。[②] 可以肯定的是，科恩只是对论证的德性做了初步的描述。他甚至不使用有关德性的词汇来表达它（尽管他所说的一些事情提供了一个明确的信号，表明他理解他认为是德性的特征。在他看来，理想的论证者是在他所确定的特征上中庸的人。也就是说，在正确的场合以正确的方式展示这些特征，既不过分，也不错误。例如，他们处于一个中间位置，一边是以不必要的让步破坏他们自己论点的自负论者，另一边是教条主义者，他们无视问题，无视反对意见而不给予应有的回应；或者一边是过于热情的辩论家，在捍卫自己的论点时，不考虑相关问题和反对意见，另一边是一个寂静主义者，等等）。

在这方面，阿伯丁的立场更能说明问题。阿伯丁（Aberdein，2010）是迄今为止唯

① 只要一个人愿意修正自己的立场，作为对另一位论证者的论证的回应，这一特点可能看起来是关注他人的。然而，我不认为它本质上是关注他人的，因为它的实施并不一定涉及促进其他论证者的福祉。

② 我甚至不确定这些品质是否是传统意义上的成熟德性，即品格上稳定且沉稳的优点。正如一些作者所说（Zagzebski，1996；Annas，2011），从这个意义上讲，德性与自然能力和技能都是不同的。德性本质上与良好的动机有关，而天生的能力和技能则不是，德性可以用于好的或坏的目的。在这方面，科恩（Cohen）所识别的大多数特征看起来更像是天生的能力或技能，而不是德性。一位论证者可能愿意参与论证，并质疑理所当然的事，目的是向其他论证者介绍新的思维方式，或提高其批判性见解，或只是为了迷惑或羞辱其他论证者。

一一位试图制定更全面的论证德性清单的作者。大多数作者通常会限制自己给出一些关于德性的例子。阿伯丁用科恩不完全的解释作为基本框架来发展论证德性的类型学。他一共指出了27种德性，其中只有5种是关注他人的德性，这5种德性分别是沟通、理智共情、公平、公正和真诚。他列出的绝大多数德性主要是关注自我的［例如，相信理性、理智勇敢、对细节敏感、理智诚恳、理智正直、自主、（理智）坚持、刻苦、关怀、周全］。他列举的一些德性，例如，理智谦逊似乎既有关注自我的重要方面，也有关注他人的重要方面（理智谦逊可能表现为意识到自己的论证的不可靠性，以及在互动中对待其他论证者的方式，例如不傲慢）。因为阿伯丁在他的论文中没有做出这些细微的区分，所以不明确他在多大程度上愿意支持这些区分。尽管他谨慎地澄清了他的清单并非详尽无遗，并且可能会添加更多德性，但他的清单主要侧重于关注自我的德性，而对关注他人的德性的重视程度较低（在某些论证场合，一些非常重要的关注他人的德性，例如慷慨和温柔，他的清单中根本没有提到）。

在我看来，这种关注自我的焦点也可以在其他作者身上看到。例如，拜林和巴特斯比（Bailin & Battersby，2016），尽管他们提到公正是一种德性，但他们主要关注的德性是好奇心、对真理和准确性的关注，以及基于理性行事的追求，这是关注自我的德性。鲍威尔和金斯伯里（Bowell & Kingsbury，2013）强调了诸如理性自主、认知谦逊、勤奋和勇气等德性，其中大部分是关注自我的德性。这种自我关注的焦点有时也可以在批判性思维文献中被发现，德性论证理论家在确定论证德性时经常参考这些文献。[①] 例如，西格尔（Siegel，1988）注意到某些倾向和性格特征对于良好的批判性思维的重要性，并提出一个好的批判性思考者的概念。在我看来，这些主要是关注自我的德性。他认为好的批判性思考者主要是倾向于“根据理由去相信和行事”的人（Siegel，1988：32）以及在“评估断言、做出判断、评价程序［……］时寻求其评估、判断和行动所依据的理由”的人（Siegel，1988：33）。这类人更为关注自我。他声称，批判性思考者“不仅必须能够正确地评估原因”，还必须保持“积极的自我形象”，并且“情绪稳定、自信，能够区分错误的信仰和……错误的特征”（Siegel，1988：41）。这也表明他对关注自我的特点和德性的重视。同样的观点也适用于其他作者。[②]

在我看来，当涉及论证德性的识别时，德性论证理论家迄今为止采取了一种强烈的关注自我的焦点的方式。当关注他人的德性被承认时，它们通常是以一种通用的方式被承认，并且现在也在使用这种方式。在最近的文献中，我们可能只找到一些关注他人德性的间接参考（Thorson，2016；Stevens，2016）。对于关注他人的德性以及它们在德性论证中所起的作用，人们仍然缺乏充分的认识。这是一个需要解释的事实。在下一节

---

① 尽管有一些明显的例外。恩尼斯（Ennis，1996：171）认为，例如，“关心每个人的尊严和价值”是良好的批判性思维的基本素质之一。虽然他并不认为这种倾向是批判性思维的本质，但他声称这种倾向，以及它所预设的次要倾向（例如：“倾听他人的观点和理由”“考虑他人的感受和理解水平”“避免恐吓或迷惑他人”“关心他人的福利”）都是批判性思考者应具备的特质（另见 Paul，1993）。

② 范西昂（Facione，1992）侧重于自视倾向，如求真、分析性、系统性、自信、好奇、判断成熟度和好奇心；其他一些作者（Perkins，Jay & Tishman，1993）强调冒险精神、理智谨慎、愿意澄清和寻求理解以及寻求和评估原因等特质，这些特质都是关注自我的。

中，我将探讨情况尚未如此的一些原因。在继续探讨之前，我需要指出，从事相关领域工作的作者通常比德性论证理论家对关注他人的德性表现出更强烈的认可。例如，有的学者（Aikin & Clanton，2010）讨论了良好的集体协商的德性，尽管他们没有明确区分关注自我的德性和关注他人的德性，但都提到了这两种德性的相关性：协商智慧、节制和勇气（关注自我）以及友好、同理心、慈善和真诚（关注他人）。他们甚至详细分析了其中一些优点。即使德性论证理论家提到他们的工作，他们通常提得非常简洁，主要是为了说明的目的。通常，它被用作一个相关交叉领域的例子，在这个领域，基于德性的解释得到了辩护，而它与德性论证理论之间可能存在的联系没有得到进一步探讨。

四、为什么德性论证理论到目前为止对他人的德性的关注程度较低？

到目前为止，德性论证理论对关注他人的德性的讨论相对较少，可能有几个原因。一个简单的原因是该领域的新颖性。德性论证理论是一个新的研究领域，与任何研究领域一样，有许多问题需要进一步研究和澄清。如何将关注他人的德性整合到论证德性中可能是其中之一。由于德性论证理论对关注他人的德性有一定的认可，其新颖性可能有助于解释这些德性受到的关注程度低的原因。在我看来，尽管这可能是一个原因，但经过进一步思考，也有可能找到更深刻、更重要的原因，来解释为什么关注他人的德性的论述在德性论证理论中没有得到足够的重视。关注这些原因是理解在德性论证理论的背景下，如何更系统地承认关注他人的德性的一个重要步骤。接下来我将谈谈这些理由。

（一）与德性知识论的类比

另一个可能的解释是，德性论证理论经常与德性知识论进行类比。尽管我不否认德性知识论可能是识别论证德性的有用起点，但我相信它有一些局限性，尤其在承认关注他人的德性方面。①

德性论证理论家通常将德性知识论作为识别论证德性的有用起点（Cohen，2007；Aberdein，2010；Bowell & Kingsbury，2013；Gascon，2018）。一些作者甚至认为论证德性是一种特殊类型的理智德性（Drehe，2015），或者将论证德性视为德性知识论中确定的标准理智德性（Johnson，2009；Battaly，2010）。尽管对于在多大程度上借鉴德性知识论是一件好事还存在一些讨论，但没有一位德性论证理论家否认德性知识论对德性论证理论的有用性。事实上，德性论证理论的直接来源是德性知识论（Aberdein & Cohen，2016：339）。例如，人们普遍认为，一个好的认识主体的德性也是一个好的论证者的德性（Cohen，2009：3；Aberdein，2010：171；Goddu，2016）。② 最近，有人提

① 一些作者（如 Aberdein，2010；Cohen，2016）指出了德性认识论类比对德性论证理论可能的局限性，但还没有一位作者承认，这种类比可能对关注他人的论证德性的认知有局限性。

② 扎格泽博斯基列出一些能力：识别显著的事实；对细节敏感；在收集和评估证据方面持开放态度；理智的谦逊；智慧上的毅力；勤奋、细心和详尽的德性（Zagzebski，1996：114）。她还提到智慧上的勇气、自主性、胆识、创造力和创造性的德性。

出，德性知识论不仅可以作为一个有用的来源，而且可以作为识别论证德性的主要依据或参考点。加斯康（Gascon，2018）认为，从可靠论者和责任论者可用的两种德性知识论中，可以得出两种不同的（但互补的）论证德性：可靠论者的德性（或技能），与论证者可靠地提出和评估有说服力的论证所需的能力和技能有关；责任论者的德性，即任何想成为一个有德性的论证者的人都必须培养和展示的性格特征，例如，思想开放、对细节敏感、谦逊、毅力、勇气、智慧、正直，等等。

正如卡瓦尔（Kawall，2002）所指出的，尽管德性伦理学家早就认识到关注自我的德性和关注他人的德性之间的区别，但德性知识论者往往忽略了与理智德性相关的类似区别。卡瓦尔认为，由于德性知识论者主要关注认知主体能够做些什么来最大限度地获取自己的认知益处（如知识、理解），因此他们主要关注自我的德性，如感知敏锐度和智慧能力，而忽视关注他人的德性，比如慷慨和诚实（Kawall，2002：259）。卡瓦尔声称，所有类型的德性知识论者都是如此。在他看来，关注他人的德性也都是认知性的，就像那些关注自我的德性一样。唯一的区别是，它们不是在拥有和运用它们的认知主体自身中帮助产生知识，而是在属于它们的认知群体的其他认知主体中帮助产生知识。它们的主要目的不是促进认知主体自身的理智的福祉，即关注自我的理智的德性，而是促进他人的理智的福祉。

虽然我不能在这里更详细地讨论卡瓦尔的主张，但我要说明，我大体同意卡瓦尔的观点，除了少数例外（Roberts & Wood，2007）。德性知识论者没有对涉及他人的理智德性给予太多的关注，主要关注的是涉及自我的理智德性，尽管德性知识论者实际上没有否认关注他人的理智德性的存在，也没有明确（强烈）支持所有理智德性都是关注自我的主张。唯一接近支持后一种说法的作者是德里弗（Driver，2003），他坚持严格区分道德德性和认知德性（Driver，2003：373，374，381）。然而，一些德性认知学家声称，理智德性主要是关注自我的德性（Zagzebski，1996：255）。

甚至在德性知识论者身上也可以观察到对关注自我的德性的强烈关注，他们承认需要在理智德性的描述中包含关注他人的德性的内容。例如，拜尔明确拒绝理智德性完全是关注自我的这个观点（Baehr，2011：110－111）。他强调，理智德性不必仅仅以“一个人获得真理、知识或类似的认知益处”为目标，还可以以“丰富他人的认知”为目标。他不仅声称某些理智德性本质上是关注他人的德性（例如，理智慷慨），而且声称所有的理智德性都有另一个方面，因为它们都可以“面向或服务于他人在认知益处中的共享”（Baehr，2011：217）[①]。即使是这样，拜尔仍然更加注重关注自我的德性，而不是关注他人的德性。拜尔在他的6种“自然类型”的理智技能中只提到了关注自我的德性（例如，求知、反思、沉思、好奇、对细节的敏感度、智力灵活性）。在*The Inquiring Mind*这本书中，他唯一关注的关于德性的另一个方面是理智的慷慨（尽管如此，他只用两页纸分析了这一德性）。公平地说，拜尔承认他的6种自然理智德性分类并不是“严格分类”。正如他解释的那样，这些研究只是为了揭示某些特质“有助于克服［……］成功［个人］探究的常见障碍”（Baehr，2011：17）。尽管如此，他认为他的

① 在他看来，即使是那些看起来完全是关注自我的德性，比如好奇心，也是如此。

分类法的基础是理智德性在个人探究中所起的作用，并主要是关注自我的德性。① 这种自我关注的焦点也可以从拜尔对理智德性的定义看出，即“思考、推理、判断、解释、评估等的人，以理智上适当或理性的方式”（Baehr，2011：18）或者“对知识和理解等［……］认知益处有积极的心理倾向”（Baehr，2011：14）。这强调了一个人的关注自我的方面。

在我看来，德性知识论中唯一值得注意的例外是罗伯茨和伍德（Roberts & Wood，2007）的著作，它涉及承认关注他人的德性。罗伯茨和伍德在几篇文章中强调，理智德性包括有助于获取理智益处和传播理智益处的德性（Roberts & Wood，2007：35，61，73，79，144，164）。与关注他人的德性知识论者（他们通常对此保持沉默）不同，他们从一开始就阐明，理智德性“通常促进了认知益处的传递，而不仅仅是［……］其拥有者获得了认知益处”（Roberts & Wood，2007：144）。例如，他们声称，任何一个以成熟（即有德性的）的方式热爱知识的人“必然会有一些技能［为自己］获取知识并将其传递给他人”（Roberts & Wood，2007：73），并且“对知识的热爱不仅仅是对知识益处本身的热爱，而且［也］是对他人拥有知识益处的热爱”（Roberts & Wood，2007：165），以这样一种方式，一个与他人有关的动机基本上被包括在内。他们还详细分析了一些关注他人的理智德性，例如，慷慨、温柔、理智的慈善和诚实。

然而，大多数德性知识论者仍然主要强调关注自我的德性。他们认为，好的认知主体主要是那些善于为自己获取知识和其他理智益处的人，而不是那些在这方面也善于帮助他人的人。在这种情况下，他们最终依赖于一种对理智德性的描述，这种描述更加关注涉及自我的德性，而不是涉及他人的德性。

如果考虑到这一事实，就有可能知道与德性知识论的类比可能是德性论证理论中对他人德性的关注相对缺乏的一个原因。如果我上面所说的是真的，并且德性知识论主要是关注自我的德性，那么这毫不奇怪；如果要获得一份有争议的德性清单，我们可以将其与德性知识论进行类比，那么由此产生的清单将倾向于关注自我的德性。例如，加斯康（Gascon，2018）最近采用的策略，即将两种德性知识论结合起来，以获得对德性的解释，并不能解决这个问题。这种解释虽然比仅仅依靠德性知识论的一种方法或另一种方法所得到的解释更丰富，但不会给关注他人的德性的解释提供一个非常突出的空间，并且主要关注自我的德性。正如我在下文（第五节）中所指出的，尽管一些作者所声称的关于有德性的论证者的观点清楚地表明，在他们看来，有德性的论证者应该同时拥有关注自我的德性和关注他人的德性，但他们的关注点仍然主要集中在关注自我的德性上。例如，阿伯丁（Aberdein，2010）在制定他的论证德性列表时，仍然过于接近德性知识论者提供的认知德性列表，特别是扎格泽博斯基（Zagzebski，1996）。正如我前面提到的，他明确声称认知德性主要是关注自我的德性。②

① 在我看来，如果拜尔（Baehr）没有将自己局限于个人理智研究的背景，他的分类法可以很容易地扩展到包括关注他人的德性。

② 尽管与 Aberdein 一样，Cohen（2016）承认德性论证理论与德性认识论类比的局限性，但他坚持认为德性论证理论应该借鉴德性认识论（特别是责任主义方面，正如前文所解释的，责任主义方面有关注自我的焦点）。

（二）证成作为论证理论的中心目标

另一个解释可能是论证理论把证成作为中心。长期以来，论证理论家一直将证成作为论证的中心目标（Van Eemeren & Grootedorst，1984；Toulmin，2002：2；Bermejo-Luque，2011；Govier，2013：1）。德性论证理论家有时也承认这一点（Bowell & Kingsbury，2013：23；Gascon，2015：468；Bailin，2018：23）。例如科恩（Cohen，2005：1），尽管他指出证成不是论证的唯一目标，也不是论证的“基本目标或定义目标”，但他声称，从本质上说，论证的很多内容都是为了达到目的而提供理由的过程，“提高目标结论的可信度”。我们当然希望有德性的论证者不仅能够提出，而且能够经常提出，并受到激励提出合理的论点。大多数作者在描述有德性的论证者时，声称有德性的论证者必须是系统地以正当理由提出好论据的人。[①] 例如，戈杜（Goddu，2016：4）声称“一个有德性的论证者从不在知情的情况下提出谬误论证”和“知道他提出的前提是真实的，并且充分支持结论”。阿伯丁（Aberdein，2017：4）认为“一个有德性的论证者可以提出一个不好的论证，但该论证并不是以一个德性论证者的身份做出的”。加斯康声称（Gascon，2018：163），有德性的论证者是可靠地提出好论证的人。

考虑到证成在论证理论的中心地位，人们可能会很容易认为，有德性的论证者的德性和技能正是那些善于证成论证的人身上所具备的德性和技能。从本质上说，他们善于在证成的意义上提出好的论证。例如，有人可能会认为，一个性格特征之所以被列为认知德性，是因为它促进了信仰和真理的一致性[②]；一个性格特征之所以被列为论证德性，是因为它促进了对证成性的一致性，也就是说，取决于它是否增加了证成性层面上的产生和理解好论证的机会。正如认知德性被视为获得知识的动机和相关状态（如理解、真理、智慧）的衍生物一样，论证德性也被视为获得证成性动机的衍生物。在这种思维方式中，实现证成的动机是首要的，而有德性的论证者的德性和技能是根据这个动机来确定的。然后，有德性的论证者主要被视为有动机地以证成的方式提出和理解好的论证的人。

我不清楚德性论证理论家是否会支持这样一种基于证成性的论证德性解释。非形式逻辑方法显然鼓励这样的解释。[③] 德性论证理论家在解释他们用来识别论证德性的标准时，往往不是很明确。通常，他们只注意到德性论证理论和其他领域之间的一些相似之处，在这些领域，基于德性的方法也得到了辩护（如德性知识论），并声称在这些领域确定的德性也可能是论证德性的候选项。充其量，一些德性论证理论家的工作中只有一些暗示，特别是他们有时描述德性论证者的方式，可能倾向于支持这样一种说法（在我看来，论证理论家的情况与一般情况不同，他们中的一些人确实把证成性作为论证的中心目标）。

---

① 所谓“正当性意义上的好论证”，我指的是通过其前提，为相信其结论是真的或可能的提供充分理由的论证。

② 德性认识论者经常采用这种推理方式（Zagzebski，1996：166；Goldman，2003：31）。

③ 例如，加斯康（Gascon，2015：467－468）已经承认了这一点。

尽管在这里没有定论，但对证成性的关注可能是对涉及他人德性的关注度较低的另一个原因。为了阐述这一点，让我进一步回顾一下以证成性为中心的德性论证者的概念，也就是指，致力于将证成性作为论证的中心目标的人。在这种观念中，一个渴望成为有德性的论证者的人需要培养的德性主要是关注自我的德性。有德性的论证者需要自信、勇敢、坚定、坚持不懈、彻底、谨慎地进行自己的论证。他还需要在理智上谦逊，只接受根据他准备给出的理由而提出的主张，并且在理智上精明，例如，迅速发现其论证中缺失的联系，并提出这些联系。这些只是一个有德性的论证者在这种观念中所表现出的德性的几个例子。还有很多，例如，耐心、知识自主、知识诚实、正直。与一些作者（如 Gascon，2015）相比，我认为基于证成性的概念非常适合捕捉一个有德性的论证者所期望拥有和发展的德性的重要部分。例如，大多数关于责任论的德性都很适合这个概念（例如，毅力、勇气、对细节的关注、理智的谨慎）。如果我们更仔细地思考这些德性的本质，就不难看出原因。拥有仔细、透彻地评估证据、耐心、持之以恒、关注细节等德性的论证者比缺乏这些的论证者更有可能可靠地提出合理的论证。尽管拥有这些德性并不能保证在证成的意义上产生好论证，某些缺乏这些德性的论证者也能产生好论证（Cohen，2013；Bowell & Kingsbury，2013a：30；Gascon，2015：482），但拥有这些德性的论证者比缺乏这些德性的论证者更有可能提出合理的论证。与一个不具备批判性洞察力或分析深度的论证者相比，具备这些的论证者更不容易犯论证的错误，例如仓促下结论、忽略相关事实或细节。

在我看来，如果在德性论证理论中对这一点进行区分，就可以更好地理解这一点，类似于德性知识论中的区分（Zagzebski，1996：273－283；Roberts & Wood，2007：8），介于低级论证和高级论证之间。虽然产生和理解低级论证并不需要很多德性，如产生并理解简单的逻辑三段论只需要基本的逻辑技能，但如果要深度理解剖析某些论证，耐心、谦逊和毅力等德性显然是有帮助的。①

因此，我在一个基于证成性的概念中看到的问题，不是它是一个关于论证德性的糟糕概念，而是它可能是不完整的。这样一个概念很适合只捕捉一个完全有德性的论证者应该注意拥有和发展的部分德性。尽管这些德性很重要，但它们都是关注自我的。即使他们的行动可能会对其他论证者产生积极的影响，例如，其他论证者可能更能理解他们所提出的论证，或者更能增强他们对论证者自身立场的理解，甚至是对自己立场的理解。相比之下，他们所拥有的德性主要是帮助论证者提高自己论证的质量，而不是提高其他论证者论证的质量。一个被激励去实现证成性的论证者主要是受到了关注自我的德性的影响。他不一定会表现出任何关注他人的德性。事实上，他甚至可能不会表现出任何关注他人的德性。在他自己的论证努力中，他可能是系统的、仔细的、勇敢的、彻底的、严谨的、智力敏锐的，等等，但他仍然是一个缺乏论证德性的人。例如，他可能对其他论证者傲慢、冷漠，认为他们低人一等，不希望他们好，等等，德性知识论中也有类似的主张（Pouivet，2010；Baehr，2011：206－210）。他甚至可能不想帮助其他论证

① 因此，我不同意加斯康的观点（Gascon，2018：167），他声称责任主义德性与论证的证成性之间的关系“充其量是微弱的”。

者。尽管这不是德性论证者的一个必要特征——德性论证者可能会被激励去实现证成性，并且也会有关注他人的德性——在这个概念中，关注他人的德性不是德性论证者的一个必要的德性，或者至少不是一个非常突出的德性。

其根本原因很容易具体化：证成性，就像知识的证成一样，主要是一种关注自我的善。[①] 事实上，在其他论证者、批判性论证者的帮助下去寻找理由可能是最好的，他们为一个人提供理智挑战和适当的改进鼓励（Mercier & Sperber，2017：218－221）。尽管寻找理由可以从与其他论证者的合作中获益，但其主要目的是实现作为一种自我德性的证成性。也就是说，它是为自己建立和生产一些东西：证成意义上的好论证。在这种情况下，对证成性的关注可能会导致对自我德性的关注，而不是对他人德性的关注。

在这样一个概念中，有德性的论证者很可能会喜欢与其他论证者进行现场辩论，以检验他的论证。例如，在向其他论证者表达他自身的论点的过程中，有德性的论证者可能会意识到这些论点中被忽视的缺陷，或需要进一步完善的未充分发展的步骤；或者，他甚至可以更全面地发现他最初设想的“在他的头脑中”的论点实际上是什么。[②] 因为他关心自己怎样成为一个更好的论证者，一般来说，他会重视其他论证者对他成长的影响。然而，请注意，尽管他愿意以上述方式与其他论证者接触，但他这样做主要是出于关注自我。本质上，他这样做是为了让其他论证者通过改进他的论证而给他提供帮助，而不是为了关注他人。也就是说，他本人在这方面可以对其他论证者有帮助。如果论证主要被视为实现证成性的工具，那么人们最终将主要关注自我的德性，因为这些德性的培养提高了论证者在面对挑战时捍卫其论证、提出成熟论证等的能力。由于这种自我关注的定向，即使是其他关注德性的行为也可能获得强烈的自我关注的焦点。以理智仁慈为例，有德性的论证者也是以上述关注自我的方式来展现这一德性的，特别是涉及其他论证者的论证时。对于这样一位论证者来说，理智仁慈的价值可能不大，因为它对其他论证者及其论证表示尊重（或者主要不是出于这个原因），更多的是因为它的运用可能会以某种方式强化他提出的论证的优点（例如，它可能会提高其受人尊敬的程度或学术质量）。也就是说，主要是出于关注自我的原因。他在这里的主要目的仍然是使自己的论证更加有力，而不是为了其他论证者自身的利益而去加强或发展他们的论证。

五、更系统地认识关注他人的德性

（一）定义具有关注他人德性的德性论证者

更充分地认识关注他人的德性可能会给德性论证理论带来一些益处。在我看来，一个主要的益处是，这样的认识将带来一个更直观和更丰富的概念，即谁是一个完全有德性的论证者。在我看来，最好的论证者同时拥有并注意发展关注自我的德性和关注他人

① 关于德性认识论背景下的类似主张，见扎格泽博斯基（Zagzebski，1996：255－256）。

② 例如，查尔斯·泰勒（Charles Taylor，2015：257 ff.）声称，在形成或明确一个想法的过程中，我们往往会对它有一个更清晰的观点。

的德性。他们既关心自己作为论证者的发展，也在这方面帮助其他论证者。例如，有这样一位论证者，因为他关心其他论证者的福祉并希望他们出类拔萃，他花费大量的时间和精力帮助他们证明自己的论证，定期参与讨论以澄清他们可能存在的任何问题。这些最好的论证者热衷于发现自己思想上的困惑，使其他论证者意识到自己的弱点，在其他论证者需要时给予适当的鼓励，提出改进的建议，定期检查以确保其他论证者理解某一观点，等等。他们甚至愿意牺牲自己作为一名论证者的一些目标（例如，修改一篇供发表的论文），以便有更多的时间帮助其他论证者。① 即使他们没有专注于提高自己的论证能力，但认为他们是优秀的论证者是完全合理的。在这种情况下，他们利用自己作为论证者的成熟能力，帮助其他论证者提高自己的能力。在我看来，这不是一个小目标。要做到这一点，需要杰出的论证者（在这里我想到了苏格拉底的例子②）。更充分地认识关注他人的德性，能使我们看到那些帮助其他论证者成长的杰出论证者。

请注意，除关注自我的德性之外，这些论证者还会表现出许多关注他人的德性，例如，喜欢与其他论证者互动并与他们进行友好的讨论；温柔、温和地表达自己的想法，同时也说出自己认为是其他论证者所论证的真理；慷慨并愿意投入自己的时间、精力、注意力和经验来自由、愉快地帮助其他论证者，并为这些论证者着想③；尊重的批评，以尊重和建设性的方式批评其他论证者的论证，而不嘲笑或讽刺他们；等等。尽管这些德性的主要目的是促进其他论证者的发展，但它们可能是促使行使这些德性的论证者进步和受益的重要组成部分。例如，由于他对其他论证者的帮助，他可以体验友谊的回报，赢得其他论证者的尊重，获得更合格的互动伙伴，甚至提高自己的论证技能。他甚至可以进一步发展某些德性（例如思想开放、谦逊）。因此，关注他人的德性的价值并没有因为它们在增进其他论证者受益方面的工具性价值而耗尽。它们还可能产生重要的关注自我方面的受益（当然，它们给其他论证者带来的益处构成了其价值的重要组成部分）。④

在我看来，一个完全有德性的论证者不仅希望自己成为更好的论证者，而且希望其他论证者也成为更好的论证者，并愿意在这方面为他们做出贡献。一个完全有德性的论证者为了自己的受益而关心其他论证者的受益。⑤ 对于他们来说，成为一个更好的论证者还需要改善他们相对于其他论证者的行为。例如，他们可能会问：我是否应该对其他论证者更有耐心？我是否投入了足够的时间和精力来帮助他们发展他们的论证？当我批评他们的论证并接受他们的思维方式时，我是否足够精确？这些都是一个完全有德性的论证者会思考的问题。可以说，他们不是自私的论证者，他们主要关心的是提高自己论

① 类似的例子在德性认识论中进行了讨论（Kawall，2002；Baehr，2011：111）。

② 维拉斯托斯（Vlastos，1991：32）声称苏格拉底与其他论证者进行辩论，“让他们意识到自己的无知，让他们自己发现‘真理’”，最终目的是帮助他们“努力提高自己的道德”（所有这些都是关注他人的）。

③ 关于慷慨的分析，见罗伯斯和伍德（Roberts & Wood，2007，第11章）。

④ 在我看来，这些德性不一定非得让其他论证者受益才具有价值。正如一些作者所说（例如，Blum，1980：140 ff.），行使关注他人的德性本身就是令人钦佩的，这仅仅是因为人们对他人及其受益的关心。

⑤ 这一补充很重要。如果他帮助其他论证者的理由是利己主义的（与帮助其他论证者可能给自己带来的益处有关），那么在我所捍卫的概念中，他将不是一个完全有德性的论证者。他仍将主要考虑自己的利益，而不是其他论证者的利益。一些作者对此有所论述（Annas，2008：208；Kraut，2016）。

证的质量。同时他们也希望帮助其他论证者改进自己的观点。一个完全有德性的论证者不会为了帮助其他论证者而放弃自己的大部分目标，或者完全忽视帮助其他论证者实现自己的目标，而是试图在这两个目标之间取得平衡。他们不只关心自己，也关心别人，他们兼顾二者。[①] 他们明白，在某些情况下，关注自我更为重要，而在其他情况下，关注他人更为重要。他们也知道，除非他们适当地照顾自己（通过培养关注他人的德性，例如，他们是否保持良好的体形、心理健康等），否则他们将无法帮助其他论证者。

这个关于有德性的论证者的概念不仅符合通常的直觉，而且比一个主要关注自我的德性的概念更可信。这一概念与一些作者在德性知识论（Kawall，2002；Baehr，2011）背景下捍卫的良好的认知主体的概念，以及一些作者在德性伦理学背景下捍卫的理想的德性主体的概念（Slote，2014）具有重要的平行性。这有助于拓展德性论证理论中尚待探索的一些见解。例如，阿伯丁（Aberdein，2010）在描述有德性的论证者时声称，与一个好的认知主体（他认为主体主要根据其“对自我的品质”进行评估）和一个好的德性主体（他认为主体主要根据其“对他人的品质”进行评估）不同，对有德性的论证者的评价是两方面的（Aberdein，2010：176）。他认为，一个好的论证者除有关注自我的一面之外，“也关注他自己论证的成功”（Aberdein，2010：176）。好的论证者还有另一个直接的方面，它不一定（或至少不那么突出）出现在好的认识主体中。然而，阿伯丁并没有进一步探究这类德性论证者的这些其他直接品质。在我看来，这是一个有价值但未被充分探索的洞见，上述的德性论者的概念将德性论证者视为既关注自我德性又关注他人德性的论证者，这有助于让我们更清楚地认识到这一点（指好的论证者不仅关注自己，也关注他人）。

在这种观念下，某些论证者很容易被认为是不完全有德性的。一个想帮助其他论证者但未能系统性地帮助其他论证者（比如说，他思想简单，无法给他们良好的反馈）的人，不是一个完全有德性的论证者。但是，如果一个论证者能够对其他论证者发表尖锐的评论，但这样做的方式可能被认为是邪恶的（例如，试图羞辱或恐吓他们），那么他也不是一个完全有德性的论证者。[②] 当然，在我的观念中，不否认这样的论证者可以帮助其他论证者成长为论证者（的确，从与这些论证者的互动中可能会学到很多东西，包括不该做什么。这在很大程度上取决于其他论证者区分提出批评的内容和提出批评的方式的能力，这反过来又取决于他们有多少关注自我的德性，例如自信、毅力）。即使是这样，这样的论证者在我所捍卫的概念中并不是完全有德性的。在我捍卫的概念中，只有当一个论证者以德性的方式与其他论证者联系时，他才是完全有德性的。无论他们在这里做什么，他们都必须主要是为了其他论证者受益，出于对他们福祉的真正关心和

① 关于德性主体的类似观点，见斯洛特（Slote，2014：74）。

② 诺洛克（Norlock，2014：2）讨论了一个论证者的案例，他倾听其他论证者的意见只是为了直截了当地批评他们，敏锐地观察发现他们论证中的弱点以及加以利用的机会。在我所捍卫的概念中，这样一个论证者，无论他多么敏锐，都不是一个完全有德性的论证者，因为他缺乏对其他论证者和他们的福祉的关注。

对他们有良好结果的期许。①

（二）更全面地认识关注他人德性的进一步益处

更充分地认识关注他人德性的观点也有利于更好地将德性论证理论应用到日常生活广泛的论证情境中。例如，在以教育为中心的论证情境中，与关注他人的德性相关的因素可能会发挥重要作用。在这些情况下，以教育为中心的论证的主要目的是培养其他论证者（如年轻人）的德性和技能，使他们成为出色的论证者。教师、对话者、论文指导者都在帮助其他论证者提升德性和技能。在上述指导者角色的指导下取得成功，除了要关注自我的德性外，还需要关注他人的德性。这在非指导类的情况下是不同的。例如，博士论文答辩的中心目标是检验论证者（博士候选人）的论证质量以及他们的辩护能力，因此要求论证者表现出一系列关注自我的德性，例如自信、决心、坚定、毅力等（他们也会拥有其他一些关注他人的德性，如对考官提出的批评的宽容，也可能有所帮助）。要充分地认识到关注他人的德性与关注自我的德性是同等重要的，能极大地丰富德性论证理论的研究领域。通常，当为特定目的（如教育、批判性讨论）进行论证时，关注他人的德性可能与关注自我的德性一样发挥着相关作用。②

如果将论证视为一种社会实践（Rooney，2012：319），包括参与各种更具体的活动，如向其他论证者陈述论证、回应其他论证者的论证、根据其他论证者的回应修改自己的论证、帮助其他论证者进一步发展论证等，那么关注他人的德性的东西自然而然地出现在其中。成功地参与这些活动似乎需要行使关注他人的德性，就像行使关注自己的德性一样。参与这类活动的论证者涉及一个关系网络，这种关系网络通常是由论证过程维持的。如果不行使某些关注他人的德性，例如尊重其他论证者、宽容、诚实等，这些关系就不可能保持良好的状态。只要这些关系有助于形成论证群体，那么关注他人的德性的运用似乎也是这些群体繁荣发展的必要条件。这一点有时在德性知识论中也被提到（Code，1987：192；Kawall，2002：260；Roberts & Wood，2007：114 ff.）。

随着对关注他人德性的更充分认识，我们也有可能看到这两种德性之间存在着有趣关系，值得进一步探索。例如，相关的教导其他论证者关注自我德性的一种方法是，在与他们的论证互动中，按这些德性所要求的方式行事，本质上是以谨慎、精确、耐心、坚持不懈等方式。通过树立榜样，一个人可以成功地让其他论证者认识到这些德性对于良好论证互动的重要性，并激励他们培养这些德性（关注他人的德性也是如此）。③

关注他人的德性也可能是对抗某些偏见的重要手段。例如，对其他论证者对其论证

① 另一种表达观点的方式是，在这些情况下，有一种感觉，即这些论证者是优秀的论证者（鉴于他们有能力提出尖锐的批评，识别其他论证者论证中的弱点，等等），但不是有德性的。我提出的概念建议在（完全）有德性的论证者的定义中包含伦理方面。这个概念的描述更倾向于一个表现出积极关心、帮助其他论证者的论证者，而不是一个没有表现出积极关心、帮助其他论证者的论证者。

② 在以关注自我德性为中心的情况下，关注他人的德性的存在不那么强烈，例如在谈判中，论证者参与的目的是在利益冲突中为自己获得最佳结果；或者，他们的主要目标是赢得论证（Walton & Krabbe，1985：65 ff.）。即使在这些情况下，关注他人的德性也可能发挥作用。可以说，考虑其他论证者利益的论证者比不考虑其他论证者的论证者更有机会在谈判中达成协议。

③ 关于榜样对学习德性的重要性，可参见 Battaly（2015）及 Zagzebski（2017）文献。

的看法保持专注和开放的论证者，可能比不这样的论证者更能克服对自己论证的过度自信。正如梅西埃和斯佩贝尔（Mercier & Sperber，2017：213）所说，在试图为自己的论证辩护时，积极推理的论证者可能会产生一种确认的偏见，即倾向于确认自己的论证，这通常伴随着一种不确认的相反的主张和反驳的倾向。这种偏见似乎最有可能在独立思考的情况下产生不良结果。当论证者在没有收到其他论证者的意见的情况下提出论证时，克服这种偏见的最佳方式是与其他论证者互动，特别是与不同于自己观点的论证者互动。培养某些关注他人的德性（例如公正、倾听）似乎是这些互动顺利进行的必要条件。与其他论证者互动，但对他们所说的话持不开放态度或不愿意认真考虑他们的批评的论证者，与表现出这些优点的论证者相比，从所收到的意见中获益的可能性较小。很可能正如梅西埃和斯佩贝尔所指出的那样，论证者只能发展有限的能力来克服这种偏见（因为这是所有论证者在某种程度上表现出来的一种自然的先决条件），在这种情况下，关注他人的德性的目的不是完全消除它，而是尽可能减少它的影响。关注他人德性的观点能减轻约翰逊和布莱尔（Johnson & Blair，2006：191）所谓的“以自我为中心的承诺”，这从本质上看是一系列个人利益和依附扭曲了我们对待信息和论证的方式。例如他们提道，“没有认识到另一种观点，没有看到反对意见的可能，就不能以另一种视角去看待问题”（Johnson & Blair，2006：193）。

最后一个重要的原因是，社会批判的水平决定了我们是否要更全面地认识关注他人的德性。正如几位作者所指出的，我们当前的文化使对抗性的论证互动优先于更具合作性的论证互动（Moulton，1983；Tannen，1998；Rooney，2010）。例如，作为这一观点最著名的支持者之一，坦宁（Tannen）认为，我们当前的文化“被［……］一种无情争论的氛围所侵蚀，一种她称之为‘论证文化’，它使我们以一种敌对的心态对待世界和世界上的人”（1998：3）。坦宁认为，在这种文化中，论证者被社会化为具有攻击性和对抗性，而不是合作性和帮助性。他们被鼓励将彼此视为对手，为自己的论证辩护，保护自己不受批评，攻击其他论证者的论证，寻找他们的弱点，等等。[①]

当然，本文并不打算评估坦宁（以及其他人）对我们当前论证文化的诊断是否正确。毫无疑问，在目前的情况下，有大量的证据对她有利（在她的书中，大量证据被提出来用于证明这种咄咄逼人的论证风格在我们当前的文化中是多么普遍，例如在媒体、政治和学术讨论中）。在她看来，这种风格深深植根于占主导地位的、以男性为导向的观点，这种观点重视论证中的攻击性行为，并将攻击性与成功混为一谈（Moulton，1983）。[②] 如果这一判断至少部分是正确的，那么我们当前的文化更倾向于发展关注自我的论证德性，而不是关注他人的德性。关注自我的德性，如决心、勇气、坚定、面对强烈批评的毅力，是论证者需要培养的德性，以便在一种更强调对抗性和侵略性的论证方式而不是更强调合作性的论证方式的文化中取得成功。因此，进一步深入思考论证者

① 拉考夫和约翰逊还声称“论证是战争”，这是我们在这种文化中赖以生存的隐喻。他们声称我们“不只是从战争的角度谈论论证……［但］实际上可以赢得或输掉论证……将与我们论证的人视为对手……攻击他的立场……捍卫我们自己”（Lakoff & Johnson，1980：4）。

② 坦宁（Tannen）补充说，这种风格也深深扎根于西方哲学传统中，而西方哲学传统主要基于对抗和对立的论证模式，而不是更为合作的论证模式。

关注他人德性的问题可能有助于纠正这种平衡，也有助于使德性论证理论更接近社会关注。可以说，关注他人的德性是必须培养的德性，以对抗我们当前论证文化中普遍存在的侵略性。坦宁也提出了同样的观点，尽管她没有用德性的语言指出，亦即当人们超越二元论思维方式（开放的心灵、同理心），注意倾听对方的意见，善待他人（热情好客）时，对立式的互动转变为合作式的互动才有可能发生。

（三）更全面地认识关注他人德性的两个步骤

在我看来，有两个相互关联的步骤是更系统地认识他人德性的论证理论应当去做的。第一步是认可一系列真正多元化的论证益处，即通过论证过程可以获得的益处。这样的益处必须包括关注自我的方面，如对证成更深的理解和对论证的评估，还包括关注他人的方面，如帮助其他论证者成长，使他们成为更敏锐的论证者，等等。第二步是更明确地认识论证者在辩论情境中可以扮演的各种角色。正如我在下面所说的，虽然有些角色是非常关注自我的，需要运用多种关注自我的德性，但其他角色是非常关注他人的，需要运用大量关注他人的德性。一旦采取了这两个步骤，关注他人的德性，如宽容、温柔、专注，将与关注自我的德性一样，在德证论证理论中占有一席之地。第一步在当前的解释中不如第二步常见。虽然在德性论证理论中对论证益处多元论的明确认可并不常见[①]，但一些作者确实承认角色相关性是识别论证德性的一个重要因素，尽管他们没有更具体地认识到角色相关性与更全面地认识关注他人德性的相关性（Cohen，2013；Bowell & Kingsbury，2013；Stevens，2016）。

一系列真正多元化的论证益处从一开始就承认有各种各样的重要益处可以被论证追求。其中，不仅有一系列关注自我的方面，如更深刻的理解和评估、自我认识和批判性见解，还有关注他人的方面，如帮助其他论证者成为更好的论证者、更精确地论证、增强自我认识等。[②] 真正多元化的论证益处强调，尽管这些益处没有引起主流论证理论应有的注意[③]，但它们都是论证可以追求的重要益处，论证者有充分的理由在自己和其他论证者身上培养这些益处。

在主流论证理论中，普遍承认的事实是，论证可以追求各种各样的论证益处（Walton & Krabbe，1985：66；Gilbert，1997：67；Johnson，2000：12）。然而，它还没有进入德性论证理论领域。事实上，科恩似乎是这一领域中唯一一位为论证益处的多元主义提供更明确辩护的作者（Cohen，2007，2009）。大多数作者只是稍做暗示。在他的几篇著作中，科恩认为，与论证理论中经常强调的认知成就（即证成、理性说服和

---

① 科恩（Cohen，2007，2009）是唯一为这一观点提供更明确辩护的作者。益处多元论通常在德性知识论中得到认可（Roberts & Wood，2007：36 - 39）。

② 关于论证如何用于帮助促进情绪增长和释放的分析，见努斯鲍姆（Nussbaum，1996）。

③ 主流论证理论突出关注三个益处：证成、理性说服和解决冲突。论证理论家通常认为这三种益处中有一种是论证的最基本的益处。图尔敏认为，证成是“论证的首要功能”（Toulmin，2002：12）；贝尔梅霍 - 卢克声称证成是论证的“构成目标”时，她采用了类似的观点（Bermejo-Luque，2011：36 ff.）。有的学者提出了与理性说服有关的主张（Johnson，2000：159）。有的学者将论证定义为“旨在证明或驳斥表达的观点，并就表达的观点的可接受性或不可接受性说服理性法官的言语行为”时，似乎采取了一种混合的观点（Van Eemeren & Grootendorst，1984：18）。

解决冲突）相比，论证可以取得更多的认知成就（2007：5－6；2009：5）。在他看来，其他认知成就包括加深对自己立场的理解，立场的改善，为了更好的立场而放弃一种立场，加深对对手立场的理解，对他人立场（合理性）的更多认识，更多地关注以前被过度关注或低估的细节，更好地掌握各种联系，以及如何从整体上将事物组合在一起。科恩认为，这些不是论证过程中可能发生的最常见的认知变化。据他说，最常见的变化是“从不相信或不相信到相信的转变，反之亦然”（2008：7），它们都是重要的认知变化，可以通过论证来实现。他声称，其中一些观点甚至会对论证者产生深远的影响，并引导他们更深入地重新评估自己的论证和观点。科恩指出，更一般地说，论证可能会产生各种短期和长期、积极和消极的影响。论证可能会使论证者感到沮丧和丧失信心，但也可能激发他们重新评估或反思自己的论证，等等。

在我看来，科恩所说的是一个明确的迹象，表明他支持对论证益处的多元化解释。他显然支持扩展传统的论证益处清单，以便包括其他同样可以通过论证实现的、在过去被边缘化的重要益处。在我看来，尽管科恩的这一举动是朝着对论证益处的多元化解释迈出的重要一步，但他的解释在上文定义的意义上仍然不是真正的多元。在科恩的清单中，他主要提到关注自我的益处。即使是具有关注他人的方面（例如，承认他人立场的合理性）的益处，本质上也不是关注他人的。人们可能主要出于关注自我的原因（例如，为了使自己变得更有知识）而获得这种益处。一份真正多元化的论证益处列表必须包括许多关注他人的论证益处。①

公正地说，科恩并没有表明他的清单是详尽无遗的。他只认为他的清单是重要认知益处的例证，除了更被熟知的益处，还可以通过论证来获得这些益处。在我看来，科恩的清单可以很容易扩展到关注他人的益处。即使他将他提到的益处的自我关注方面分阶段化，所有这些益处也具有重要的关注他人的方面。论证可以帮助论证者获得科恩清单上更多的益处，也可以帮助其他论证者获得更多的益处。例如，通过论证，一个人还可以帮助其他论证者更深入地理解他们的立场，改善他们的立场，为了更好的立场而放弃自己的立场，提高对分歧立场的认识，认识其论证中被高估或低估的细节，更好地掌握潜在的联系，以及他们的论证如何在总体上结合在一起。② 这些都是可以通过论证实现的重要成果。他们都是关注他人的。他们的主要成就是有利于其他论证者，而不是自己（尽管一个人也可能从中受益，例如，可以增强自己的批判性洞察力或培养更好的互动伙伴）。通过论证，甚至有可能教给论证者某些德性，如理智上的谦逊（Kidd，2016）。③

在以上描述中，对论证益处进行真正的多元化阐述，不仅可以更公正地对待所有可

① 一份完整的清单还必须包括共有的益处，比如相互理解，因为它们也是可以通过论证实现的重要益处。

② 苏格拉底是一个典型的例子，他利用论证来帮助其他论证者（柏拉图对话中的对话者），为自己获得更多的这些益处。

③ 例如，批判性思维的教育通常上是由论证进行的。正如几位作者所认为的（Siegel，1988；Paul，1990；Ennis，1996；Facione，2000；Baitlin & Battersby，2016），正是通过积极参与批判性讨论实践，论证者不仅学会了相关技能，例如，识别论证结构、构建论证、认识谬误，而且获得了相关德性，例如，以公平和开放的态度评估反对意见，意识到自己观点的弱点（谦逊），更加关注细节等。

供使用的论证益处，而且可以更丰富地描述论证德性。它还更加平等地承认关注自我的德性和关注他人的德性对论证实践的重要性。作为一项规则，为了获得关注他人论证的益处，论证者除了运用关注自我的德性，还必须运用一系列关注他人的德性。

一系列真正多元化的论证益处的描述也导致了一个更广泛的、不那么激烈的论证概念。① 尤其是，它导致了一个强调人际关系和互动方面的概念，特别是它的合作性质。尽管它不否认逆境是许多论证互动的中心特征，但它强调这不是论证互动进行和组织的唯一方式。它将在各种论证性互动中观察到的逆境视为此类互动的偶然而非必要的特征，并且通过关注他人的德性来建议更合作的互动形式（例如，向其他论证者提供建设性的批评，帮助他们发现自己论证中错失的机会，等等）。因此，它鼓励论证者更多地将彼此视为互动中的伙伴，而不是为赢得胜利而参与战斗的对手。根据一个人所认同的概念，一个好的论证者会有一个不同的解释，以及对相关德性的描述。如果一个人用多元化的术语来看待论证，那么一个更全面的概念就会出现。例如，一个人将论证视为一种社会实践，由一系列更具体的实践组成，这些实践涉及论证交流和产生、联合调查和协作、批判性讨论等。每个人都有自己的一套相关德性。其中一些做法更具对抗性，而另一些做法则更具合作性。② 当然，本文不打算充分阐述这一概念。但是，在我看来，这一概念不仅更适合抓住论证所追求的多种益处，而且更适合抓住关注自我德性和关注他人德性的重要性，而不是更单一的概念。

在我看来，应该采取的第二步是更明确地认识论证者在论证情境中可能扮演的各种角色。有些角色需要更加关注自我的德性，而其他角色则需要更加关注他人的德性。③ 教师、对话者、论文导师、治疗师、评论员等角色都是高度关注他人德性的角色。担任这些角色的论证者主要是帮助其他论证者成长为论证者，为自己的利益行事。要想出色地担任这些角色，除了要运用关注自我的德性，还需要运用大量关注他人的德性。④ 例如，担任此类角色的论证者必须表现出真诚的立场，以开放的心态、耐心、慈善去关心理解其他论证者提出的论证，还必须具备一种能力，能够听到初步的、没有很好表达的论证，而不会被引诱去击败或忽视它们。他们还必须表现出帮助其他论证者改进其论证的意愿，例如，主动提出友好的修正方案，提出相关问题，给予建设性的批评（乐于助人、温和），等等。论证者扮演的其他角色对他人德性的关注度弱。如前所述，作为支持者的论证者，因为他们主要是为了实现关注自我的目标（在合理的意义上建立良好的论证），所以必须表现出一系列关注自我的德性（例如决心、自信、忠诚）。尽管如此，正如我之前所说的，一些关注他人的德性观点也可能在这方面有所帮助（例如，

---

① 我要感谢一位匿名评论者，他敦促我澄清这一点。

② 尽管这一概念为这两种类型的互动提供了空间，但它强调，最佳的论证群体不是那些论证者不断相互竞争或为了优势而交换优势的群体。也就是说，每个论证者只为其他论证者的利益服务，因为这样做对他或她有利（即，纯粹出于关注自我的原因）。在这些群体中，论证者关心其他论证者的福祉，因此为了自身的利益而关心彼此的福祉，从而使其他论证者的利益成为其自身利益的一部分（Macintyre，1999：108 ff.）。在这个概念中，繁荣的论证群体和论证友谊之间有着密切的联系。

③ 有些德性似乎普遍适用。例如，感知敏锐度、智力勤奋、识别和评估证据的能力以及推理能力。

④ 即使是关注自我的德性，如理智上的谨慎和对细节的关注，在这方面也会有很大的帮助。

理智上的慈善，倾听其他论证者提出的批评，等等）。

对论证者在辩论情境中可能扮演的各种角色的高度关注，特别是对不同的关注自我和关注他人的角色的讨论，有助于澄清关注他人的德性在好的论证中的作用。为了扩展这一点，有必要对具体的论证角色以及每个卓越的角色所具备的优点进行详细分析。这超出了本文的范围。论证者可以扮演的关注他人的角色如治疗师已经成为德性理论分析的对象（Cohen & Cohen，1998）。

六、结论

尽管近年来取得了一些进展，但德性论证理论仍然缺乏对关注他人德性的更系统的认识。尽管缺乏对这些德性的关注可能只是该领域的一个间接遗漏（由于其新颖性），但也有其他更重要的原因解释了为什么会出现这种情况，人们通过德性论证理论与德性知识论经常性的类比，以识别论证德性以及证成在论证理论的中心位置。对关注他人德性的更充分的认识，不仅会导致对论证德性的更丰富的解释，即一个更适合认识不同论证语境下所有相关德性的解释，而且会带来对德性论证者更直观、更丰富的概念。这也可能有助于平衡我们当前文化中对关注自我的德性的强烈关注，从而更好地将德性论证理论应用于多元论证情境中。在本文，我仅仅提供了德性论证理论中更全面地认识关注他人的德性的初步步骤，并提供了更有利于关注这些德性的理由以及探讨其含义。毫无疑问，还必须进行其他步骤。对个体关注他人的德性及其在德性论证中的作用的分析，以及对如何教授和学习这些德性的持续的反思仍有待完成。尽管这些步骤很重要，但必须等待另一个机会完成。

在论证思考关注他人德性的重要性时，我经常以友好的方式修改其他作者的文章，希望改进他们的理论，而不是批评他们的错误。我这样做是因为我试图论证这些德性的重要性，并在实践中展示它们。在论证中，友好的修正应该被视为一种可行且值得称赞的举措，特别是在涉及其他论证者的论证时，这一观点与许多关于论证的思考是不一致的，因为论证中弥漫着敌意，甚至是某种程度的敌意。对关注他人德性的关注将这一点包括在内。

参考文献

[1] Aberdein A, 2010. Virtue in argument [J]. Argumentation, 24: 165 - 179.

[2] Aberdein A, 2017. Inference and virtue [EB/OL]. URL accessed 29 April 2020: https://my.fit.edu/ ~ aberdein/VirtueInference + + . pdf.

[3] Aberdein A, 2017a. Commentary on Jose Angel Gascon, Virtuous arguers: Responsible and reliable [EB/OL]. URL accessed 30 April 2020: https://www.academia.edu/35622304/Commentary_ on_ José_ Ángel_ Gascón_ Virtuos_ arguers_ Responsible_ and_ reliable.

[4] Adams R M, 2006. A Theory of Virtue [M]. Oxford: Oxford University Press.

[5] Aikin S F, Clanton J C, 2010. Developing group deliberative virtues [J]. Journal of Applied Philosophy, 27 (4): 409 - 424.

[6] Annas J, 2011. Intelligent Virtue [M]. Oxford: Oxford University Press.

[7] Annas J, 2008. Virtue ethics and the charge of egoism [C] // In Morality and Self-interest, Bloomfield P, editor, Oxford: Oxford University Press: 205 - 221.

[8] Audi R, 1997. Moral Knowledge and Ethical Character [M]. Oxford: Oxford University Press.

[9] Baehr J, 2011. The Inquiring Mind [M]. Oxford: Oxford University Press.

[10] Bailin S, Battersby M, 2016. Reason in the Balance [M]. Hackett Publishing.

[11] Bailin S, Battersby M, 2016. Fostering the virtues of inquiry [J]. Topoi, 35: 367 - 374.

[12] Bailin S, Battersby M, 2018. Inquiry: A New Paradigm for Critical Thinking [M]. Ontario: Windsor Studies in Argumentation.

[13] Battaly H, 2010. Attacking character: Ad hominem argument and virtue epistemology [J]. Informal Logic, 39 (4): 361 - 390.

[14] Bermejo-Luque L, 2011. Giving Reasons [M]. New York: Springer.

[15] Blum L, 1980. Friendship, Altruism and Morality [M]. London: Routledge.

[16] Bowell T, Kingsbury J, 2013. Critical thinking and the argumentational and epistemic virtues [C] // Mohammed D, Lewinski M, editors, OSSA Conference Archive 30. Windsor: OSSA: 1 - 8.

[17] Bowell T, Kingsbury J, 2013a. Virtue and argument: Taking character into account [J]. Informal Logic, 33 (1): 22 - 32.

[18] Code L, 1987. Epistemic Responsibility [M]. Hanover: University of New England Press for Brown University Press.

[19] Cohen D H, 2005. Arguments that back-fire [C] //In OSSA Conference Archive 8: 58 - 65.

[20] Cohen D H, 2007. Virtue epistemology and argumentation theory [C] //In Dissensus and the search for common ground, Hansen H V, editor, Windsor, ON: OSSA: 1 - 9.

[21] Cohen D H, 2008. Now that was a good argument! On the virtues of arguments and the virtues of arguers [C] //In Proceedings of the International Conference on Logic, Argumentation, and Critical Thinking 1 - 16, Santiago Chile.

[22] Cohen D H, 2009. Keeping an open-mind and having a sense of proportion as virtues in argumentation [J]. Cogency, 1 (2): 49 - 64.

[23] Cohen D H, 2013. Skepticism and argumentative virtues [J]. Cogency, 5 (1): 9 - 31.

[24] Cohen D H, 2016. The virtuous troll: Argumentative virtues in the age of (technologically enhanced) argumentative pluralism [J]. Philosophy and Technology: 1 - 11.

[25] Cohen E D, Cohen G S, 1998. The Virtuous Therapist [M]. Wadsworth, Brooks/Cole.

[26] Drehe I, 2016. Argumentational virtues and incontinent arguers [J]. Topoi, 35: 385 - 394.

[27] Driver J, 2003. The conflation of moral and epistemic virtue [J]. Metaphilosophy, 34 (3): 367 - 383.

[28] Ennis R H, 1996. Critical thinking dispositions: Their nature and assessability [J]. Informal Logic, 18 (2): 165 - 182.

[29] Facione P A, 2000. The disposition toward critical thinking: Its character, measurement, and relationship to critical thinking skill [J]. Informal Logic, 20 (1): 61 - 84.

[30] Foot P, 2003. Virtues and Vices [M]. Oxford: Oxford University Press.

[31] Gascon J A, 2018. Virtuous arguers: Responsible and reliable [J]. Argumentation, 32: 155 - 173.

[32] Gascon J A, 2015. Arguing as a virtuous arguer would argue [J]. Informal Logic, 35 (4): 467 - 487.

[33] Gilbert M A, 1997. Coalescent Argumentation [M]. Mahwah: Lawrence Erlbaum Associates.

[34] Govier T, 1999. The Philosophy of Argument [M]. Newport: Vale Press.

[35] Govier T, 2013. A Practical Study of Argument [M]. Boston: Wadsworth.

[36] Hursthouse R, 2016. Virtue ethics [DB/OL] //Edward N Z, editor, The Stanford Encyclopedia of Philosophy (winter 2016), URL accessed 19 March 2020: https://plato. stanford. edu/entries/ethics-virtue/.

[37] Johnson C M, 2009. Reconsidering the ad hominem [J]. Philosophy, 84: 251 - 266.

[38] Johnson R H, 2000. Manifest Rationality [M]. London: Lawrence Erlbaum.

[39] Johnson R H, Blair A J, 2006. Logical Self Defense [M]. Ontario: IDEA.

[40] Kawall J, 2002. Other-regarding epistemic virtues [J]. Ratio, 15 (3): 257 - 275.

[41] Kidd I J, 2016. Intellectual humility, confidence, and argumentation [J]. Topoi, 35: 395 - 402.

[42] Kraut R, 2016. Altruism [DB/OL] //Edward N Z, editor, The Stanford Encyclopedia of Philosophy (summer 2016), URL accessed 19 March 2020: https://plato. stanford. edu/entries/altruism/.

[43] Kuhn D, 2005. Education for Thinking [M]. Harvard: Harvard University Press.

[44] Lakoff G, Johnson M, 1980. Metaphors We Live by [M]. Chicago: University of Chicago Press.

[45] Macintyre A, 1999. Dependent Rational Animals [M]. London: Duckworth.

[46] Mercier H, Sperber D, 2017. The Enigma of Reason [M]. Harvard: Harvard University Press.

[47] Moulton J, 1983. A paradigm of philosophy: The adversary method [C] // Harding S, Hintikka M B, editors, Discovering Reality. Dordrecht: Springer: 149 - 160.

[48] Norlock K, 2014. Receptivity as a virtue of (practitioners of) argumentation [C] //Mohammed D, Lewinski M, editors, OSSA Conference Archive, Virtues of Argumentation. Windsor, ON: OSSA: 1 - 7.

[49] Nussbaum M, 1996. The Therapy of Desire [M]. Princeton: Princeton University Press.

[50] Paul R, 1993. Critical Thinking: What Every Person Needs to Survive in a Rapidly Changing World [M]. Dillon Beach: Foundation for Critical Thinking.

[51] Pouivet R, 2010. Moral and epistemic virtues: A thomistic and analytical perspective [J]. Forum Philosophicum, 15: 1 - 15.

[52] Roberts R C, Wood W J, 2007. Intellectual Virtues [M]. Oxford: Oxford University Press.

[53] Rooney P, 2012. When philosophical argumentation impedes social and political progress [J]. Journal of Social Philosophy, 43 (3): 317 - 333.

[54] Rooney P, 2010. Philosophy, adversarial argumentation, and embattled reason [J]. Informal Logic, 30 (3): 203 - 234.

[55] Siegel H, 1988. Educating Reason [M]. New York: Routledge.
[56] Slote M, 1995. From Morality to Virtue [M]. Oxford: Oxford University Press.
[57] Slote M, 2001. Morals from Motives [M]. Oxford: Oxford University Press.
[58] Slote M, 2014. Self-regarding and other-regarding virtues [C] //David C, Jan S, editors, Virtue ethics and moral education. London: Routledge: 99 - 110.
[59] Stevens K, 2016. The virtuous arguer: One person, four roles [J]. Topoi, 35: 375 - 383.
[60] Taylor C, 2015. Human Agency and Language, vol. 1 [M]. Cambridge: Cambridge University Press.
[61] Taylor G, Sybil W, 1968. The self-regarding and other-regarding virtues [J]. The Philosophical Quarterly, 18 (72): 238 - 248.
[62] Tannen D, 1998. The Argument Culture [M]. New York: The Random House Publishing Group.
[63] Thorson J K, 2016. Thick, thin, and becoming a virtuous arguer [J]. Topoi, 35: 359 - 366.
[64] Tishman S, Eileen J, Perkins D N, 1993. Teaching thinking dispositions: From transmission to enculturation [J]. Theory into Practice, 32: 147 - 153.
[65] Toulmin S E, 2002. The Uses of Argument [M]. Cambridge: Cambridge University Press.
[66] Van Eemeren F, Grootendorst R, 1984. Speech Acts in Argumentative Discussions [M]. Dordrecht: Foris Publications.
[67] Vlastos G, 1991. Socrates, Ironist and Moral Philosopher [M]. Cornell: Cornell University Press.
[68] Von W, Henrik H, 1985. The Varieties of Goodness [M]. London: Routledge & Kegan Paul.
[69] Walton D, Krabbe E C W, 1985. Commitment in Dialogue: Basic Concepts of Interpersonal Reasoning [M]. New York: State University of New York Press.
[70] Waring D R, 2016. The Healing Virtues [M]. Oxford: Oxford University Press.
[71] Zagzebski L T, 1996. Virtues of the Mind [M]. Cambridge: Cambridge University Press.
[72] Zagzebski L T, 2017. Exemplarist Moral Theory [M]. Oxford: Oxford University Press.

携手共进：德性与语用论辩学*

何塞·加斯康[1]/文，胡启凡[2]、李安迪[3]、廖彦霖[4]/译

（1. 国家远程教育大学，马德里，西班牙；2. 科尔比学院，哲学系，缅因州，美国；
3. 科尔比学院，哲学系，缅因州，美国；4. 中山大学，哲学系，广东广州）

摘 要：德性论证理论关注论证者的品性，而语用论辩学关注作为程序的论证。在本文中，我尝试解释两种论证方法并不会相互冲突。我认为通过对语用论辩学进行略微的修改，并对德性论证理论稍加限制，我们就可以将这两者视作研究论证行为的互补理论。

关键词：论证；偏见；常规有效性；实践；语用论辩学；问题有效性；规则；德性

一、引论

在过去十年里，我们在论证领域中见证了一个新方法的出现。此前，研究论证的传统维度是逻辑学、论辩学和修辞学：逻辑学关注作为结果的论证；论辩学关注作为过程的论证；修辞学关注观众的接受度。① 最近，论证领域内涌现了一系列新方法，它们用新颖的概念理解传统视角。论证的德性方法就是其中之一，它的关注点是论证者，关注他们的性格与行为。德性论证方法最先由阿伯丁（Aberdein，2007，2010，2014）和科恩（Cohen，2007，2009，2013a，2013b）提出，随后也有其他作者支持这种方法。

这类基于主体的论证方法可以阐明论证行为中那些无疑是相关的，但却无法被其他方法准确把握的维度。这些维度的例子有论证者教条式的或思维开放的态度，论证者的偏见（Correia，2012），甚至是在具体的时间和具体的对象关于具体的议题进行论证是否合适（Cohen，2007）。然而，显而易见的是，一种德性论证方法作为一种论证理论需要对作为结果的论证和作为过程的论证发表自身的看法。

在本文中，我的目标是展示一个基于主体的方法是如何与作为过程的论证联系的。我将只关注这一点，因为我认为解释德性论证理论与作为结果的论证之间的关系需要放到另一篇文章中。对论证过程的研究在传统上由论辩学承担。如今，最成功且被广泛接受的论辩理论无疑是语用论辩学。因此，为了澄清德性论证理论与作为过程的论证之间

---

* 原文为 Jose Angel Gascon，2017. “Brothers in Arms：Virtue and Pragma-Dialectics，” *Argumentation*，31，pp. 705－724。本译文已取得论文原作者同意及版权方授权。

① 或者，如果你更愿意采纳文策尔（Wenzel，2006）的术语：逻辑学关注结果、论辩学关注程序、修辞学关注过程。奥基夫（O’Keefe，1977）对作为结果的论证和作为程序或过程的论证的双重区分已经足以让我区分逻辑学与论辩学；与德性论证理论相似而不同于修辞学，这两个领域是规范性的，因此，我会将它们纳入考量范围。

的关系，我认为解释这个德性方法可以提供哪些语用论辩理论所不具备的见解是很有用的。

所以，本文的目的并非批判语用论辩学，虽然我会做出一些批判性的评论。因为我相信没有一种理论能提供一个全貌，所以我的目标仅仅是展示德性方法在理解论证方法时会带来的好处。还应指出的是，虽然我会将我的评论限制在语用论辩学所理解的论证性的讨论中，但一个德性方法并不会让人将讨论视作必然发生在一个提出者与一个反对者之间。从德性论证理论的角度看，论证可以有两方或多方讨论者，以口头或书面形式呈现，发生在演讲者和听众之间以及在作家和他/她的读者之间，等等。我将语用论辩的批判性讨论模型视作合理的理由很简单：任何其他语用性的理论或论辩性的理论可以提供一个不同的模型，而我注重的是展示什么是只有德性方法才能提供的。

在第二节中，我会简述语用论辩学的主要特征，特别是那些关注作为论辩过程的论证的特征。在第三节中，我会论证仅仅拥有一系列语用论辩提供的规则并不能保证参与者的行为是有德性的——在某种程度上，这一点作者他们也承认。这并不是对整个理论的批判，而仅仅作为一个论点来展示德性方法能提供一些语用论辩学所不具备的内容。在第四节中，我会论证在语用论辩学中，论证性讨论的规范过于依赖讨论者的意志，而且这些规范的来源也不明确。我提倡的德性方法能用一种更为明晰的方式来解答这些规范的来源问题。最后，在第五节中，我会就这一关系的另一面做出一些评论：德性论证理论的地位与这一新方法应采纳的语用论辩的见解。

二、语用论辩学：概要

在20世纪70年代与80年代早期，范·爱默伦（Frans H. Van Eemeren）和荷罗顿道斯特（Rob Grootendorst）构建了此后被称为语用论辩学的论证理论。《论证讨论中的语用行为》（Van Eemeren & Grootendorst，1984）提供了这个理论的首个完整阐述。这个理论实用性的一面在于它基于塞尔（Searle）的语用行为理论和格赖斯（Grice）的合作原则。因此，论证被视作一种复杂的语用行为，由属于主张这一类别的基础语用行为构成。论证的复杂语用行为的根本条件是提出一系列相互关联的陈述（即由主张构成的陈述），它作为“提出者证明 P 的尝试，用于说服听众相信他就 P 的立场是可接受的”（Van Eemeren & Grootendorst，1992：31）。因此，与论证关联的语效（perlocutionary effect）是说服（Van Eemeren & Grootendorst，1984：47）。

在这个理论的成熟版本中，两位作者还采纳了塞尔和格赖斯的见解来提出一个格赖斯合作原则的替代方案（Van Eemeren & Grootendorst，2004：76）：交流原则，它涵盖了清晰、诚实、有效相关这几个一般原则。[①] 这个交流原则是五条使用语言的规则的基础，它们可以替换格赖斯的准则，并禁止那些不能被理解的、不真诚的、多余的、无意

① 注意，诚实这个原则或许会与语用论辩的外部性原则冲突，根据这个（外部性）原则，论证者的“想法或信念”应该被避免（1992：10）。然而，我不会探究这个问题，因为言语行为理论可以提供就提出者的意图和真诚度进行推论的可能性。

义的或无法与此前的言语行为进行合适连接的言语行为（Van Eemeren & Grootendorst, 2004：77）。

然而，最值得注意的是这一理论在论辩方面的内容。语用论辩学将论证性（或批判性）的讨论视作提出者和反对者就一个特定立场进行的讨论，其中提出者尝试回应反对者的批判意见来捍卫他的立场（Van Eemeren & Grootendorst, 1984：17；2004：1）。讨论的目的是消除意见分歧，如果提出者成功捍卫他的立场，则结论倾向于他——这种情况下反对者必须打消他的怀疑，不然结论就倾向于反对者——这种情况下提出者必须撤回他的立场（Van Eemeren & Grootendorst, 2004：61）。

在语用论辩学中，一个批判性讨论的理想模型包括讨论者需要直接或间接面对的四个讨论阶段（Van Eemeren & Grootendorst, 2004：60－61）：

> 冲突阶段：当一个立场不被接受或者假设它有不被接受的可能性时，意见分歧或争论出现。
>
> 起始阶段：在这个阶段，一个有成效的批判性讨论的必要条件通过直接或间接的方式被满足。讨论者认识到他们有多少共识并确立讨论的出发点，讨论的程序性规则被双方认可。另外，提出者和反对者的角色被分配。
>
> 论辩阶段：提出者提出论证，试图打消反对者的怀疑或反驳反对者的批判性回应。反对者批判性地评估提出者的论证，要么接受，要么进一步用批判性的论证回应。在这一情况下，提出者必须提出进一步的论证，以此类推。因此，反对者仅仅就提出者的立场提出质疑，他/她并不捍卫与其相反的立场或任何其他立场。
>
> 结束阶段：讨论双方确立了讨论的结果。意见分歧只有在讨论双方同意该立场是可接受的或者提出者必须撤回它时才算得以和解。

先前的模型展现了一个批判性讨论最简单的形式，即一个单一的、非混合的争论：单一指分歧只涉及一个命题，而非混合是因为关于那个命题只有一个立场被采纳。如果争论是围绕多个命题展开的，那么它是多重的。如果反对者不仅批判性地回应某个立场，还捍卫其对立的立场，那么它是混合的。在这种情况下，每个讨论者根据自身的立场都承担提出者和反对者的角色。

范·爱默伦和荷罗顿道斯特随后确立了在每个批判性讨论阶段允许使用哪些言语行为和它们发挥哪些具体的作用，这些它们必须发挥的作用不局限于消除意见分歧这个总体目的（Van Eemeren & Grootendorst, 1984：105；2004：68）。然而，更值得注意的是，两位作者提出的规则对于开展一个合理的、有成效的、能消除意见分歧的讨论是必要条件。根据指导语用论辩学的外部性原则，这些规则不适用于信念或精神状态而主要适用于言语行为（2004：135）。

最初，两位理论家（Van Eemeren & Grootendorst, 1984）假定了一个"行为守则"，其中有十七条规则细致地规定了讨论者的哪些言语行为是正当的、被禁止的或有义务去执行的以及提出者和反对者获胜的条件。随后，两位作者呈现了十条"批判性讨论的规则"，违反这些规则会导致谬误（Van Eemeren & Grootendorst, 1992）。最后，当这个理论的成熟形态被呈现时（Van Eemeren & Grootendorst，2004），此前的十七条规则演变成十五条“批判性讨论的规则”。另外，此前的十条规则经过略微修改也被加入其中，它们作为一个“理性讨论者的简单行为守则”，且因为“实用性的考量”比此前更简洁明了（Van Eemeren & Grootendorst，2004：190）。[①]

将十条规则呈现如下足以说明概况，所有这些规则都是禁条，它们也被称为“十诫”：

> （1）讨论者不得阻止他人提出立场或阻止他人对立场提出质疑。
>
> （2）提出立场的讨论者在被要求为该立场辩护时不得拒绝。
>
> （3）对立场的攻击不得涉及一个未被另一方提出的立场。
>
> （4）对立场的辩护或许不能通过非论证的形式或与立场无关的论证来实现。
>
> （5）讨论者不得错误地将未表达的前提强加于另一方，他们也不得推卸对自身未表达的前提的责任。
>
> （6）讨论者不得错误地将某个事物呈现为公认的起点或错误地否认某个事物为公认的起点。
>
> （7）论证中的推论在被呈现为形式上有效时不得在逻辑意义上被废止。
>
> （8）如果捍卫一个立场时没有通过正确的方式使用合适的论证形式，而该立场在被呈现时也不是基于形式有效的论证，那么该立场不得视作通过论证被最终辩护。
>
> （9）讨论者不得持未被最终辩护的立场，讨论者也不得对被最终辩护的立场表达怀疑。
>
> （10）讨论者不得使用任何表意不明或含糊不清的陈述，他们也不得刻意误解另一方的陈述。

这些规则能保证一个意见分歧能以合理的方式被消除吗？两位作者明确表示，虽然遵守这些规则是一个必要条件，但并非充分条件（Van Eemeren & Grootendorst，2004：134）：

> 当然，这些规则并不能给出任何保证遵守这些规则的讨论者总能消除意见分歧。它们不会自动成为消除意见分歧的充分条件，但是不论何时它们都是达成这一目的的必要条件。

还需要什么呢？两位作者明确指出他们的规则是进行批判性讨论的一阶条件，除此之外还有高阶条件需要满足（Van Eemeren & Grootendorst，2004：189）；以及二阶条件，它与参与者的精神状态相关；三阶条件，它与讨论发生的社会环境相关。因此，在下一节中，我会论证语用论辩提供了将德性方法融入理论中的可能性。

---

① 如果想了解一个对语用论辩规则发展更为详尽的叙述，见岑克尔（Zenker，2007）。

三、论证者性格在规则应用中的作用

语用论辩学者将什么视作合理讨论的二阶条件其实并不明确。有时候这些“内部条件”似乎只是有遵守行为准则的意愿（Van Eemeren & Grootendorst，2004：189）：

> 通过有条理地反思一阶规则并理解它们的原理，可以在某种程度上促进遵守二阶条件。

在其他情况下，二阶条件的涵盖面似乎更为广泛，它包括适当的动机和与不同观点交互的能力（Van Eemeren，2015：838）：

> 二阶条件关注论证者的内部状态：他们参与批判性讨论的动机和与他们参与批判性讨论的能力相关的性格特质。
>
> 二阶条件要求参与者能有效地推理，能将多个论证纳入考量，能整合一系列关联的论证，能权衡冲突的论证方向。

另外，最后，在范·爱默伦和荷罗顿道斯特最初构建语用论辩学时，他们似乎有一个相当宽泛的二阶条件概念，这个概念中至少包括一些德性。两位作者将达成这些内部条件的讨论者描述为波普尔的《开放社会》中的一员（Van Eemeren & Grootendorst，1988：287）：

> 一个开放社会的成员是反教条、反权威和反终极答案的；换言之，是反对知识的垄断，反对声称的一贯正确的和坚定不移的原则。

那么我们可以肯定地得出结论：在语用论辩学中有纳入德性论证方法的空间。无须将两个理论呈现为就同一事物对立的两个论述：它们仅仅是论证的不同方法，一个关注一阶条件，而另一个关注二阶条件。

事实上，因为语用论辩学的目的是评价论证的话语和分辨谬误，我认为该理论的一个优点是外部原则。根据这个原则，我们的关注点应该在“一个人直接或间接表达的内容”上，而需避免对“他们思考或相信的内容”的猜测，因为“心灵的内部状况无法被触及”，且“人们应该在什么程度上对此负责也不明确”（Van Eemeren & Grootendorst，1992：10）。然而，我们不能忽略一件事，即论证者精神状态的某些方面仍然对论证行为非常重要，即便它们或许与论证话语的评价无关。这些方面中最明显的应该是偏见，它并不一定意味着缺乏说服力的论证或违反论辩规则。一个将主要目的围绕在教育和培养有德性的论证者的理论（例如我提倡的德性论证理论）毫无疑问应该对论证者的动机和偏见发表意见。

那么，让我们看看一个论证研究的德性方法可以对像语用论辩学这样基于规则的论辩理论做出什么贡献。首先，正如本节的第一个引言所说，对语用论辩规则的适当运用或许需要一个恰当的动机和有德性的论证者。这一观点已经由科雷亚（Correia，2012）提出，他指出论证性讨论的合理性会被论证者的认知偏见不经意地破坏。科雷亚认为，鉴于这些偏见往往是无意识的，仅仅了解规则和有意识地遵守它们可能是不够的。

举个例子，请考虑第七条和第八条规则，它们规定论证必须在逻辑上有效——或是以形式有效的方式呈现，或是正确运用了论证形式。为了遵守这些规则，讨论者必须有能力评价他们提出的论证的质量。然而，心理学研究显示，我们并不擅长这件事。如埃文斯（Evans，2004）解释的那样，对论证进行正确评价的一个障碍是信念偏见（belief bias），即根据我们是否同意结论来评价论证的倾向。例如，在埃文斯呈现的一个实验中，受试者被给予一些推论并被要求判断是否能从前提必然得出结论。测试一共有四个推论：结论是可信或不可信的有效推论，结论是可信或不可信的无效推论。实验显示，对于结论可信的推论的接受度，不论是否有效，都比结论不可信的推论的接受度要高——只有56%的受试者接受了结论不可信的有效推论，而71%的受试者接受了结论可信的无效推论。对此的解释是信念偏见（Evans，2004：139）：

> 一个解释是如果人们同意某些论证的结论，那他们会不加批判地接受这些论证，因此他们不会注意到可信的结论是由无效的论证支持的，而只会在结论难以接受时检查该论证的逻辑。

一个类似的且广为人知的行为倾向是证实偏见（confirmation bias）。在很大程度上，潜意识里的偏见是导致我们选择性地收集支持我们自身观点的证据的原因（Nickerson，1998：177）。有倾向性地处理支持一个预期结论的证据也被称为我方偏见，它被视作一个动机性的问题而非一个认知上的限制（Nickerson，1998：178）。证实偏见的另一方面不涉及证据的选择而涉及以符合我们此前观点的方式解读证据。多项研究显示，“人们倾向于过度重视正面的确证证据而轻视负面的否定证据”（Nickerson，1998：180）。该倾向的一个极端例子是一个实验显示，“人们有时会将与假设相左的证据解读为支持该假设的证据”（Nickerson，1998：187）。

可以说，选择性地搜索支持自身观点的信息与诸如语用论辩这样的对抗方法是一致的。然而，当证实偏差的效果给予对自身有利的证据过多的权重时，会阻碍对论证质量的正确评价，并因此妨碍我们遵守第八条规则。例如罗德等人（Lord et al.，1979）的一项著名研究。研究中的受试者分别是死刑的支持者和反对者，他们被给予两份虚构的研究并要求评价它们，一份证实了死刑的威慑效果而另一份证伪了该效果。和预想的一样，受试者认为与他们最初信念冲突的研究更没有说服力且质量更差。

再举一个例子，第一条规则禁止论证者阻止他人提出立场或批判性评论。根据范·爱默伦和荷罗顿道斯特理解的这个规则的方式，诉诸人身论证的滥用形式构成违反该规则。当一个论证者将对方描述为“愚蠢的、不可靠的、不一致的或有偏见的，该论证者就有效地使对方沉默，因为如果该攻击成功的话，他就失去了他的可信性”（Van Eemeren & Grootendorst，1992：110）。然而，一系列心理学研究显示，人们倾向于认为他人不如我们自身客观，而这使我们很难有效避免对诉诸人身论证的滥用。这个偏见被称为盲点（blind point）：辨别甚至夸大他人的偏见却否认自身受偏见影响的倾向。根据普罗宁的观点（Pronin，2007：39），这个影响可以用三个原因来解释：无意识偏见、分歧和自我关注。首先，偏见通常是潜意识的这个事实让我们倾向于相信我们的观点和行为不受偏见影响，因此我们的观点是客观的（Pronin，2008：1189）。偏见发生的原因是我们通常过度依赖内省来理解我们自身的行为和意见（Pronin，2008：1177）：

> 我们倾向于通过“内省”（向内观察想法，感受和意图）来感知自己，而通过“外观”（向外观察可观察的行为）来感知他人。简而言之，我们通过所见的内容评判他人，而通过我们的所思所想评价自己。

例如，人们相较于自己更倾向于将他人视作被自身利益驱动（Pronin，2007：37－38）：

> 他们认为工作勤勉的人是受到诸如金钱之类的外部激励驱动，而他们声称他们自身是受到诸如成就感之类的内部激励驱动。

我们无法探查到自身偏见的产生的原因是内省并非一个探查偏见的有效方法（Pronin et al.，2004：783）：

> 至少在某些情况下，我们大多数人愿意考虑我们自身判断或决定受偏见影响的可能性……然而，当我们考虑此类偏见的可能性时，我们不太可能找到有关偏见的任何现象的痕迹。

其次，当出现与他人有分歧的情况时，我们“天真的实在主义”（Pronin et al.，2004：783）的立场（即我们的观点客观地反映世界）使我们很自然地相信他人必定有偏见。

最后，考虑到认为自己是客观有助于塑造一个正面的自身形象——且考虑到“偏见”一词的贬义含义——自我提升的动机或许同样会加剧偏见盲点（Pronin et al.，2004：788）。

不难看出，偏见盲点会导致直接的人身攻击。当然，我们倾向于相信与我们意见相左的人有偏见，但这并不直接意味着这个信念会以诉诸人身论证的形式呈现。为了遵守语用论辩学的行为准则，论证者会刻意避免指责他的对话者有偏见、片面、自利，即便他深信这个指责成立。然而，在我看来，这并非一个现实的或实用的解决方案。在大多数情况下，要求论证者克制自己而不表现他们对对话者的真实态度或许是强人所难。此外，以这种方式隐藏论证者对他/她的对话者的真实看法可以被视作一种与语用论辩学诚实原则相悖的行为。

诚如科雷亚（Correia，2012：231）所指出的，考虑到这些偏见是潜意识的，受它们影响的论证者不能说是违反了诚信原则。这么看来，遵守语用论辩规则需要的不仅仅是诚信和努力。一个解决这些偏见的论证方法如果想要在实践和教育上产生相关影响，就至少应该处理讨论者的性情和动机。这样的方法会提供一些对关于心灵的内部状态和论证者性格的二阶条件的见解，它和关于社会环境的三阶条件一起先于并促进一阶条件的实现。在我看来，德性论证方法是最适合这个目标的理论。

一些学者已经认为，德性理论是能让我们处理偏见问题的有成效的框架。例如，罗伯斯和韦斯特认为有德性的理智品格能帮助纠正一些使我们倾向犯错的偏见（Roberts & West，2015）。他们提出两种具有矫正意义的认知德性：自我警觉和理智活力。自我警觉的德性与以下建议有关（Roberts & West，2015：2563）：

> （至少）部分削弱我们认识可靠性的偏见会通过认知到我们受制于它们而变得不那么有害……因此，认识到我们自身容易犯自然的认知错误是自我警觉的第一个方面，而关于认知缺陷的实证文献应该作为我们对这一认知进行教育的无价资源。

事实上，普罗宁（Pronin，2007：40）指出，虽然向人们解释偏见的作用鲜有成效，但向他们普及有关偏见意识的缺乏及内省价值的有限性，往往有助于消除偏见盲点。此类教育无疑会帮助那些塑造自我警觉的人，一个“认识到他/她容易犯自然的认知错误”的人（Roberts & West，2015：2566）。思想上谦逊同样能帮助论证者理解他/她不太可能比普通人更客观，从而抵消心理学上“素朴实在论”的自然倾向。

在罗伯斯和韦斯特看来，理智活力被理解为与理智懒惰相对的德性（Roberts & West，2015：2570）。在我看来，这与汉比（Hamby，2015：77）提出的愿意探索的德性很相似：“在批判性探究中运用自身技巧的坚定内在动机，寻找通过对问题仔细考察得出的合理判断。”思想活力激发了人们思维开放的德性（Roberts & West，2015：2571），同时通过驱使我们探寻信息和考量问题来帮助我们抵消信念偏见和证实偏见。

最后，请考虑基德提出的理智谦逊的德性（Kidd，2016）。他将谦逊描述为“管理思想自信的德性，即作为展现在诸如论证、理解、形成信念等等理智行为中的自信”（Kidd，2016：396）。他设想的理智谦逊需要“纪律、积极的自我监察、对他人的接受以及对理智自信的不确定性和对脆弱的理解”（Kidd，2016：397）。他认为论证实践可以帮助培养理智谦逊，因为论证是作为一门有教益的学科来构思和实践的。他对“焦虑、偏见、自信和其他现象影响我们参与共享思想实践的能力的方式中的心理和社会事实很敏感”（Kidd，2016：401）。他总结道（Kidd，2016：401）：

> 关键的是，对“好论证”的设想，在所有情感、身体和认知方面，必须包括一些德性以及与它们相关的一些好的主体思想行为类型。

四、论证规范的社会基础

在我看来，在语用论辩学明确承认论证者的内部状态是论证理论学者关心的一个话题之后，语用论辩学和德性论证方法的兼容性已经很清晰了。相较于第三节对于讨论规则适用性的关注，我在这一节会更关注理论。我的论证大概会被认为是对语用论辩学的理论根基具有批判性。无论如何，我不认为我把在这一节中说的内容当作对语用论辩学的批判性讨论模型的实质反对。我仅仅会尝试表明，在为论证规范的来源提供描述上恰当的解释时，语用论辩学无法独立完成这项任务。为达成这个目标，语用论辩学可以受益于一个将德性视作演化传统的一部分的德性论证方法，或至少我会这么进行论证。

这一节的中心问题是：语用论辩规则的来源是什么？它们的规范性力量从何处来？范·爱默伦和荷罗顿道斯特（Van Eemeren & Grootendorst，2004）认为讨论规则的可靠性来源于它们的问题有效性（problem validity），即它们对于解决意见分歧的帮助程度；以及它们的习惯有效性（conventional validity），即讨论者对它们的接受度。他们对这两个来源的解释如下：

> 这意味着组成语用论辩讨论程序的部分需要在两方面接受检查：第一是它们完成设计初衷的工作的能力，即它们是否能解决意见分歧；第二是它们对于讨论者主体间的可接受性——这会赋予它们习惯有效性。（Van Eemeren & Grootendorst，201：32）

上面陈述的标准似乎并未造成很大的问题。然而，正如我打算展现的那样，当我们深入了解细节时，事情会变得更复杂。让我们从问题有效性这个条件开始。有时语用论辩学家将更多的关注点放在这个条件上，而不是放在主体间的一致意见上。例如：

> 语用论辩规则的可靠性首先基于它们的问题有效性：它们有助于解决意见分歧。（Van Eemeren，et al.，2000：418）

显而易见的是，并非所有解决意见分歧的方式都是可接受的。因此，范·爱默伦和荷罗顿道斯特区分了争论的“理性解决”（resolution）与“形式解决”（settlement）。一个争论或意见分歧只有在“规范的、不受阻碍的论证、批判交流的基础上就相关立场的可接受性达成一致结论”时才算得到理性解决，而当论证者同意以任何其他方式处理时则是形式解决，例如投票表决。在这个意义上，从直觉上看语用论辩的规则或许对问题是有效的。然而，问题依然存在——为什么恰好是这些规则而不是其他规则？

范·爱默伦和荷罗顿道斯特指出（Van Eemeren & Grootendorst，1988：283），对该规则体系的问题有效性的最佳测试是看“每个被制定的讨论规则能否恰好指出哪个经典谬误可以被这些规则遏制”。提供一个谬误论述在一开始就是语用论辩的一大关注点，而且对于谬误的定义与规则体系相关联。这么看来，谬误的传统清单可以作为一个外部标准。然而，我们很快意识到事情并非如此（Van Eemere & Grootendorst，1992：105）：

> 我们认为所有的传统类别都在我们的体系里有一席之地，但即便是一个或多个

传统上列出的谬误，也无法用语用论辩的方式分析，这不自动意味着我们的理论工具有什么问题。将传统列表视作上天的神圣礼物是一个错误。

我同意上述说法。然而，这使语用论辩规则的理论地位变得复杂化。如果谬误是根据违反批判性讨论的规则来定义（Van Eemeren & Grootendorst，2010：194；1992：104），而规则的问题有效性依托于它们排除谬误的适用性，那么，对规则的证明是循环论证。根据定义，这些规则必然能有效地避免谬误。这个循环性由波帕（Popa，2016）在一篇富有见解的文章中指出：

> 然而，由语用论辩规则解决的问题仅仅只是作为规则本身的否定出现。换言之，违反规则的情况中的"问题"特征似乎在于规则被违反这一事实。

因此，问题有效性的条件仅仅是被语用论辩规则以微不足道的方式满足了。这并没有给我们一个对规则实在的证明。尽管如此，或许在习惯有效性的条件上还有希望，根据这个规则，论证者必须接受批判性讨论的规则。我现在会关注这第二个标准。

习惯有效性要求规则被论证者接受：

> 然而，要解决一个意见分歧，规则除了要有效之外，还必须为处于分歧之中的各方所接受：它们应该获得主体间的认可或在"习惯上有效"。（Van Eemeren et al.，2000：418）

我将把主体间的接受视作这个理论的一个优点。然而，我反对语用论辩学者过分重视独立的论证讨论和明面上的同意。

数位学者已经指出，批判性讨论的参与者在他们参与的讨论中享受了过多决定哪些规则会被接受的自由（Siegel & Biro，2008；Tindale，1996）。正如廷代尔（Tindale，1996：26）观察到的，范·爱默伦和荷罗顿道斯特有时强调客观标准的存在，而有时他们似乎将更多的关注放在讨论者之间的一致意见上。例如，一个令人担忧的问题是讨论者能否自由决定讨论的出发点。这可能导致对很不合理的立场的同意：

> 举个例子，如果你和我是白人种族主义者，而我们在进行一场关于给黑人候选人投票是否明智的批判性讨论——我计划投票给他，因为尽管他的肤色如此，但他使我想起了我的父亲——你通过使用完全符合语用论辩规则的行为来提醒我有关我对黑人能力的总体态度或许能根据我们双方都接受的规则来解决意见分歧，但我不应该为这个候选人投票的新信念仍然没有被我的种族偏见证成，即便我们就问题达成一致意见且我得出该结论时采用的程序是正当的。（Siegel & Biro，2008：194）

然而，我认为就这个反对意见已经得到很好的回答。范·爱默伦（Van Eemeren，2012：453）认为语用论辩学"既不像物理、化学以及历史一样是一门'实证'研究，也不像伦理学、知识论、修辞学或逻辑学一样是一个理智反思的领域”。因此，语用论辩学只关注用合理的方式解决意见的分歧，并不考虑讨论者同意立场的认知和伦理价值。同理，加森和范·拉尔（Garssen & Van Laar，2010：127）认为：“我们让各个学科来帮助学者们建立前提可接受性的评估方法和标准。此外，我们让每个争论者构建他们所认为合适的共同基础。”然而，只有当实质出发点而非批判性讨论规则由讨论者一致决定时，该回复才能化解相对主义的指责。不过，批判性讨论规则看起来同样由讨论者一致决定。

在合理性上，根据语用论辩的批判理性视角，当论证是“按照各方可接受的规则和解决意见分歧的有效手段时”，它是可接受的（Van Eemeren & Grootendorst，2004：16）。同样，在讨论的起始阶段，论证者建立他们的共识，“这其中包括程序上的承诺和实质性的同意”（Van Eemeren & Grootendorst，2004：60）。事实上，对程序规则的同意明确写在第五条规则中（Van Eemeren & Grootendorst，2004：143）：

> 将要在论证阶段承担提出者和反对者角色的讨论者在论证阶段开始前就以下规则达成一致：提出者如何捍卫他的最初立场，反对者如何对该立场提出质疑，另外在何种情况下提出者成功捍卫他的立场而在何种情况下反对者成功地对该立场提出质疑。这些规则在整场讨论中都适用，而且任何一方在讨论过程中都不得质疑。

不仅如此，根据第七条，就论证中复杂言语行为在证明和反驳的效力而言，对该效力的质疑或辩护能否成功取决于它能否通过“主体间的测试程序”来证实（Van Eemeren & Grootendorst，2004：150）。这个程序包括检查一个被使用的论证方案是否被各方接受。因此，各方必定在此前就“应该使用或不使用哪些论证形式”达成一致，而且第七条明确指出“讨论者可以自由决定这个内容”（Van Eemeren & Grootendorst，2004：149）。

在一个对他的批判者的回应中，范·爱默伦（Van Eemeren，2012：453）认为他们的错误在于假设“最初达成一致的命题和推论类型是从天而降的”。确实，范·爱默伦和荷罗顿道斯特（Van Eemeren & Grootendorst，1992）承认“这些规则可能早在讨论者首次见面之前就已经在社区中确立了”。我认为这是走出这个困境的关键。他们（Van Eemeren & Grootendorst，2004：142）指出，当讨论者并不直接就规则达成一致而是默认他们接受大致相同的规则时，他们“默认他们受到习惯的约束”。在我看来，诉诸不直接言明的社会常规是对上述反对意见的恰当回应。但是，如此关注在理想模型中对讨论规则的明确同意有什么好处？另外，为什么讨论者能有最终决定权，使拒绝牢固确立的规则或接受奇怪的规则成为一种可能？当他们（Van Eemeren & Grootendorst，2004）强调“只要讨论者之间的讨论继续，这些规则就适用”时，语用论辩学者对习惯的诉诸似乎就失去了所有的效力。

在展示问题有效性的要求是循环的之后，我的观点是语用论辩的规则必须用它们的习惯有效性来评估。然而，如我们所见，这些规则过度强调特定论证者在特定讨论中决定去做的内容。那么，主体间的可接受性处于什么位置呢？在讨论语用论辩规则的有效性时，汉森（Hansen，2003：61）提出了一个启发性的评论：

> 如此一来，“批判性讨论”的概念产生了规则，而这些规则作为一个规范模型构成了批判性讨论。我认为这就是主要的解释：一个批判性讨论的想法产生了规范（即规则）的需要，而当一个个单独的规则被识别并加入列表，一个批判讨论的概念就逐渐成形。我在上文引用的语用论辩规则定义了在哲学演化中现阶段的“批判性讨论”。

因此，建立这些规则的意图是把握在我们社会中已经存在的，即便是不直接言明的批判性讨论的概念。这个（不断演化的）批判性讨论的概念无疑在不断被哲学思考塑造和丰富，它就是在特定讨论中对特定论证者施加的无形限制——如果论证者决定遵循与我们的批判性讨论的想法冲突的规则，那么他们可以被认为是在进行拙劣的论证或根本不在论证。因此，在一般情况下，程序规则从未被明确同意，即没有被特定的论证者和他们的共同体同意过。相对地，它们是传统中不被言说的一部分（Cohen，2013b：474）。持乐观的态度来看，可以说，我们目前就批判性讨论的概念反映了迄今为止我们作为一个社会已经习得的内容。语用论辩学的优点是它明确了那些不直接言明的、模糊的内容。语用论辩规则的有效性必须根据批判性讨论的概念来评估。正如阿伯丁（Aberdein，2010：169）所说：“实践先至，而规则尝试去把握使其有效的内容。”

德性论证理论通常对规范的这个文化背景很敏感。麦金太尔（MacIntyre，2007）提倡一种与社会实践密不可分的德性概念。此外，亚那（Annas，2011：52）说：

> 目前这个对德性的论述坚持认为德性在一定程度上是通过习得它的方式被理解的，而习得德性总是发生在一个特定的环境中——特定的家庭、城市、宗教和国家。

因此，一个论证的德性方法不仅可以补充语用论辩的批判性论证在实践（教育）中的用途，如为满足二阶条件做出贡献，还可以为语用论辩的规则提供理论基础。如此，规则将会基于社会实践，从中得到它们的规范力。当然，还有很多需要被解释，但我相信这个建议是很有前景的。我不知道语用论辩学者会在多大程度上接受我在这一节中提出的内容。不论如何，如我在本文中不断强调的那样，我不把我的批判视作对语用论辩学的根本批判，也不相信语用论辩学和德性论证理论是对立的方法。

五、事情的另一面

到目前为止，我关注了语用论辩学可以从德性论证方法中采纳的内容。然而，德性论证理论为适应语用论辩学，需要做出什么调整呢？在这一节中，我会简要介绍我认为语用论辩学能教给德性论证理论的内容，以及德性论证理论所处的地位。因为这不是本文的主题，我无法对其进行细致的展开，但是提供一些大致的方向会是很有益处的。然而，虽然在别的地方我尝试采纳了德性论证方法的一般视角，但在本节中我需要依靠我设想的那类论证研究的德性方法中的部分特征。

首先，语用论辩学是否应该在德性论证理论基础上增加一些限制呢？因为本文讨论的范畴有限，我还未处理这两个理论关系中的这一互补的部分。事实上，我认为德性论证理论需要一些限制。为简洁起见，我只会给出一个我认为特别重要的例子。如我们在前几节中所述，语用论辩的外部性原则禁止讨论论证者的心态；它的关注点是“论证者明确或隐含地表达了什么”，避免对“他们的所思所想”的猜测（Van Eemeren & Grootendorst，1992：10）。我相信有很好的理由坚持这个原则——至少作为一般规则。如果不能阻止论证者自由地讨论他人的心态，那么这会很轻易地使他们忽视他人提出的实际论证并诉诸人身攻击。德性论证理论不应该将其视作一个正当的行为。然而，对于一个恰好将重心放在论证者的性格和心态的德性理论，这个准则意味着什么呢？

事实上，阿伯丁认为德性论证理论可以阐明在什么情况下诉诸人身论证——或被他称为道德论证（ethotic argument）——是正当的（Aberdein，2010：171）：

> 德性理论或许能提供一个简单的解决方案：负面的道德论证只有在用于引起观众对论证恶习的关注时才是正当的（同样，正面的道德论证只有在指向论证德性时才是正当的）。

然而，鲍威尔和金斯伯里（Bowell & Kingsbury，2013：26）认为，诉诸人身论证可以被正当地用于质疑一个主张，但它们不能被正当地用于否定一个论证[①]。戈登（Godden，2016）的主张指向同一个方向，他认为性格的考量与论证的评价无关。大体上我相信这些作者是对的。一个思想傲慢、教条主义、思维封闭的人事实上也可以提出一个好论证，所以决定论证质量的并非论证者的特质。诚然，德性论证方法可以将好论证定义为德性论证者在进行有德性的论证活动时提出的论证（Godden，2016：349）。但想要评价一个特定情况下的实际论证，实际论证者的特质通常是无关紧要的。

我已经强调过，语用论辩的外部性原则是作为一个大体规则成立的。诚然，在部分情况下，论证者的特性与论证的评价有关。例如，当分析一些可证伪的论证时，有时我们必须相信论证者提供了所有相关证据且并未隐藏任何信息。因此，这并不是一个没有例外的规则。然而，对论证的核心评价仍然是根据论证的特性——由论证的类型告诉我们论证者的特质是否有影响、在什么方面有影响。论证者的部分特质或许被证明是相关的，但对于论证德性和恶习的讨论并非总是相关的。

这么看来，在大多数情况下，德性论证理论应该遵从语用论辩的外部原则且与阿伯丁的主张相反，在结果上不应该接受论证评价的任务。即便允许有例外，外部原则应该

---

① 鲍威尔和金斯伯里认为这么做从来不是正当的。我并不支持这一强烈的主张，但较弱的主张通常是不正当的。阿伯丁（Aberdein，2014）提供了几个例子，其中对性格的考量或许会对接受或拒绝一个论证有影响。

作为一个大体规则禁止在不需要关注他人特质的论证分析中涉及他人的特质①。

基于以上内容，德性论证理论处于什么地位呢？我在第三节中论证了德性论证理论可以解释语用论辩学的二阶条件，第三节和本节的内容似乎只是在说德性论证理论可作为语用论辩学的补充。然而，这是因为，在我看来，虽然具体的讨论是语用论辩的领域，但德性论证方法有不同且更为广泛的范畴。诸如理智狂妄和思维封闭等理智恶习、理智谦逊和不偏不倚等理智德性无疑会影响论证者在讨论中的行为，但这些特性不能仅仅在具体讨论的范畴中被理解。在一个讨论和下一个讨论之间，发生在一个人理智生活中的事是德性论证理论需要关注的内容。此外，一个人接受的教育和他养成的习惯必须作为对这些特性解释的一部分——一个人是如何成为他现今这样的论证者的。因此，德性论证理论相较于语用论辩学更好地洞察了德性的发展（Annas，2011）和提供了德性与人生之间的意义和关系。

用另一个例子来收尾，德性论证理论的范畴主要包括人的论证习惯，这使得该理论适用于处理一个在语用论辩学考虑范畴之外的问题。语用论辩规则第一条基于讨论者不加限制的权利提出任意立场或对任何立场提出质疑。正如作者他们自己承认的，这个规则允许所谓的恶性行为（Van Eemeren & Grootendorst，2004：136－137）：

> 例如，规则第一条给予讨论者不加限制的权利的一个结果就是，在面对另一讨论者时，未能捍卫特定立场的讨论者保留了再次向同一个讨论者提出相同的立场的权利。这甚至还适用于一个成功捍卫某立场的讨论者紧接着对该立场提出质疑或捍卫相反的立场。当然，其他的讨论者是否准备好与这一个独特的或变化无常的讨论者开始一个新的讨论是值得讨论的问题。同样，要求其他讨论者这么做是否合理也值得商榷。

确实，实际上，语用论辩规则并不排除讨论者在讨论结束后重新回到他们之前的信念，无论讨论的结果如何，甚至可再发起相同的讨论。在我看来，这样的行为不仅仅是“独特的”或“变化无常的”，它们还属于论证恶习。此外，德性论证理论关注论证者的长期论证行为。一个人是否根据讨论中呈现的理由调整他的信念，还有一个人的信念是否在不同的讨论中呈现一致性，都与一个人能否被称为有德性的论证者息息相关。因此，德性论证理论可以为论证习惯相关问题（如以上描述的问题）提供一些见解。

六、结论

如今，语用论辩学应该是最为系统化的、详细的和发展最完善的基于规则的论证理论。基于此，我将视其为作为过程的论证理论的范式。我的主要目的是阐明德性论证理

---

① 如一位匿名审稿人建议的，另一种看待这个问题的方式是持唯一一种与语用论辩学兼容的德性论证理论类型，即帕格利里所谓（Paglieri，2015：77）的适度温和派，其主张是“逻辑上的说服力对论证质量是必要但不充分的，且它并不要求考察品格”。这就是我在此处捍卫的德性论证理论的类型。

论与语用论辩学之间的关系，因为根据德性论证理论对主体和其性格的关注，解释它们与举动和行为之间的联系是很有必要的。

如我想展示的那样，德性论证理论与语用论辩学并非针对同一事物的不同理论。语用论辩学是对论证话语的评价——在我看来，德性论证理论更不适合这一工作[①]。一个德性论证方法能通过提供对有关论证者性格与心态的二阶条件的见解来补充语用论辩学。此外，即便语用论辩学者将这个提案视作对他们理论的改动，德性论证理论也可以通过解释我们对批判性讨论的概念和有德性的论证者的社会与文化特性来为语用论辩规则提供证明。而语用论辩学能提供德性论证理论所不能的是详细的规则，它们明确了我们对合理的（有德性的）论证的概念中隐含的内容。

---

① 然而，并非所有德性论证理论学者都会同意这一点。如帕格利里（Paglieri，2015）所言，部分德性论证方法的支持者认为论证质量并非由非形式逻辑学者的说服力这一概念决定，这是极端派；其他学者认为德性论证方法可以解释说服力，这是有野心的温和派。我感谢其中一位匿名审稿人指出这一点。

参考文献

[1] Aberdein A, 2007. Virtue argumentation [C] // Van Eemeren F H, Blair J A, Willard C A, et al., editors, Proceedings of the 6th conference of the international society for the study of argumentation. Amsterdam: Sic Sat: 15 – 19.

[2] Aberdein A, 2010. Virtue in argument [J]. Argumentation, 24 (2): 165 – 179.

[3] Aberdein A, 2014. In defence of virtue: The legitimacy of agent-based argument appraisal [J]. Informal Logic, 34 (1): 77 – 93.

[4] Annas J, 2011. Intelligent virtue [M]. New York: Oxford University Press.

[5] Bowell T, Kingsbury J, 2013. Virtue and argument: Taking character into account [J]. Informal Logic, 33 (1): 22 – 32.

[6] Cohen D H, 2007. Virtue epistemology and argumentation theory [C] //Hansen H V, editor, Dissensus and the search for common ground. Windsor: OSSA: 1 – 9.

[7] Cohen D H, 2009. Keeping an open mind and having a sense of proportion as virtues in argumentation [J]. Cogency, 1 (2): 49 – 64.

[8] Cohen D H, 2013a. Skepticism and argumentative virtues [J]. Cogency, 5 (1): 9 – 31.

[9] Cohen D H, 2013b. Virtue, in context [J]. Informal Logic, 33 (4): 471 – 485.

[10] Correia V, 2012. The ethics of argumentation [J]. Informal Logic, 32 (2): 222 – 241.

[11] Evans J, 2004. Biases in deductive reasoning [C] //Pohl R F, editor, Cognitive illusions. Hove: Psychology Press: 127 – 144.

[12] Garssen B, Van Laar J A, 2010. A pragma-dialectical response to objectivist epistemic challenges [J]. Informal Logic, 30 (2): 122 – 141.

[13] Godden D, 2016. On the priority of agent-based argumentative norms [J]. Topoi, 35 (2): 345 – 357.

[14] Hamby B, 2015. Willingness to inquire: The cardinal critical thinking virtue [C] // Davies M, Barnett R, editors, The Palgrave Handbook of Critical Thinking in Higher Education. New York: Palgrave Macmillan: 77 – 87.

[15] Hansen H V, 2003. The rabbit in the hat: The internal relations of the pragma-dialectical rules [C] // Van Eemeren F H, Blair J A, Willard C A, et al., Anyone Who Has a View: Theoretical Contributions to the Study of Argumentation. Berlin: Springer Science and Business Media: 55 – 68.

[16] Kidd I J, 2016. Intellectual humility, confidence, and argumentation [J]. Topoi, 35 (2): 395 – 402.

[17] Lord C G, Ross L, Lepper M R, 1979. Biased assimilation and attitude polarization: The effects of prior theories on subsequently considered evidence [J]. Journal of Personality and Social Psychology, 37 (11): 2098 – 2109.

[18] MacIntyre A, 2007. After Virtue: A Study in Moral Theory [M]. 3rd ed. Notre Dame: University of Notre Dame Press.

[19] Nickerson R S, 1998. Confirmation bias: A ubiquitous phenomenon in many guises [J]. Review of General Psychology, 2 (2): 175 – 220.

[20] O' Keefe D J, 1977. Two concepts of argument [J]. The Journal of the American Forensic Association, 13 (3): 121 – 128.

[21] Paglieri F, 2015. Bogency and goodacies: On argument quality in virtue argumentation theory [J]. Informal Logic, 35 (1): 65 – 87.

[22] Popa E O, 2016. Criticism without fundamental principles [J]. Informal Logic, 36 (2): 192 – 216.

[23] Pronin E, 2007. Perception and misperception of bias in human judgment [J]. Trends in Cognitive Sciences, 11 (1): 37-43.

[24] Pronin E, 2008. How we see ourselves and how we see others [J]. Science, 320 (5880): 1177-1180.

[25] Pronin E, Gilovich T, Ross L, 2004. Objectivity in the eye of the beholder: Divergent perceptions of bias in self versus others [J]. Psychological Review, 111 (3): 781-799.

[26] Roberts R C, West R, 2015. Natural epistemic defects and corrective virtues [J]. Synthese, 192 (8): 2557-2576.

[27] Siegel H, Biro J, 2008. Rationality, reasonableness, and critical rationalism: Problems with the pragma-dialectical view [J]. Argumentation, 22 (2): 191-203.

[28] Tindale C W, 1996. Fallacies in transition: An assessment of the pragma-dialectical perspective [J]. Informal Logic, 18 (1): 17-33.

[29] Van Eemeren F H, 2010. Strategic Maneuvering in Argumentative Discourse [M]. Amsterdam: John Benjamins Publishing Company.

[30] Van Eemeren F H, 2012. The pragma-dialectical theory under discussion [J]. Argumentation, 26 (4): 439-457.

[31] Van Eemeren F H, 2015. Reasonableness and Effectiveness in Argumentative Discourse [M]. Dordrecht: Springer.

[32] Van Eemeren F H, Grootendorst R, 1984. Speech Acts in Argumentative Discussions [M]. Dordrecht: Foris Publications.

[33] Van Eemeren F H, Grootendorst R, 1988. Rationale for a pragma-dialectical perspective [J]. Argumentation, 2 (1): 271-291.

[34] Van Eemeren F H, Grootendorst R, 1992. Argumentation, Communication, and Fallacies: A Pragmadialectical Perspective [M]. Hillsdale: Lawrence Erlbaum Associates.

[35] Van Eemeren F H, Grootendorst R, 2004. A Systematic Theory of Argumentation [M]. New York: Cambridge University Press.

[36] Van Eemeren F H, Meuffels B, Verburg M, 2000. The (un) reasonableness of ad hominem fallacies [J]. Journal of Language and Social Psychology, 19 (4): 416-435.

[37] Wenzel J W, 2006. Three perspectives on argument: Rhetoric, dialectic, logic [C] //Trapp R, Schuetz J, editors, Perspectives on Argumentation: Essays in Honor of Wayne Brockriede. New York: Idebate Press: 9-26.

[38] Zenker F, 2007. Changes in conduct-rules and ten commandments: Pragma-dialectics 1984 vs. 2004 [C] // Van Eemeren F H, Blair J A, Willard C A, et al., editors, Proceedings of the 6th conference of the international society for the study of argumentation. Amsterdam: Sic Sat: 1581-1589.

应　用

论证中的恶习*

安德鲁·阿伯丁[1]/文，胡启凡[2]、张安然[3]、王一然[4]/译

（1. 佛罗里达理工学院，人文与传播学院，佛罗里达州，美国；2. 科尔比学院，哲学系，缅因州，美国；3. 芝加哥大学，政治学系，伊利诺伊州，美国；4. 中山大学，哲学系，广东广州）

摘　要： 德性论证理论应当如何评论谬误推理呢？如果好的论证是有德性的，那么谬误论证则是不良的。但是我们不能把谬误与恶习混为一谈，因为恶习是主体的品格特质，而谬误是不同的论证类型。然而，如果好论证的规范性可以用德性来解释，那么我们应该期望坏论证的错误可以用恶习来解释。本文通过对数个谬误的分析捍卫了这一方法，并在分析中特别关注了诉诸怜悯的谬误。

关键词： 诉诸怜悯；论证的恶习；论证的德性；谬误；德性论证

一、引言

近年来，论证的德性得到了越来越多的关注。与伦理学和知识论中更为成熟的德性理论类似，德性论证理论也有了显著的发展。然而，相比之下，很少有研究涉及论证的恶习。在传统上，对有缺陷的论证进行分析属于谬误理论的范畴。然而，虽然德性论证理论应该将谬误分析为不良的论证，但是不能将恶习简单地与谬误混为一谈，因为恶习是主体的品格特质，而谬误是论证的类型。然而，如果好论证的规范性可以用德性来解释，那么我们应该期望坏论证的错误可以用恶习来解释。① 在下文中，我将通过对数个谬误的分析来捍卫这一方法，并且在分析中特别关注诉诸怜悯的谬误。

在第二节中，我根据之前的论文中对于论证德性的初步分类构建了一个论证恶习的初步分类（Aberdein，2010）。在第三节中我将探讨谬误的标准定义，并且关注两个在谬误概念中似乎被忽视的分支，它们此后被证明和德性方法有紧密的联系。第四节将讨论第二节中的分类如何被用于具体的谬误，即诉诸怜悯的谬误。第五节将概括这一方法如何涵盖常见谬误中具有代表性的一部分，并展示它更为广泛的运用空间：它能解决谬误理论所忽视的不当的论证行为的各个方面的问题。

---

* 原文为 Andrew Aberdein，2016．"The Vices of Argument，" *Topoi*，35，pp. 413－422。本译文已取得论文原作者同意及版权方授权。

① 部分赞成德性论证理论的学者否认"好论证的规范性可以用德性来解释"，特别是那些所谓的"适度的温和派"，对他们而言，"说服力对论证质量虽然并非充分的，但却是必要的；而且论证质量的这个方面是不必通过对性格的考量来确立的"（Paglieri，2015：77）。

二、论证的德性和恶习

在论证领域，已经有许多人尝试整理与论证相关的德性和品格特质（Siegel，1988；Facione & Facione，1992；Perkins et al.，1993；Ennis，1996；Paul，2000；Aikin & Clanton，2010；Aberdein，2010），但只有最后三位学者（Aikin、Clanton、Aberdein）明确地将他们的分类作为对德性的论述，而只有 Aberdein 将这些德性视作论证性的，而非批判性的（Paul，2000）或是协商性的德性（Aikin & Clanton，2010）。所以，我在2010年的文章中提出的论述（总结在表1中）可能是现有的对论证德性最为完善的分类（Aberdein，2010：175）。虽然和其他研究一样，这项研究很少考虑论证的恶习，但它确实源于对“不理想的论证者”的描述（Cohen，2005：59）。

表1　论证德性的初步分类

（1）愿意参与论证 （a）愿意沟通 （b）相信理性 （c）理智勇敢 （ⅰ）责任感
（2）愿意聆听他人 （a）理智共情 （ⅰ）洞察人心 （ⅱ）洞察问题 （ⅲ）洞察理论 （b）理智公正 （ⅰ）正义 （ⅱ）合理评估他人的论证 （ⅲ）收集与评估证据时有开放的心灵 （c）识别可靠的权威 （d）识别显著的事实 （ⅰ）对细节敏感
（3）愿意修正个人的立场 （a）有常识 （b）理智诚恳 （c）理智谦逊 （d）理智正直 （ⅰ）荣誉 （ⅱ）责任 （ⅲ）真诚

续表 1

(4) 愿意质疑理所当然的事 (a) 适当尊重公众意见 (b) 自主 (c) 理智坚持 (ⅰ) 刻苦 (ⅱ) 关怀 (ⅲ) 周全

科恩指出了理想论证者的四个原则性的德性：①愿意参与论证；②愿意聆听他人；③愿意修正个人立场；④愿意质疑理所当然的事（Cohen，2005：64）。他遵循了亚里士多德的方法，将这些德性置于成对的恶习之间："令人尴尬的伙伴"展示了一种内在特质的缺失，而"悲剧英雄"有过多的特质，德性则介于两者之间。对于科恩而言，"令人尴尬的伙伴"包括（2^-）"顽固的教条主义者，即那些直接忽视问题且不认真考虑反对意见就将它们搁置一旁的人"，（3^-）"议程推动者"，即那些"带着外部目的"论证的人，以及（4^-）"急切的信徒，他们接受任何最近听到的立场并为其辩护"（Cohen，2005：61）[①]。"悲剧英雄"包括（1^+）"论证中的挑衅者"，即你最终会与他争论的人，（3^+）"受让人……他们让步过多或太轻易地让步"，（4^+）"不放心的担保人……他们觉得有必要去捍卫一些其他人都认为没必要捍卫的立场"（Cohen，2005：62 f.）。

这为论证恶习的分类提供了一个思路。虽然我在 2010 的文章中（即表 1 的出处）并未给恶习分类（Aberdein，2010），但是我采用了科恩的论证德性的一级分类（Cohen，2005），其中每一个德性都被理解为两个恶习之间的中间状态。因此，可以通过类似于表 1 中细分相应德性的方式来细分这些一级的恶习类别，从而以简单的方式扩展该分类。我尝试了这个做法（见表 2）。在本节其余部分，我将讨论对这种策略的一些潜在批评。

表 2 相比表 1 带有更多的试探性意味，因为它不仅延续了表 1 可能存在的不完整性，而且可能会省略部分表 1 中提及的德性的失败模型。表 2 从一开始就建立在亚里士多德的假设上，即每种德性都是某一维度的连续体上的均值：它们代表了某种特质在过剩和不足之间的平衡。然而，这个假设会受到质疑：或许某些特质的过剩或不足是多种在概念上不同的不良形式？同样，部分条目可以被再细分，并进行更细致的区分。相反，表 2 对部分恶习的细分或许会被批判为超出实用性的范畴。

① 笔者在此用数字指标来表示恶习与对应的德性之间的关系。

表2　论证恶习的初步清单

(1⁻) 不愿意参与论证 (a) 不愿意沟通 (b) 不相信理性 (c) 理智懦弱 (ⅰ) 无责任感	(1⁺) 过度愿意参与论证 (a) 过度愿意沟通 (b) 过度依赖理性 (c) 理智鲁莽 (ⅰ) 不合时宜的狂热
(2⁻) 不愿意聆听他人 (a) 理智麻木 (ⅰ) 对人冷漠 (ⅱ) 对问题冷漠 (ⅲ) 对理论冷漠 (b) 心灵狭隘 (ⅰ) 对他人不公正 (ⅱ) 评价他人论证时不公正 (ⅲ) 收集和评价证据时思维封闭 (c) 对可靠的权威冷漠 (d) 对重要的事实冷漠 (ⅰ) 对细节不敏感	(2⁺) 过度愿意聆听他人 (a) 感性思考 (ⅰ) 被他人左右 (ⅱ) 被问题左右 (ⅲ) 被理论左右 (b) 过度慷慨 (ⅰ) 对自身不公正 (ⅱ) 评价论证时偏向他人 (ⅲ) 收集和评价证据时过于敏感 (c) 错误识别某些权威可靠 (d) 错误识别明显事实 (ⅰ) 痴迷于细节
(3⁻) 不愿意修正个人立场 (a) 过度依赖常识 (b) 理智不诚实 (c) 理智傲慢 (d) 理智不妥协 (ⅰ) 无荣誉感 (ⅱ) 麻木 (ⅲ) 不真诚	(3⁺) 过度愿意修正个人立场 (a) 缺乏常识 (b) 理智幼稚 (c) 缺乏理智自信 (d) 理智顺从 (ⅰ) 奉承 (ⅱ) 无责任感 (ⅲ) 天真
(4⁻) 不愿意质疑理所当然的事 (a) 不适当地尊重公众意见 (b) 轻信 (c) 缺乏理智坚持 (ⅰ) 空虚 (ⅱ) 粗心 (ⅲ) 肤浅	(4⁺) 过度愿意质疑理所当然的事 (a) 轻视公众意见 (b) 古怪 (c) 理智偏执 (ⅰ) 顽固 (ⅱ) 迂腐

表2还展现了我的分类的另一个可能的弱点：在结构的不同位置所列出的恶习之间存在类同。例如，理智幼稚被列为（3⁺）（b），而看起来类似的轻信他人被列为（4⁻）（b）。在一定程度上这只是术语的局限性：这些看起来类似的德性有不同的定义，前者是过度的诚恳，后者是缺乏自主性。这一类的歧义至少在使用日常词汇时是无法避免

的，因为词汇很少达到领域要求的准确性。[①] 此外，我们可以预料到部分恶习是互补的。例如，不愿质疑理所当然的事和过分积极地聆听他人之间有明显的相似之处：尽管是基于明显不同的原因，但它们都使我们不加批判地接受传统思想。尽管如此，此类关系还是突出了分类中存在一定程度的任意性。

然而，表2分类的意义不是为了穷尽所有与论证有关的恶习，也不是为了展示命名这些恶习的术语在日常运用中重复的准确程度。[②] 相反，这是为了提供一个足够丰富的工具去涵盖一系列在谬误理论分析传统中的论证不当行为。所以检验表2的最佳方法是看它如何对抗一系列极具代表性的谬误。我将在第五节解决这一问题，但首先需要探讨一下关于谬误的理论。

三、定义谬误

关于什么是谬误，有相当多的共识："自亚里士多德之后，几乎每个论述都认为一个谬误的论证是'看似有效'但'实则无效'的论证。"（Hamblin，1970：12）此前的研究给出了很多谬误的例子，也有很多对分类方案的尝试，但它们都不是特别成功。所以，相较于给出一个完整的分类，我更希望关注两个区分，它们与德性理论对于不好的论证的解释有着紧密的联系。这两种区分虽然不是原创的，但它们都没有得到足够的重视。

一个传统的区分是"诡辩"（sophism），即故意欺骗，以及"谬论"（paralogism），即推论中无意的过失。然而，在谬误的分类中，这种区分是很棘手的：同样的一个论证，如果故意用于欺骗他人，则可能是诡辩；但如果在使用时没有这样的意图，则也有可能是谬论。所以这一定是一种对标志性谬误的出现情境的区分，而不是对谬误类型的区分。确实，如果诡辩论证的听众没有意识到他们被欺骗了，出于疏忽，他们可能会诚恳地将这个论证复述给第三方，从而得出谬论。虽然欺骗和疏忽都是恶习，但它们是不同形式的恶。因此，虽然诡辩和谬论不能作为不同的谬误，但它们应该呈现出不同的恶习。所以即便这种区分不能被轻易地纳入谬误的分类中，它在论证恶习中也占据着一个天然的位置。

诡辩和谬论之间的区分类似于培根提出的另一种区分：

> 正如塞内卡所做的比较那样，在面对更显眼的谬误时就像是在观看杂技表演，虽然我们不知道它们是如何完成的，但是我们非常清楚事实不同于表面所呈现的；然而更不易察觉的谬误不仅使人得出错误的答案，还多次误导他的判断（Bacon，1605/1915：131）。

---

① 这是一个为人熟知的问题：此类术语"并不是在不同的时代对应着各种固定性情的单义符号……它们是根据各种文化需求创造出来的，而且它们中的一部分很快就被弃之不用"（Allport & Odbert，1936：3）。

② 后者的任务中运用了因素分析（factor analysis）（Facione & Facione，1992）。然而，至少在这种情境下，我和恩尼斯有相同的顾虑："使用者选择了用于对应因素的术语，但他们缺乏捍卫这些选择的能力是臭名昭著的。"（Ennis，1996：169）

我们可以将其总结为显眼的谬误和隐晦的谬误：显眼的谬误即我们（正确地）相信论证中有什么问题，隐晦的谬误即我们（错误地）相信论证中没有问题。就像诡辩和谬论的区分局限于论证者的意图，并不一定反映谬误的形式，显眼的谬误和隐晦的谬误之间的区分只限于听众的理解。听众的理解也是一个以主体为中心的概念，所以这是一个德性方法很擅长处理的概念。然而，不同于说话者的意图，听众的理解是谬误标准定义的一部分，因为它决定了谬误是否正确。至于诡辩和谬论，同样的谬误标志可以是显眼的，也可以是隐晦的；你的判断越敏锐，它就越不可能被滥用。教科书几乎从来不区分显眼的谬误和隐晦的谬误，而经常会默认将他们的分析局限于显眼的谬误。这作为教学方法或许有其道理，但作为一个理论却有误导性。一个不良的论证完整的论述应该包含显眼的谬误和隐晦的谬误。

菲诺基亚罗曾批判基于德性论证理论的谬误论述。他简洁地概括了“传统谬误的概念”：“一个谬误是一个（1）常见（2）类型的（3）论证，它（4）看上去正确，但（5）实则不是。”（Finocchiaro，2013：150）他指出，基于德性建构的谬误论述只涵盖了他定义中第三个和第五个条件，因此“最多也只是一个论证理论的评价，而不是谬误理论”（Finocchiaro，2014：5）。在某种意义上，菲诺基亚罗明显是正确的：一个德性理论必须基于主体而非行为，论证由行为而非主体组成。① 事实上，他的批判还不够彻底，因为恶习不是论证，所以他的第三个条件也没有得到满足。然而，在德性理论中讨论行为（从而讨论论证）还是可能的。更进一步地，不良的论证是很典型的由不良的论证者所做的论证（依照他们的恶习所做的论证）。就像我们区分各种类型的恶习那样，因为论证者的论证品格受各个恶习所制约，所以我们借此可以区分各种类型的不良论证（当然，这是一个理想化的状态，真实的不良论证者可能有很多恶习）。因此，论证恶习，或者至少是那些足以出现在类似表 2 列表中的恶习，都有那些菲诺基亚罗声称缺乏的属性：它们都是常见的，它们都属于某种类型，它们都（普遍地）似是而非。如果一个基于恶习的不良论证的分类带有相同的特征（这看上去似乎合理），那么菲诺基亚罗反对基于德性的谬误方法就得到了回答。我将在第五节中探究如何构建这样的分类，但首先我要详细分析一个谬误。

四、案例研究：诉诸怜悯

对于诉诸怜悯的第一个发现是诉诸怜悯并非都是坏论证（虽然一些教科书对诉诸怜悯谬误的论述给我们留下了这样的印象）。然而，很多诉诸怜悯确实是坏论证。以下是三个例子：

① 更确切地说，论证 1 是“一种交流的行为”（O'Keefe，1977：121）。在语境中，菲诺基亚罗使用的是这种意义上的“论证”，而不是作为“一种特殊类型的互动”的论证 2（op. cit.）。尽管如此，论证 2 至少在范式上可以合理地看作由论证 1 组成（127）。在这种情况下，两种意义上的论证最终都由行为组成。

孔雀的舌头	罗马贵族甲发现他的孔雀的舌头在从非洲运来的过程中出现了问题。感到自己今晚的宴会将会是一个彻底的灾难，他流下了苦涩的泪水，恳求他的朋友斯多葛哲学家塞内卡怜悯他（Nussbaum，1996：32）。
遭到不公对待的超速者	一个驾驶员因为执法的警官以侮辱性的态度对待她而对警官的超速罚单提出异议（Bush，2002：470）。
虚伪的罪犯	一个犯有严重罪行的男子声称他患有绝症，所以不应该被监禁。他并没有任何疾病，也没有理由相信他有任何疾病。

这三个例子都属于坏论证，但却出于不同的理由。在孔雀的舌头的例子中，甲的论证不能说服塞内卡，因为塞内卡（公正地）并不认为甲的处境值得任何怜悯。甲体现了感性思考，即（2^+）（a）。塞内卡如果接受了甲的论证，则会拥有同样的恶习。[①] 在遭到不公对待的超速者的例子中，法庭承认被告的逮捕情况确实值得怜悯，但是指出这和她在被捕之前是否超速的问题无关。她的论证恶习是对明显事实的错误认识，即（2^+）（d）。在虚伪的罪犯的例子中，如果罪犯的话属实，其情况会引起真正的怜悯，这将影响合理判决，但是只有在罪犯的情况和其描述的情况相符时是这样，可是事实并非如此。这个罪犯显然是不诚实的，即（3^-）（b）。因为这三个例子看上去都犯了同样的谬误，所以它们展示了同样的谬误可以来自不同德性的缺失。[②]

这些例子表明了正当的诉诸怜悯应该具备三种德性：确实值得唤起适度怜悯的情境，这是理智共情，即（2）（a）；这个怜悯应该与论证提出者希望得出的结论相关，这是能辨认的显著的事实，即（2）（d）；关于情况的陈述应该是真实的，这是理智诚恳，即（3）（b）。我们或许期望这些德性会出现在合理的诉诸怜悯中，但是它们的出现并不能保证这类诉诸是有德性的，因为其他恶习也可能出现（或许是基于其他谬误）。在一个有德性的诉诸怜悯论证中，它们是必要但不充分条件。

这三个例子也有相同的局限。首先，在每个例子中，论证者同样是假定的怜悯对象。从这个意义上来说，他们关心的是自怜而非通常的怜悯。当然，这些例子可以被改编成论证并由对象的代理人呈现（如果这些对象有法律代表，那么遭遇不公对待的超速者和虚伪的罪犯的情况大概也是如此）。然而，在一些诉诸怜悯中，怜悯的对象和论证的提出者有更弱的直接关系。其次，这三个例子都是显而易见的谬误：一位相对知情的回应者或许被期待察觉到一些问题。一个对诉诸怜悯的完整论述还需要包括对难以察觉的情况的分析。最后，也是对当前目标最关键的一点，这三个例子都有与很多教科书

---

① 历史上的塞内卡在面对这类论证时应该是一个冷漠的听众，因为他认为怜悯是“思想的弱点”（Seneca，1928：Ⅱ.Ⅵ.4）。这个态度本身或许就被怀疑是思想上麻木不仁（2^-）（a）。

② 在某种程度上“虚伪的罪犯”并不是一个诉诸怜悯的例子，因为常规的谬误论述排除了前提为假的例子（Walton，1997：48）。然而，也可以说这个罪犯感情用事，因为他的处境不值得被怜悯。相反，如果这个罪犯不虚伪，他只是得到了一个错误的绝症诊断，那么他的处境就值得怜悯，而且这种情况下就没有谬误。我们甚至可以想象一个更不可信的情况，即他的处境确实值得怜悯，但他对具体是如何值得怜悯撒了谎。那么这似乎也不是诉诸怜悯。

中的谬误例子相似的局限：它们没有给出足够的语境来对当事人的品格形成一个判断。这或许对忽视品格的谬误论述而言不是一个问题，但是对德性论述而言是至关重要的。确实，如果关于主要人物德性的唯一可知信息是从非德性论述用于做决断的信息中推出的，那么一个德性论述必然会被瓦解为一个非德性论述。因此，为了恰当地展示德性论述的优势，我们需要更丰富、更微妙的例子。两个可以容纳更广的语境的例子出现在沃尔顿对诉诸怜悯的研究专著中：

海豹幼崽	1968 年，由英国媒体曝光的纽芬兰人殴打海豹幼崽的照片引起了广泛的反感，这导致欧洲在 1983 年对海豹皮毛产品颁布禁令，最终使加拿大政府于 1988 年禁止狩猎海豹幼崽（Walton，1997：180）。
科威特的保育箱	1990 年 10 月，在伊拉克入侵科威特后，一位 15 岁女孩在美国国会的人权会议上作证她目睹了伊拉克士兵将婴儿从保育箱中拖出并任其死亡的过程。她的故事推动了科威特解放。但随后，人们发现她是科威特大使的女儿，而且她的证词和其他证据矛盾（Walton，1997：128 ff.）。

比较这两个例子，沃尔顿指出，“或许大多数人的反应是在‘海豹幼崽’中没有诉诸怜悯的谬误，但是在‘科威特的保育箱’中却不然”（Walton，1997：184 f.）。对于大多数人的反应，他或许是正确的，但是大众的意见可能是有误导性的指导。

在“海豹幼崽”例子中，核心事实没有引起争议（纽芬兰人确实在殴打海豹幼崽），所以（至少就客观事实而言）诚实这个德性不是问题。对于另外两个必要德性的评价远没有那么直接。海豹幼崽的命运确实引发了世界各地人民真切的怜悯。但这是一个合适的反应吗？在“海豹幼崽”例子中，我们或许会怀疑论证的提出者或听众的感性思考。感性思考通常被定义为情绪过激，而观众被谴责仅仅是反应过度。[①] 但它也可以被定义为对不负责任情绪的自我放纵（Barzun，2002：107）。这个论证的听众可以被谴责为这种不负责任，因为他们大部分没有生活在纽芬兰，或者通过狩猎和捕捞来维持生计，并且他们当中有很多不是皮毛交易的供应商或顾客。他们可以沉浸在对“这些可爱的、眼睛水汪汪的动物”的怜悯中（Walton，1997：180）而不必付出他们要求他人所做的牺牲。其实小牛也很可爱，也有水汪汪的眼睛，但也被残忍地肢解，而对海豹狩猎的批判者中却很少有素食主义者。因此，后一种类型的感性思考夹杂着不真诚，即（3⁻）（d）（ⅲ）。在极端的情况下，这可能会带来极大的影响：一个巧舌如簧的论证者可以操作他的听众的心理，期望他们用怜悯代替理由。

即使论证者和听众适当地运用了共情的德性，即怜悯的程度是合适的，我们还要考虑的是这份怜悯与结论是否相关。有人或许会认为，是否禁止捕猎海豹这个决定应该基于捕猎方法的残酷性、渔民的生计、生态系统平衡的维持等这些客观事实，而不是基于主观情感，更不用说是其他国家人民的主观情感。根据这个观点，对海豹的怜悯或许是

① 这种过度是由他们对海豹超出合理范围的怜悯造成的，而非由他们抱有怜悯这件事本身造成的。对“所有对动物的怜悯在定义上都是感情用事”这个论点的反驳，详见 Midgley（1979：389）。

合理的，但仍然不是一个显著的事实，所以将其视作一个显著事实是对其的错误认识，即（2^{-}）（d）。此外，如果对海豹幼崽提出诉诸怜悯的人们忽略其他因素，那么他们也展现了对那些显著事实的漠不关心，或者是在收集和评价证据时思维封闭，即（2^{-}）（b）（iii）。

相反，在“科威特的保育箱”例子中，论证提出者没有那么坦诚，即（3^{-}）（b）。然而，另外两个必要的德性相比于在“海豹幼崽”的例子中有着更直接的体现。科威特的真实情况是适当怜悯的理由：伊拉克军队确实犯下了无数暴行。而在决定是否应该发动战争从侵略者手中解放这个国家时，这些值得怜悯的情况是一个有关因素（Walzer，2000：107）。因此，我们或许能总结得出“海豹幼崽”例子中的论证相比“科威特的保育箱”的例子体现了更多的诉诸怜悯的论证恶习。它们作为诉诸怜悯的例子都是值得商榷的，但是对“海豹幼崽”例子中的回答的指控似乎更严重。

我们已经看到诉诸怜悯的谬误可以来源于论证者身上数个不同的恶习。它还会引发听众身上的品性恶习。首先，一个和论证者拥有相同恶习（例如感性思考）的听众或许会倾向于接受这个论证。这个论证或许还能说服那些没有共同的论证恶习，但因自身不够细致而无法察觉论证的真正弱点的回应者，即（4^{-}）（c）（i）。此外，质疑一个感人的诉诸怜悯，特别是一个博得广泛怜悯的论证，需要很大的思想上的勇气。因此，在群众的谩骂成为质疑论证可预见的结果的面前，一个懦弱的回应者（1^{-}）（c）或许会畏缩。

这个简短的个案研究虽然无法穷尽所有恶习在某个谬误中扮演的角色，但它确实展示了谬误是如何基于论证者和听众的恶习而产生的。

五、新视角下的一些传统谬误

这一节将论证传统谬误理论只是论证恶习完整论述的一部分。也就是说，虽然所有在传统谬误理论中出现的论证问题都可以用论证恶习进行有效的分析，相反的情况却不是如此：一些论证的恶习与常见的谬误不是相对应的。这个论点的第一部分需要更广泛的证明：不同的学者提出了很多不同的谬误，我在此不是要强调所有的谬误。[①] 然而，有一部分谬误重复出现在不同的分类中，伍兹称这些常见的谬误为“十八帮”（gang of eighteen），并指出它们是“有吸引力的、普遍的和无可救药的”（Woods，2007：72 f.）。我将把注意力集中到这个团体的成员上（见表3）。

表3 “十八帮”以及提出者和回应者对恶习的不同回应

谬误	提出者	回应者
诉诸暴力谬误	对他人不公正，（2^{-}）（b）（i）；不光彩，（3^{-}）（d）（i）	思想上懦弱，（1^{-}）（c）

① Good（1962）和Fischer（1970）提供了数量达到三位数的分类。

续表3

谬误	提出者	回应者
人身攻击谬误	评价他人论证时对他人不公正，（2⁻）（b）（ⅱ）	对人冷漠，（2⁻）（a）（ⅰ）
诉诸怜悯谬误	感情用事，（2⁺）（c）；不真诚，（3⁻）（d）（ⅲ）	感情用事，（2⁺）（c）；思想空洞（4⁻）（c）（ⅰ）
诉诸群众谬误	过度尊重公众的意见，（4⁻）（a）；不真诚，（3⁻）（d）（ⅲ）	过度尊重公众的意见，（4⁻）（a）
诉诸权威谬误	错误地认为某些权威可靠，（2⁺）（c）；肤浅，（4⁻）（c）（ⅲ）；不真诚，（3⁻）（d）（ⅲ）	错误地认为某些权威可靠，（2⁺）（c）；肤浅，（4⁻）（c）（ⅲ）
肯定后件谬误	缺乏常识，（3⁺）（a）	缺乏常识，（3⁺）（a）
含混谬误	对细节不敏感，（2⁻）（d）（ⅰ）；不真诚，（3⁻）（d）（ⅲ）	对细节不敏感，（2⁻）（d）（ⅰ）
循环论证谬误	缺乏常识，（3⁺）（a）	缺乏常识，（3⁺）（a）
偏颇统计谬误	思想上不诚实，（3⁻）（b）	过于敏感，（2⁺）（b）（ⅲ）
复杂问题谬误	思想上不诚实，（3⁻）（b）	对细节不敏感，（2⁻）（d）（ⅰ）
合成和分割谬误	对细节不敏感，（2⁻）（d）（ⅰ）；不真诚，（3⁻）（d）（ⅲ）	对细节不敏感，（2⁻）（d）（ⅰ）
否定前项谬误	缺乏常识，（3⁺）（a）	缺乏常识，（3⁺）（a）
歧义谬误	对细节不敏感，（2⁻）（d）（ⅰ）；不真诚，（3⁻）（d）（ⅲ）	对细节不敏感，（2⁻）（d）（ⅰ）；不真诚，（3⁻）（d）（ⅲ）
类比谬误	对问题冷漠，（2⁻）（a）（ⅱ）	被问题左右，（2⁺）（a）（ⅱ）
赌徒谬误	轻信他人，（4⁻）（b）	轻信他人，（4⁻）（b）
轻率概括谬误	思维封闭，（2⁻）（b）（ⅲ）；对明显的事实不置可否，（2⁻）（d）；思想上不诚实，（3⁻）（b）	过于敏感，（2⁺）（b）（ⅲ）；对明显事实的错误认识，（2⁺）（d）
不相干结论谬误	思想上不诚实，（3⁻）（b）	过分依赖理性，（1⁺）（b）；评价论证时偏向他人，（2⁺）（b）（ⅱ）

续表3

谬误	提出者	回应者
以偏概全谬误	对细节不敏感，（2⁻）（d）（ⅰ）；缺乏常识，（3⁺）（a）	对细节不敏感，（2⁻）（d）（ⅰ）；缺乏常识，（3⁺）（a）

在表3中我概括地指出了“十八帮”中每个谬误都呈现了一部分来自表2的恶习。如果认为有一种系统的方法来匹配谬误和恶习，那得是一个错误：每一种谬误都需要被独立地分析。因此表3不仅延续了表2的尝试，还增加了自身一部分的尝试。它在这几个方面是不完整的：我们在整理表格时不仅可以选用很多其他谬误，而且可以加入很多其他德性和恶习，同时这个表上的很多谬误展现了多种恶习（例如表3就没有囊括所有第四节中指出的和诉诸怜悯相关的恶习）。确实，几乎所有谬误都可能来自提出者或回应者的不小心，所以我在表3中直接省略了粗心这个恶习。其余恶习，例如缺乏常识和对细节不敏感，可以在我指出的那些谬误外被更广泛地应用。然而，有些谬误和特定的恶习之间有强烈的关联，这是我接下来要讲的内容。

诉诸暴力或许是最先被德性理论分析的谬误之一。金伯尔认为“诉诸暴力谬误有什么问题应该用意图、目的和威胁者的品格来解释”（Kimbell，2006：96）。就像我们在诉诸怜悯推理中了解到的那样，虽然谬误在教科书中一律被指责是坏的，但它们应该被更好地理解为有时正当、有时不正当的论证类型中不正当的例子。因此金伯尔比较了良性威胁（即那些“很可能是耐心、克制、怜悯和关心他人”导致的威胁）与恶性威胁（即那些“很可能是恶意的威胁者的自恋和傲慢”导致的威胁）（Kimbell，2006：96）。就像上一节所叙述的，德性的缺失不仅会出现在论证者身上，回应者同样可能没有尽到应尽的义务。不正当的诉诸暴力论证展现了论证者对他人不公正（2⁻）（b）（ⅰ）和不光彩（3⁻）（d）（ⅰ）的行为。另外，如果这个论证成功了，它还展现了回应者的思想懦弱（1⁻）（c）。相反，如果一个诉诸暴力的论证是正当的，那么这些恶习一定不存在。那或许是一个很高的要求，但在一些情况下采用威胁是一种德性的策略，特别是在谈判而非劝说的情境中（Walton & Krabbe，1995：110）。

人身攻击是另一个已经在德性和恶习方面被分析过的谬误，我已经在其他地方论证过一个德性论证理论可以切实地区分正当的和不正当的诉诸人身论证（Aberdein，2014b：89 ff.），所以在表3中指出的诉诸人身推理是不正当的那一类，它们很自然地对应着表2中的评价他人论证时不公正（2⁻）（b）（ⅱ）。当然，对于这个不公正的本质，我们需要更多的细节；我已经论证了它包含不合理地诉诸除论证恶习之外的其他特质（Aberdein，2014b：89）。

在一些情况下，论证者和回应者所需的德性在本质上是一致的，因此，为了避免诉诸权威谬误，双方都必须分辨可靠的权威（2）（c），而且他们必须在检查它们的来源时做到足够细致（4）（c）（ⅲ）。在其他情况下，一个论证者和回应者共有的恶习或许只能解释谬误中的一部分例子。例如，诉诸群众总是能引起听众对公众意见过度的尊重（4⁻）（a）；在谬误的案例中，这或许也是提出者的恶习。然而，在诡辩的诉诸群众中，例如煽动性的演说，论证者或许有意识地利用了听众的恶习而自身却不必拥有这一恶习，因此展现了不同的恶习，特别是轻蔑的不真诚，即（3^{-}）（d）（ⅲ）。

结构型谬误展现了相似的恶习，例如肯定后件、循环论证或否定前件。在表3中，我将它呈现为缺乏常识，即（3^{+}）（a），而常识被理解为一种能可靠地进行简单逻辑推论的能力[①]。由模糊导致的谬误，包括含混谬误、歧义谬误、合成谬误和分割谬误，则是因为回应者对细节不敏感，即（2^{-}）（d）（ⅰ），而这或许源自论证者身上相同的缺陷。因此这些谬误展现了将（2^{-}）（d）（ⅰ）再分类后得到的一些不同的细节，它们是一个有德性的论证者需要注意的细节。然而，至于诉诸群众谬误和其他谬误，虽然未在表3中点明，但是模糊或许也可以被用于诡辩来蓄意混淆听众，是不真诚的一种，即（3^{-}）（d）（ⅲ）。

我们在第三节了解到，诡辩和谬论之间的区分必须是一种对标志性例子的区分，而非对类型的区分。尽管如此，有些谬误从特性上呈现为有意的诡辩。例如，偏颇统计谬误和复杂问题谬误经常被理解为故意欺骗。就其本身而言，知识分子坦率的失败，即（3^{-}）（b）。如果想要成功，他们与回应者身上必须拥有的不足也有所不同：偏颇统计谬误只会说服那些在收集和评价证据时思想不够开放的人，即（2^{-}）（b）（ⅲ）；复杂问题谬误能误导那些不关注细节的人，即（2^{-}）（d）（ⅰ）。不相干结论论证，包括偷换论题谬误和稻草人谬误，也是典型的欺骗性质的思想上不诚实，即（3^{-}）（b），但它们的成功是通过利用那些在相信理性即（1^{+}）（b）和公正衡量他人论证即（2^{+}）（b）（ⅱ）的名义下让步过多的天真的回应者。这些回应者缺乏一种合理地运用这些德性的必要意识。然而，就像在第三节中讨论过的那样，这些谬误中的每一个都有可能是谬论，即论证者虽然疏忽大意，但却是诚实的。在这些谬误的谬论推理版本中，论证者会分享诡辩版本中受访者的恶习。

对于其余的谬误，我们也可以给出类似的分析。例如，类比谬误是由对问题缺乏充分见解导致的，即（2^{+}）（a）（ⅱ）；而赌徒谬误是由不愿意质疑理所应当的事导致的，即（4^{-}）（b）：谬误中的赌徒缺乏一种自主能力来看穿关于随机序列的直觉的但却是错误的假设。因此似乎伍兹“十八帮”中的所有成员都可以用论证恶习来解释。当然，除此之外还有很多谬误。但是在这个选集中的谬误是很显著的，并不是因为它们适合于德性处理而被选中。所以，它们的易处理性展现了德性理论广泛的应用范围，同时也暗示了谬误理论可以被归入一个论证恶习的理论中。

那么相反的论点呢？即一个论证恶习理论超越谬误理论。我们或许能观察到表2中的部分恶习重复出现在表3中；而其他则完全没有出现。比如说，（4^{+}）中没有一个恶习得到运用，（1^{-}）、（1^{+}）和（3^{+}）各自只有一个出现。当然，伍兹的“十八帮”只是完整谬误清单中很小的一部分，同时在辨别作为谬误基础的恶习时可以有不同的选

① 这个能力或许可以被描述为一项技能。然而，在不具备任何基础技能的情况下，执行任何任务本身就是一个恶习（Aberdein，2010：177）。所以在没有基础逻辑技能的情况下，论证完全可以被理解为缺乏常识。用这种方式来理解，常识这个德性在德性论证理论中就扮演了一个重要的角色，它有效地确立了形式逻辑和非形式逻辑的主要结果。我论述中的这个细节需要更详细的辩护，但我必须将它推迟到另外的地方。

择。尽管如此，这个结果还是很惊人的。它提出了三种可能的解释：这些由“缺失的”恶习引起的推理错误不足以构成谬误；或者伍兹的列表在系统性上是不完善的，它（有意或无意地）导致了对“对应那些‘缺失的’恶习的谬误”的偏见；或者谬误理论自身是不完整的，而且它忽略了很多有害的论证。在这三个中做出决定超出了本文的范畴，但是对那些传统谬误理论无法解释（或无法很好地解释）的论证恶习的分析为第三个选项提供了证据。例如，库利亚和阿塔米米认为，当一个人在贬低论证者的专业性时，传统的诉诸权威谬误分析对此并无帮助（Ciurria & Altamimi，2014：445）。他们尝试在诉诸权威谬误的框架中纠正这个问题。然而，不恰当地贬低专业性展现了一个经常与诉诸权威有联系的独特恶习，这项恶习并非错误地认为某些权威可靠，即（2^{+}）（c），而是不信赖可靠的权威，即（2^{-}）（c）。因此库利亚和阿塔米米对诉诸权威的论述确实呈现了传统谬误理论的局限性，而德性理论的方法有能力去处理这个局限性。

六、结论

对个别恶习的仔细研究使我们更加深入地了解了论证中的德性。这使得恶习的研究成为德性论证理论中不可或缺的一部分。对于这一研究，谬误理论是很宝贵的资源。然而，我们已经了解到论证恶习的分析不是谬误理论的一部分。相反，它为论证如何走入歧途提供了一个独立且有意义的论述。也就是说，在被谬误理论忽视的关于不良行为的主题和领域，它能提供一个新的视角，能在过于宽泛的谬误中做出区分，还能指出传统上不同谬误之间的相似性。所有这些都是未来研究令人激动的新方向。

参考文献

[1] Aberdein A, 2010. Virtue in argument [J]. Argumentation, 24 (2): 165 - 179.

[2] Aberdein A, 2014a. Fallacy and argumentational vice [C] //Mohammed D, Lewiński M, editors, Virtues of argumentation: Proceedings of the 10th international conference of the Ontario Society for the Study of Argumentation (OSSA). Windsor: OSSA.

[3] Aberdein A, 2014b. In defence of virtue: The legitimacy of agent-based argument appraisal [J]. Informal Logic, 34 (1): 77 - 93.

[4] Aikin S F, Clanton J C, 2010. Developing group-deliberative virtues [J]. Journal of Appllied Philosophy, 27 (4): 409 - 424.

[5] Allport G W, Odbert H S, 1936. Trait-names: A psycho-lexical study [J]. Psychological Monographs, 47 (1): 1 - 171.

[6] Bacon F, 1605/1915. The advancement of learning [M]. London: J. M. Dent & Sons Ltd.

[7] Barzun J, 2002. On Sentimentality [C] //Murray M, editor, A Jacques Barzun Reader. New York: HarperCollins: 107 - 108.

[8] Bush J L, 2002. Argument and logic [J]. Mo Law Rev, 67 (3): 463 - 472.

[9] Ciurria M, Altamimi K, 2014. Argumentum ad verecundiam: New gender-based criteria for appeals to authority [J]. Argumentation, 28 (4): 437 - 452.

[10] Cohen D H, 2005. Arguments that backfire [J] // Hitchcock D, Farr D, editors, The Uses of Argument. Hamilton: OSSA: 58 - 65.

[11] Ennis R H, 1996. Critical thinking dispositions: Their nature and assessability [J]. Informal Logic, 18 (2 - 3): 165 - 182.

[12] Facione P A, Facione N C, 1992. The California Critical Thinking Dispositions Inventory: Test Manual (2007), Disposition Inventory (1992), Insight Assessment, 1 answer sheet [M]. Milbrae: California Academic Press.

[13] Finocchiaro M A, 2013. Debts, oligarchies and holisms: Deconstructing the fallacy of composition [J]. Informal Logic, 33 (2): 143 - 174.

[14] Finocchiaro M A, 2014. Commentary on Andrew Aberdein, Fallacy and argumentational vice [C] // Mohammed D, Lewiński M, editors, Virtues of argumentation: Proceedings of the 10th international conference of the Ontario Society for the Study of Argumentation (OSSA). Winsdor: OSSA.

[15] Fischer D H, 1970. Historians' Fallacies: Toward a Logic of Historical Thought [M]. New York: Harper.

[16] Good I J, 1962. A classification of fallacious arguments and interpretations [J]. Technometrics, 4 (1): 125 - 132.

[17] Hamblin C L, 1970. Fallacies [M]. London: Methuen.

[18] Kimball R H, 2006. What's wrong with argumentum ad baculum? Reasons, threats, and logical norms [J]. Argumentation, 20 (1): 89 - 100.

[19] Midgley M, 1979. Brutality and sentimentality [J]. Philosophy, 54 (209): 385 - 389.

[20] Nussbaum M C, 1996. Compassion: The basic social emotion [J]. Social Philosophy and Policy, 13 (1): 27 - 58.

[21] O'Keefe D, 1977. Two concepts of argument [J]. The Journal of the American Forensic Association, 13 (3): 121 - 128.

[22] Paglieri F, 2015. Bogency and goodacies: On argument quality in virtue argumentation theory [J].

Informal Logic, 35 (1): 65 - 87.

[23] Paul R, 2000. Critical thinking, moral integrity and citizenship: Teaching for the intellectual virtues [J]. Axtell G, editor, Knowledge, Belief and Character: Readings in Virtue Epistemology. Lanham: Rowman & Littlefield: 163 - 175.

[24] Perkins D N, Jay E, Tishman S, 1993. Beyond abilities: A dispositional theory of thinking [J]. Merrill-Palmer Quarterly, 39 (1): 1 - 21.

[25] Seneca L A, 1928. Moral Essays [M]. Basore J W, translator. London: William Heinemann.

[26] Siegel H, 1988. Educating Reason: Rationality, Critical Thinking and Education [M]. New York: Routledge.

[27] Walton D N, 1997. Appeal to Pity: Argumentum ad Misericordiam [M]. Albany: State University of New York Press.

[28] Walton D N, Krabbe E C W, 1995. Commitment in Dialogue: Basic Concepts of Interpersonal Reasoning [M]. Albany: State University of New York Press.

[29] Walzer M, 2000. Just and Unjust Wars [M]. New York: Basic Books.

[30] Woods J, 2007. The concept of fallacy is empty: A resource-bound approach to error [C] //Magnani L, Li P, editors, Model-based Reasoning in Science, Technology, and Medicine. Berlin: Springer: 69 - 90.

深度分歧与作为论证德性的耐心*

凯瑟琳·菲利普斯[1]/文，廖彦霖[2]、安宇辉[3]、欧阳文琪[4]/译

（1. 罗切斯特大学，写作、演讲与论证项目，纽约州，美国；2. 中山大学，哲学系，广东广州；3. 中山大学，哲学系，广东广州；4. 中山大学，哲学系，广东广州）

摘　要：在世界各地尤其是美国动荡不安的一年里，遇到一篇关于耐心和论证理论的论文可能会让人感到惊讶。在本文中，我将从道德与政治的角度探讨深度分歧的概念，主张耐心是我们应该培养的一种论证德性。论证的延展性和我们改变主意的缓慢，使得这一点尤为重要。我对呼唤耐心在过去如何被误用表达了担忧，并认为如果我们接受耐心作为一种论证德性，我们尤其应该让那些当权者来承担耐心的负担。

关键词：论证德性；深度分歧；耐心

一、引论

当我在2020年年初写这篇文章时，美国正处于总统选举年的开始，激烈的民主党初选即将结束。2020年2月，伊丽莎白·沃伦（Elizabeth Warren）和图尔西·加巴德（Tulsi Gabbard）成为最后两位退出竞选的女性，只剩下两位白人男性——伯尼·桑德斯（Bernie Sanders）和后来的总统乔·拜登（Joe Biden）。尽管他们在意识形态上有深刻的差异，但仍在争夺提名。当时，我发现自己与朋友们在性别歧视、如何评价候选人以及美国人倾向于认为谁适合我们的最高政治职位等方面存在严重分歧。不久之后，新冠肺炎（COVID-19）被证实已经蔓延到美国，我们进入封锁状态以减缓新冠肺炎传播。这里有许多我们不知道的事情，在撰写本文时，仍有许多我们不知道的事。但在疫情之下，美国继续与党派偏见、不信任以及现在的公共卫生努力的政治化作斗争。

也是在2020年2月，艾哈迈德·阿伯里（Ahmaud Abery）在佐治亚州慢跑时被两名白人男子杀害（Fausset，2021）。3月，布里安娜·泰勒（Breonna Taylor）在肯塔基州路易斯维尔（Louisville）的一份无敲门搜查令下达后被警方谋杀。5月，乔治·弗洛伊德（George Floyd）被明尼阿波利斯的一名警察谋杀。随后出现了要求种族平等的抗议浪潮。系统性种族主义和白人至上主义每天都在夺人性命，而许多美国人仍然不愿意或无法承认他们有问题。虽然乔·拜登赢得了总统选举，选举大局已定，但这仍然是一次险胜，反对者预测的特朗普总统溃败的局面没有出现。特朗普被认为是公开的种族主义者，他拒绝谴责白人至上主义（Lemire et al.，2020），近期大批他的支持者暴力冲击

---

* 原文为Kathryn Phillips，2021. “Deep Disagreement and Patience as an Argumentative Virtue,” *Informal Logic*, Vol. 41，No. 1（2021），pp. 107 – 130。本译文已取得论文原作者同意及版权方授权。

国会（Woodward & Riechmann，2021）。

处在美国这样的环境下，彼此之间的信任度很低，不公正现象很严重，而且我们一直在与一场全球性流行病作斗争，耐心似乎不那么重要。耐心被误用来提倡持久的不公正和等待平静，而不是肯定情绪在审议和呼吁变革中的作用。在这个时刻，虽然耐心似乎是一个奇怪的讨论焦点，但我们面临的现状使讨论的深度分歧显得尤为迫切。深度分歧是指某一些被认为没有理性解决方案的争议，且我认为当我们遇到深度分歧时，耐心将发挥重要的作用。鉴于不信任和不公正的普遍存在，重要的是要思考我们之间如何形成认知鸿沟，使论辩似乎遥不可及，也要思考有什么工具可以帮助我们继续通过论辩寻求解决方案，而不是采取其他更强制性的手段。鲍威尔（Tracy Bowell）提出，我们当前沟通环境的挑战使德性论证理论特别吸引人，因为它允许我们关注更广泛的论证目标，比如理解，而不仅仅是真理和谬误。专注于培养性格特征，这些性格特征是一个优秀的论证者所必需的，一种论证性的德性理论方法可以帮我们更好地理解我们个人和集体的失败。这些失败可能导致论证无法进行，特别是当我们通过沉默及其他形式的压迫使论证的（和道德的）恶习永久化时。

在本文中，我将重点关注道德领域和政治领域的深度分歧。一是因为这两个领域的重要性，二是因为这两个领域的分歧容易走向深度分歧。更具体地说，我认为深度分歧有助于我们了解耐心是一种重要的论证德性。因为论证的延展性在涉及道德和政治论辩时尤其明显。道德和政治上的分歧使我们认识到，思想不会很快改变，发展和维持信任是持续参与的核心。这需要我们意识到自己的特权、经验、背景知识和偏见，以及努力理解彼此的承诺。我的主要观点是，培养耐心的德性是创造这些适宜的论证条件的必要条件。虽然我认为在道德和政治分歧变得越来越深时，耐心作为一种论证德性非常重要，但我将同时探讨我对耐心在论证中的作用的一个主要担忧。我的担忧主要来自普遍存在的论证和认知上的不公正，这导致对耐心的需求被不成比例地分配给那些最没有理由需要耐心的人，而最需要培养耐心的人却缺乏耐心。

我既相信耐心是一种重要的论证德性，又对这一主张表示担忧，用理想理论和非理想理论的划分来解释这一点是最好不过的。[①] 当发展一个理想的论证时，我认为耐心是一个明确的论证德性，因为它对于有成效的参与、审议、持续讨论以及合作解决而言是必要的。从非理想的角度来看，这种情况要复杂得多，因为耐心是不均匀分配的，权力动态的作用决定了谁实际上是有耐心的，谁往往无法培养德性。换言之，我们通常需要耐心来继续与他人论辩，了解更多的信息，学习那些如果我们拒绝与我们不同意的人争论就无法学到的东西。然而，当我们从描述性而非规范性的角度来看待争论的情况时，这种负担被极不成比例地分配给那些权力较小的人。

在本文的第二部分，我将概述关于深度分歧的文献，以及为什么我会认为道德和政治问题特别容易变为深度分歧。第三部分是对德性论证的简要讨论，然后我将注意力转向耐心在理想情况下作为一种论证德性的重要性。第四部分我将从非理想的角度探讨耐

① 这种区别可能在道德和政治哲学中更为常见，理论家们试图解释规范性理想和我们行为的描述性现实之间的差距，但这种区别在其他领域也变得越来越普遍，如语言哲学（Herman & Dever，2019）。

心的问题，最后我会提出了一些关于论证策略的初步想法，我们可能会发展这些策略来重新分担耐心的负担。

二、深度分歧

对于构成真正的深度分歧的条件，有相互竞争的阐释。对于如何解决深度分歧，也有各种各样的概念。它们与深度分歧最初的定义相似（尽管不同），如持续性（Amenábar，2018）或顽固性分歧（Kloster，2021）。深度分歧的概念起源于罗伯特·福格林（Robert Fogelin）1985年的著作《深度分歧的逻辑》，他在书中引入了这个短语，用来挑选一类特定的争议——那些在理性上无法解决的争议："有时在重要问题上存在分歧，而这些分歧本质上是无法通过理性解决的。"（Fogelin，1985：7）他认为，分歧可能是紧张的但没有达到深度，或者由于一方或双方的缺点而未达到深度，同时得不到解决。但是，即使所有参与者都是理性的，深度分歧也无法解决，因为冲突的框架命题留给对话者的只有通过（非理性的）说服手段来摆脱分歧。接下来我将概述一些关于深度分歧本质的争论，然后讨论哪些类型的深度分歧是我最感兴趣的，以及为什么我认为解决它们是如此具有挑战性。

自福格林介绍深度分歧以来，相关讨论已超出寻找合理解决方案的可能性，而去研究更广泛的问题，如共享框架意味着什么（Davson-Galle，1992），检验理性说服的限度（Lugg，1986），分歧的层级（Duran，2016）以及如何降低分歧的深度（Kloster，2018）。其中一些工作的目的是界定一些情况，在这些情况下，如果要达成共识，理性的说服必须让位于转变或其他一些非理性的过程，而另一个重点领域是区分困难的问题和真正无法解决的分歧。

分析深度分歧概念的一个挑战是区分完全理想的、旨在帮助我们建立理论的解释和旨在实际适用的、专注于非理想论证的理解。理想的概念更倾向于传统的关于分歧的知识论辩论，并要求我们理解有相同证据和完全信任的、抽象的、理想的认识论同行，尽管他们并不同意。在对深度分歧的理解上，理性的不可解决性是分析性的，而不是基于任何语境因素。这使得解决的可能性成为不可能，除非一个人认为框架命题只是提供更多的证据以供辩论。艾金称这种分歧为"绝对深度"，因为他和杜兰（Claudio Duran）一样，认为深度是一个可分级的概念，而福格林式的深度分歧从定义上排除了理性解决（Aikin，2020）。非理想的解释为语境因素提供了更多的空间来解释分歧，并帮助我们理解如何解决这些分歧的更丰富的可能性。这一区别是通过讨论对解决严重分歧的可能性我们应该在何种程度上持乐观或悲观态度而产生的。

费尔德曼（Richard Feldman，2005）举了一个例子，证明即使人们从理想的角度来看待深度分歧，也不能解决它。鉴于他对理性解决的可能性持乐观态度，他在很大程度上否认了深度分歧的可能性。费尔德曼的描述将关于非框架命题的世俗分歧（比如谁赢得了1955年的世界职业棒球大赛）进行了强烈的对比。他假设在一种情况下，每个对话者都有一个可靠的来源，提供不同的信息，在出现相互矛盾证据的情况下，合理的解决方案是暂停判断。根据费尔德曼的观点，为了给出一个纯粹的认知评估，诸如对结果的兴趣等实际考虑应该被剥离。费尔德曼继续论证，基本原则或框架命题只是需要考虑更多的证据，并且没有看到任何理由说明框架命题的理性解决比其他类型的主张的分歧更复杂。即使如此，暂停判断也是一种合理的解决方案。

克洛斯特（Kloster，2021）提出一个更不理想的理解深度分歧方法的例子。他指出，在出现深度分歧的情况下，可能存在争议的两个核心因素：①相关的共同背景信念；②协商分歧的过程，包括情感和社会因素，如影响反应（如恐惧）的权力动力学。考虑到理想推理者的概念可以由性别、阶级和种族偏见塑造，克洛斯特的叙述明确质疑过度理想化的深度分歧模型。为了解释情感和社会因素，克洛斯特扩展了深度分歧的概念，包括难以解决的、理性上无法解决的分歧，这些分歧的不可解决性源于缺乏信任等社会条件（Kloster，2021）。

与克洛斯特相似，艾金也倾向于用一种非理想的方法来处理深度分歧，因为他怀疑绝对的深度分歧不仅仅是一种理论上的可能性（Aikin，2020）。与杜兰类似，艾金认为，我们应该将分歧理解为具有不同层次的深度（Aikin，2019）。这意味着，深度分歧和普通的分歧之间并没有明确的界限，它们是连续的。艾金的解释表明，我们从争论一个问题开始，但当我们理解争论比特定问题更深入时，我们就会转而对彼此进行推理。第二步是试图理解对方是如何从他们的信仰中取得现在的地位的，因为分歧太大了，我们开始怀疑对方，也可能会将自己封闭起来，不再继续讨论。虽然艾金可能打算将此作为一个纯粹的描述性声明，但这或许是我们应该采用的一种策略，以更好地理解是什么奠定了价值观或其他框架的主张，使理性参与更加困难。

我主要对深度分歧的非理想概念感兴趣，因为像艾金一样，也许还有费尔德曼，我怀疑绝对的深度分歧不仅仅是一种理论上的可能性。一些最有趣的严重分歧是道德和政治上的分歧。这些分歧通常被理解为顽固的分歧或不是绝对深度的分歧。道德和政治上的分歧也特别有趣，因为考虑到它们的实际重点，它们对费尔德曼关于中止信仰的处方更有抵抗力。值得注意的是，福格林在他的论文中给出的两个例子——关于堕胎和平权行动的分歧都是道德争议。

对道德分歧走向深度分歧的敏感性可以用多种方式来解释。一种可能是，一个明显流行的主观朴素道德观表明，每个人都有自己的道德偏好，考虑到这些信仰的主观性，它们无法被辩论。由于无力质疑道德承诺，因此可能会造成深度分歧。另一种可能是，为什么道德争议特别容易产生深度分歧，这来自相反的元伦理学观点，即强大的现实主义要求我们在道德主张上坚持自己的立场。伊诺克（David Enoch）认为，道德主张实际上并不像是关于偏好的分歧，比如买哪种冰激凌或今天午餐吃什么。具体地说，伊诺克声称：

> 如果道德不是客观的——例如，如果它是基于偏好的——我们就会被要求在基于道德分歧的冲突面前采取行动，就像我们被要求在基于纯粹偏好的冲突面前采取行动一样。也就是说，我们将被要求后退一步，不偏不倚，把我们自己的承诺仅仅看作是其他一方的承诺，并做出妥协。但是——这是一个实质性的道德前提——我们并没有被要求在面对道德分歧和冲突时如此行事（Enoch，2014）。

与此同时，深度分歧在政治环境中似乎和在道德环境中一样普遍，而这些承诺的深刻个人性使它们成为深度分歧的中心。

如果深度分歧在道德和政治领域尤为突出，则表明深度分歧与变革性经验（transformative experience）和意愿的相关概念之间存在联系。不论是变革性经验还是意愿，似乎都与深度分歧有关，因为它们提出了这样一个问题：内在经验是否可以理性地反映深度分歧的人际沟通动态？这种类似的框架可以帮助我们更好地理解深度分歧的概念，也强调框架命题与个人自我意识紧密联系可能有的方式。

变革性经验的概念是由保罗（Laurie Paul）提出的，该概念旨在研究做出选择的合理性。这种选择将以一种在经历之前不可知的方式改变一个人的主观经验。根据保罗的说法，"变革性经验是这样一种经验，这种经验对行为人来说是全新的，并以一种深刻而根本的方式改变了她；这些经历包括为人父母、发现一种新的信仰、移民到一个新的国家或参加一场战争。这样的经验既可以是认知上的，也可以是个人上的转变"（Paul，2015：761）。保罗总结说，在一些与变革性经验相关的案例中，一个人可以有理性可知的高阶欲望去选择一种全新的变革性经验，但他不能理性地选择不可知的一阶欲望，比如成为父母、皈依一种新的宗教，等等。

保罗的结论是变革性经验不能理性地选择，这遭到诸多挑战。例如，艾薇（Veronica Ivy）认为，在某些情况下，比如性别转变，即使一个人无法知道经历这样的变革性体验会是什么样子，但是他是可以知道不选择这一变革性经验的预期效用的（McKinnon，2015）。这为理性决策创造了一些基础，即使一个人无法知道变革性经验的预期效用。卡拉德（Agnes Callard）进一步发展了她的渴望模型，拒绝了保罗关于变革性经验的某些方面的描述。对于卡拉德来说，这种转变是一个自我修养提高和价值观转变的过程，从而使伦理自我（ethical self）发生转变。伦理自我可以这样理解："这个自我是由一个人的那些具有伦理意义的特征组成的——这些特征使你值得称赞——或值得指责，受人喜爱或讨厌……一个人的哪些特征具有伦理意义？它们因人而异，至少部分取决于一个人认为什么具有伦理意义。"（Callard，2018：32）对于卡拉德来说，这是一个缓慢的过程，呈现出一种独特的理性形式——主体缓慢地走向她所渴望的："渴望是理性的，有目的的价值获取。"（Callard，2018：8）在这两种情况下，我们都看到重要的经验的缺乏，这可能反映了我们在深度分歧中会遇到的一些挑战。同样地，保罗、艾薇和卡拉德在某些决定，即那些改变自我的决定，在多大程度上是理性的问题上也存在分歧。这与理性解决深度分歧的可能性的辩论有很多共同点。

在存在严重分歧的情况下，如果框架主张发生变化，也可能存在转变的可能性。这表明至少在道德和政治领域，那些陷入严重分歧的人可能有一种自己身处危机的感觉，这可能部分地解释了为什么这些分歧如此难以解决。如果这样的分歧是可以合理解决的，那么它似乎需要发展共同基础和足够的共同承诺以继续论证。在许多情况下，多年的友谊、继续教育以及关于核心议题的各种形式的论证等因素的存在导致这可能会持续很长时间。论证过程缓慢且特别具有挑战性，使得耐心成为一种论证德性。

三、论证德性与耐心

德性论证理论在结构上类似于伦理学和认识论中的德性理论，这些德性理论已经从试图形成普遍抽象的原则转向关注德性的培养。德性通常被理解为优秀的性格，是相关领域的首要概念。在伦理学中，这通常意味着好的行为从属于好的行为人。而在论证理论中，我们可能会把论证理解为次于论证者。安德鲁·阿伯丁（Andrew Aberdein）清晰地概述了德性伦理学的主要运动，从古希腊思想到基督教的转向，再到更现代的复兴，以及德性可能与知识和理由等知识论概念之间更为复杂的关系；“它们被表现为比传统概念更具有概念上的优先性，抑或不是概念上的优先性而只是解释性的，或仅仅作为可靠的指南。”（Aberdein，2010：166）在所有领域中，概念上的优先次序都有些复杂。例如在伦理学中，一个主要的反对意见是德性伦理学在多大程度上对行动有指导性。类似地，在论证理论中，一个主要的疑虑是德性论证理论在多大程度上与人身攻击的指控相冲突（Bowell & Kingsbury，2013）。

德性论证理论与修辞学和论辩学的论证模式有着天然的相似性，这两种模式在不同程度上都将论证概念化为一个程序或过程，而不是严格地将论证视为一种产品。在某种程度上，这是对人身攻击与德性论证的联系的回应，因为这些广泛的框架表明，论证在某种意义上是不可从语境和程序中分离出来的。除将论证理解为过程而不仅仅是产物之外，在论证的修辞模型和论辩模型中，我们更多地关注论证者，而不仅仅是论证本身。在论证的论辩模型中，重点是论证者应该采取的行动。而修辞学往往强烈地关注发言者和听众的情境性质，采取一种更具描述性而非规范性的方法来理解论证。正如克洛斯特和艾金所提出的，在可能存在深度分歧的情况下，一个潜在的策略包括转向个人和/或社会语境，同时离开论证，以创造解决问题的空间。由于理解品格的重要性，以及德性论证者在帮助构建更合适的论证条件方面可能发挥的作用，解决问题的这些可能性都将我们推向德性论证理论。

许多学者已经列出了审议的（Aikin & Clanton，2010）或论证的德性和恶习的潜在分类。科恩（Daniel Cohen）认为，愿意参与、倾听、改变自己的立场和质疑显而易见的事情都是有利于提高结论可信度的论证德性（Cohen，2005）。阿伯丁在科恩最初的四种核心德性的基础上，通过将德性定位为两个恶习极端之间的中庸之道，发展了一种论证德性和恶习的类型学。通过这种方式，参与论证的意愿处于沉默或不信任的理性的极端和智力上鲁莽和过度热情的理性的极端之间（Aberdein，2016）。艾金和克兰顿认为（审慎的）智慧、友好、节制、勇敢、真诚和谦卑有助于知识的发展（Aikin & Clanton，2010）。所有这些作者都声称他们给出的列表是不完整的，而我认为，我们应该在这些列表中添加耐心这种德性，因为论证是一项随时间而不断发展的活动，有时甚至持续很长时间。尤其当论辩走向顽固的或深度的分歧时，在特别重要和有争议的问题上改变想法将需要很长时间（Kjeldsen，2020）。

亚里士多德的德性被理解为相对于特定领域来定义的，其中德性表示两个极端之间的卓越平均值，而极端表示相关的恶习。如前所述，克洛斯特认为，当缺乏社会信任时，分歧就会加深。沿着类似的思路，科恩和米勒（Miller）认为理想的论证具有认知共情的特征，这被理解为“当论证者在同一层面上、真正参与、做得好并一起做时，理想论证中的一种现象”（Cohen & Miller, 2016）。根据这些作者的说法，通过培养思想开放的德性，可以更好地促进在存在认知共情时发生的认知共享的相关形式，但也取决于主题、背景和争论者的个人化学反应（Cohen & Miller, 2016）。这表明培养群体凝聚力和良好社会条件的德性不仅对论证很重要，而且自控德性也有利于这些社会条件。自控德性通常被理解为诸如勇气、节制和耐心等德性。阿伯丁（Aberdein, 2019）此前也认为，当涉及深度分歧时，勇气尤为突出，尽管很少有人提到耐心的重要性。

丹尼斯·维加尼（Denise Vigani）认为，为了将耐心理解为一种亚里士多德的德性，我们首先需要确定它运作的相关领域，以便我们可以找出道德均值和恶习极端。根据维加尼的说法，耐心就像节制和勇气一样，是一种自控美德，其在概念上与等待、忍耐、坚持和容忍所有具有强烈时间因素的能力有关（Vigani, 2017）。她的结论是，耐心最好被理解为一种德性，它的领域是时间，是轻率和惰性之间的卓越均值。

在实际领域，我们可以将耐心的人理解为在正确时间采取正确行动的人或欲望得到控制的人，例如，在沮丧的情况下继续适当追求耐心的人。在论证的知识领域，我们理解轻率论证者的方式是想象一个非常愿意参与论证而不试图了解他们的对话者（包括他们的动机、性格、背景、信念和经验）或社会背景和它如何影响目前的分歧。类似地，轻率的论证者可能不会花时间去理解论证交流中的权力动态，因为他可能非常专注于把论证作为结果，以尽快得到答案，甚至可能因为他自己想赢得论证的愿望而轻率，而不是与他的对话者一起解决它的复杂性。惰性的论证者可能被理解为完全退缩或从未采取立场的人，也许是出于一种令人钦佩的担忧，即总是有更多的东西需要学习，导致他有很大的不确定性和不愿参与。另一种可能性是，虽然惰性的论证者有很多他可以提出的论证，但出于其他各种原因，他未能提出这些论证。

在某种程度上，这与阿伯丁和科恩围绕参与意愿的主要德性和恶习相吻合。然而，耐心更进一步，因为培养耐心的论证者会随着时间的推移发展出继续参与的方式，并且鉴于他对论证的延伸性以及新观点有时需要数天、数周或数年才能形成的方式的赞赏，他避免了可能导致他失控的挫折（或至少能够管理它们）。此外，有耐心的论证者能够花时间广泛地思考他的对话者和相关的社会背景，以便确定（随着时间的推移和通过参与）改变论证条件的方法，为论证创造空间。在深度分歧的情况下，这可能包括转向理解对话者的性格、经历和框架信念，以更好地理解分歧的性质。这可能还包括努力了解权力动态如何促进或阻碍持续的讨论。此外，有耐心的论证者会意识到论证时间的延伸性，能够更好地认识和接受自己的弱点，以促进对话者的持续参与。

关于耐心如何帮助我们解决深度分歧复杂性的一个更具体的例子来自克里斯·坎波洛（Chris Campolo）提出的一个问题。他认为，在某些情况下，例如深度分歧，继续与对话者接触是不负责任的，我们不仅有认知上的责任，还有在存在深度分歧的情况下不继续进行推理的道德义务（Campolo, 2019）。他认为存在这样一种危险，即在推理过程中我们的利益和价值观之间存在真正的差距时，我们会假装与对方达成共识，从而降低我们的推理能力。正如坎波洛所说：“当我们发现我们可能存在深度分歧时，我们应该做的是停止推理，然后，如果一起继续推理很重要，那么应该看看我们是否可以对我们其中一个或所有人的理解做出实质性的改变。这是一个缓慢而艰苦的过程。”（Campolo，2019：722）与其他一些关于深度分歧的更乐观的观点相反，坎波洛担心在一定深度上继续参与论证的后果。

坎波洛和乐观主义者之间在关于我们是否应该继续参与论证深度分歧方面存在分歧，这为考虑耐心作为一种继续参与的可能性的方式提供了空间，这种趋势发展了将论证视为具有多个目标的多方面倾向，其依赖于社会语境，并由演讲者和听众塑造。花时间可以清晰地表达论证过程中发生理性说服所必需的其他要素，即使对这些条件是理性本身的一部分还是外在部分存在分歧。有耐心的论证者可以考虑多种可能性，在他需要的时候休息，并意识到论证，尤其是关于难题的论证是一个长期的追求。有耐心的论证者可以协商何时继续参与对他来说是有效的，以及如何及何时无效，以及花时间寻找有效的方法来修复论证的情况。这在坎波洛的担忧和更乐观的方法之间提供了一个中间立场。将耐心作为一种重要的德性，当涉及深度分歧时，它提供了更多的选择，而不仅仅是继续参与或不参与，因为耐心的主要领域是时间，尤其是涉及深度分歧时，理解跨时间论证的扩展性尤为重要。

四、关于耐心的一些问题

虽然时间领域为耐心作为一种论证德性提供了承诺，但在道德和认知领域，研究过耐心的作者都意识到了对耐心的历史性和描述性关注的重要性。这些担忧通常是性别化的。例如，杰森·卡沃尔（Jason Kawall）说，我们可以想象一个在婚姻中受到虐待的女性耐心地忍受这种情况（Kawall，2016：4）。埃蒙卡兰（Eamon Callan）将关注范围扩大到更普遍的剥削受害者：

> 有一些心理特征增加了我们被他人虐待的容易程度，而这可能会被那些虐待他人、掩饰其罪恶或否认其可避免性的人誉为德性。耐心可以确保受害者被剥削时的服从，因此，毫不奇怪，它经常作为一种德性被推荐给穷人或妇女，作为适合她们地位和职责的德性。（Callan，1993：538）

维加尼引用了卡兰的妇女和穷人的例子，认为被动通常被误认为是耐心，其可能基于教养、错位的忠诚或其他原因而受到特定个人的认可（Vigani，2017：334）。所有作者似乎都承认，不论是在理论上还是实践中，耐心的使用方式都存在问题，例如为沉默服务。

维加尼和卡兰以类似的方式回应诉诸德性的本质，而不是通俗的耐心的概念。维加尼明确地称她对耐心的描述是“单薄”的描述，因为它依赖于所给予的适当的时间——“单薄”来自需要填写此处的“适当”含义。卡兰同样说，只有幼稚、粗糙的耐心才能激发对邪恶的冷漠，这些邪恶是愤怒反抗的合适对象。一个人不能通过专注于耐心最不具辨别力的版本的缺陷来合理地反对耐心的道德中心性，就像一个人仅仅通过注意到天真勇敢的道德危险就能体面地提出一个边缘化勇气的理由一样（Callan，1993：539）。换句话说，这些对耐心的压迫性使用根本不是作为德性的耐心。

正如维加尼指出的那样，这些回应注意到了描述的“单薄”，这表明对耐心的分析需要更多的细节和实质，才能将对耐心的通俗描述与德性本身区分开来，通俗描述会把惰性甚至呼吁耐心作为系统性压迫的机制。这意味着耐心是一个需要修复的概念。一个相关的问题是，将耐心概念化为一种德性可能无法解决在我们实际论证的非理想世界中如何概念化和培养耐心的问题。一般来说，在我们的现实世界中，往往最需要培养耐心才能进行论证的人，也是最容易面临认知伤害的人，比如证词和解释学的不公正。

米兰达·弗里克（Miranda Fricker）在2007年的同名书（*Epistemic Injustice*）中推广了“认知不公”的概念。根据弗里克的说法，证词不公发生在认识者面临基于身份偏见的可信度不足时，这会导致听众根据与认知无关的因素（如种族、性别、能力等）对他们的证词给予较少的重视。她认为，虽然不公地分配可信度不足有实际危害，但它损害了作为知情者的个人。弗里克承认，可信度过度也是可能的，但她关注的是特别不公的不足。这是我们可以看到的耐心变得不均衡的一种方式——那些受到不公和歧视并且其证词被系统地低估的人在实践中被要求通过展示他们的价值而不是假定的价值来对抗这些身份偏见。

帕特里克·邦迪（Patrick Bondy）认为，除认知不公外，我们还应该将论证上的不公理解为一种独特的现象（Bondy，2010）。邦迪将论证不公与它的认知表亲区分开来，因为它以不足和过度的形式运作，这与弗里克的主张相反，即认知不公主要是基于虚假身份刻板印象的可信度不足问题。在论证者中给予主体的可信度太低会损害论证交流的参与者，因为这会削弱论证的合理性，扭曲被偏见评估的论证者的评估。

可信度不足还会损害虚假刻板印象的主体进行论证的能力。根据邦迪的说法，可信度过度会对参与者产生三个负面影响：他们可能对相关原因产生过于狭隘的理解，使主体认为他们比自己更有能力，并防止他们受到足够的挑战，从而更有能力地发现并了解相关原因。可信度过度和不足会培养出具有惰性和草率恶习的论证者。

解释学不公是另一种形式的认知不公，这种不公正是由于受压迫的群体缺乏足够的概念资源来有效地与他人甚至自己交流他们的经验（Fricker，2007）。查理·克里勒（Charlie Crerar）主张对解释学不公要有更广泛的理解，这种理解从缺乏概念资源的社会压迫情况延伸到概念资源可用但相关方仍然沉默的情况（Crerar，2016）。克里勒的重点是禁忌。在这种情况下，有完全足够的概念资源，但参与禁忌话题有一定的代价。他说，在谈到一个禁忌话题时，可以说，个人演讲者会受到社会成本的影响。虽然这种成本主要是无形的，表现为不良反应和环境恶化，但它也可能产生真实的、具体的后果，例如被排除在某些群体或社会空间之外，关系紧张，甚至在极端情况下对身体造成伤害（Crerar，2016：199）。根据克里勒的说法，纠正这种形式的解释学不公的方法是创造一个表达自由的环境。盖尔·波尔豪斯（Gaile Pohlhaus，Jr.）通过故意的解释学无知的概念对解释学不公的概念进行了有益的扩展，这被理解为处于边缘地位的认识者通过与其他抵抗性认识者的互动积极抵制认知支配的情况，而处于支配地位的认识者仍然继续误解和曲解世界（Pohlhaus，2012）。这表明，为了营造表达自由的环境，我们必须意识到我们所处的自然环境和社会环境如何影响我们自己的能力和理解的开放度。

这些更广泛的解释学不公的概念指出了由群体之间发生的各种沉默导致耐心分布不均的方式。具体来说，要让占主导地位的群体意识到压迫，压力就会大大超出比例地施加在那些被压迫者身上，使他们用非压迫者能够理解的方式来解释他们的经历。此外，那些遭遇压迫的人经常面临克里勒所描述的那种后果，其中包括关系紧张、进一步排斥以及在决定如何以及何时进行商议时更多地利用认知和情感资源。

五、培养耐心修复论证的情况

耐心的论证者会花时间培养对这些不公的认识，以营造自由表达的环境并创造更好的论证环境，让更多的人能够富有成效地参与其中。以上我关注了两种形式的认知不公：证言上的不公和解释学上的不公。论证上的不公促使我关注在我们这个非理想的论证世界里那些最容易被排除在论证之外的东西，被沉默、被怀疑的人等是最需要耐心的人。与此同时，处于支配地位的人要求他们努力证明我们应该关心、倾听、参与并理解。所以，如果我是对的，即耐心是一种论证德性，那么问题就变成了我们如何在真正的论证中更平均地分配耐心的负担。

答案之一可能是接受耐心是一种论证德性——它允许我们欣赏论证的延伸本质。对于我们这些认为论证是一种重要的话语形式的人来说，我们可以认识到，为了让论证继续下去，耐心是必要的（而不是转化为解决分歧的其他形式），而且营造更友好的论证环境也是必要的。重要的是，要记住德性对语境是敏感的，这意味着耐心在每种论证情况下或对每个人来说都是不同的。正如我在本文所指出的，培养那些不太了解身份、权力动态和经验如何更广泛地塑造论证和交流情景的人（通常是那些享有相当特权的人）是特别重要的。鉴于美德是我们可以继续提炼和发展的性格特征，德性的灵活性和德性对环境的敏感性有助于我们不断适应新环境，并继续成长为德性论证者。与此同时，德性论证也容易受到批评，因为它没有为特定的论证者或论证情境提供必要的指导。以下是一些可以广泛用于培养耐心德性的策略建议。

为了培养耐心这种论证德性，论证者应该关注论证情境的描述性现实，而不仅仅是规范维度。这包括欣赏我们这个混乱的、非理想的、充满不公的世界，花时间去尝试了解不同的历史和经历，而不是在没有评估我们自身局限性的情况下参与其中。有耐心的论证者必须意识到他的特定历史、偏见、背景、框架命题等，同时也要努力理解其对话者的这些方面。

培养耐心德性的相关策略可能涉及采用更加多元化和包容性的论证概念。正如帕特里夏·希尔·柯林斯（Patricia Hill Collins）告诉我们的那样，“传统地，在白人男性控制的社会机构中，对黑人女性思想的压制导致非裔美国女性将音乐、文学、日常对话和日常行为作为构建黑人女权意识的重要场所”（Collins，2008）。排除这些认知方式对于我们这些作为认识者和对话者的人来说都是有害的，而对论证和认知方式的更广泛理解对于包容的、有效的论证是必要的。与此相关的是，坦皮斯特·亨宁（Tempest Henning）提出了一个令人信服的论证，即非对抗性女权主义论证模式主要重视白人女性的交流风格，而对抗性话语的全面批评排除了在非裔美国女性的交流中可以看到的那种富有成效的由对抗性、反对压迫而发展起来的言语社区（Henning，2018）。这表明，我们应该更加谨慎地对待有关非论证性或有问题的论证性的话语模式的全面批评。

克里斯蒂·多森（Kristie Dotson）强烈呼吁在哲学学科中进行更具包容性和多元化的实践，以回应安妮塔·艾伦（Anita Allen）对哲学的挑战和展示它为黑人女性提供的东西（Dotson，2012）。多森恰如其分地命名“这篇论文的哲学如何”是围绕她对学科文化的关注而进行的，这种文化使这样一个问题变得至关重要（Dotson，2012：5）。根据多森的说法，“这个哲学如何”的问题出现了，因为哲学学科是一种辩护文化：

> 文化根据假定普遍接受、唯一相关的辩护规范来使特权合法化，这有助于扩大专业内现有的例外论实践和不一致性。最后，我认为专业哲学的环境，特别是在美国，带有一种辩护文化的症状，这为许多不同的从业者创造了一个艰难的工作环境。我同意艾伦的评估，即专业哲学对于许多不同的从业者来说根本不是一个有吸引力的环境（Dotson，2012）。

多森还主张，为了回应艾伦的挑战，哲学必须从辩护文化转向实践文化。实践文化既重视生活经验以识别实际问题，又认可多种规范和方法。因此，她的目标是“创造一个环境，让不一致成为不断扩展的专业哲学实践方式的创造力场所”（Dotson，2012：17）。这些经验教训也适用于更广泛的论证领域。

最后，我们可以通过考虑论证的方式来培养更多的耐心。吉尔伯特（Michael Gilbert）在他的职业生涯中一直在讨论一种多模态的论证模型，该模型超越了逻辑模式，扩展到情感、本能（物理）和直觉（Gilbert，1994）。他强调不同的论证有不同的基本形式，并将情感等因素简化到逻辑变化的论证中。除了这种简化所带来的意义变化之外，根据吉尔伯特的说法，“然而，主要的一点是，这个特殊的故事能够让我们考虑更多涉及论证的人性方面”，这应该被视为“论证理论家的磨坊”（Gilbert，1994：175）。这些朝着更复杂的论证模型的转变可能是有耐心的论证者的标志，也是我们渴望成为的那种论证者。

参考文献

[1] Aberdein A, 2010. Virtue in argument [J]. Argumentation, 24 (2): 165 -179.

[2] Aberdein A, 2016. The vices of argument [J]. Topoi, 35 (2): 413 -422.

[3] Aberdein A, 2021. Courageous arguments and deep disagreements [J]. Topoi, 40 (2): 1 -8.

[4] Aikin S F, 2019. Deep disagreement, the dark enlightenment, and the rhetoric of the red pill [J]. Journal of Applied Philosophy, 36 (3): 420 - 435.

[5] Aikin S F, 2020. What optimistic responses to deep disagreement get right (and wrong) [J]. Co-Herencia, 17 (32): 225 -238.

[6] Aikin S F, Clanton J C, 2010. Developing group-deliberative virtues [J]. Journal of Applied Philosophy, 27 (4): 409 -424.

[7] Amenábar D C, 2019. Persistent disagreement and argumentation: A normative outline [C] // In ISSA Conference <https://www.researchgate.net/publication/332274881_ Persistent_ disagreement_ and_ argumentation_ A_ normative_ outline>.

[8] Bondy P, 2010. Argumentative injustice [J]. Informal Logic, 30 (3): 263 -278.

[9] Bowell T, Kingsbury J, 2013. Virtue and argument: Taking character into account [J]. Informal Logic, 33 (1): 22 -32.

[10] Callan E, 1993. Patience and courage [J]. Philosophy, 68 (266): 523 - 539.

[11] Callard A, 2018. Aspiration: The Agency of Becoming [M]. New York: Oxford University Press.

[12] Campolo C, 2019. On staying in character: Virtue and the possibility of deep disagreement [J]. Topoi, 38 (4): 719 -723.

[13] Cappelen H, Dever J, 2019. Bad Language [M]. New York: Oxford University Press.

[14] Cohen D H, 2005. Arguments that backfire [C] //Hitchcock D, editor, In Argument and Its Uses. Hamilton, ON: OSSA: 58 -65.

[15] Cohen D H, Miller G, 2016. What virtue argumentation theory misses: The case of compathetic argumentation [J]. Topoi, 35 (2): 451 -460.

[16] Collins P H, 2008. Black Feminist Thought: Knowledge, Consciousness, and the Politics of Empowerment [M]. 1st edition. New York: Routledge.

[17] Crerar C, 2016. Taboo, hermeneutical injustice, and expressively free environments [J]. Episteme, 13 (2): 195 -207.

[18] Davson-Galle P, 1992. Arguing, arguments, and deep disagreements [J]. Informal Logic, 14 (2): 147 -156.

[19] Dotson K, 2012. How is this paper philosophy? [J]. Comparative Philosophy: An International Journal of Constructive Engagement of Distinct Approaches toward World Philosophy, 3 (1): 3 -29.

[20] Duran C, 2016. Levels of depth in deep disagreement [C] //OSSA Conference Archive 9.

[21] Enoch D, 2014. Précis of taking morality seriously [J]. Philos Stud, 168 (3): 819 -821.

[22] Fausset R, 2021. What We Know About the Shooting Death of Ahmaud Arbery [N]. The New York Times, 2020 -05 -07.

[23] Feldman R, 2005. Deep disagreement, rational Richard resolutions, and critical thinking [J]. Informal Logic, 25 (1): 13 -23.

[24] Fogelin R, 1985. The logic of deep disagreements [J]. Informal Logic, 7 (1): 1 -8.

[25] Fricker M, 2007. Epistemic Injustice: Power and the Ethics of Knowing [M]. Oxford, New York: Oxford University Press.

[26] Gilbert M A, 1994. Multi-modal argumentation [J]. Philosophy of the Social Sciences, 24 (2): 159 - 177.

[27] Henning T, 2018. Bringing wreck [J]. Symposion, 5 (2): 197 - 211.

[28] Kawall J, 2016. Patience [C] //International Encyclopedia of Ethics. Oxford, UK: John Wiley & Sons, Ltd.

[29] Kjeldsen J, 2020. What makes us change our minds in our everyday life? Working through evidence and persuasion, events and experiences [C] //OSSA Conference Archive.

[30] Kloster M L, 2021. Another dimension to deep disagreements: Trust in argumentation [J]. Topoi, 40: 1187 - 1204.

[31] Lemire J, Darlene S, Will W, et al., 2020. Chaotic first debate: Taunts overpower Trump, Biden visions [N]. AP News, 2020 - 09 - 29.

[32] Lugg A, 1986. Deep disagreement and informal logic: No cause for alarm [Reply] [J]. Informal Logic, 8 (1): 47 - 51.

[33] McKinnon R, 2015. Trans＊formative experiences [J]. Res Phil, 92 (2): 419 - 440.

[34] Paul L A, 2015. Précis of Transformative experience [J]. Philosophy and Phenomenological Research, 91 (3): 760 - 765.

[35] Pohlhaus G, 2012. Relational knowing and epistemic injustice: Toward a theory of willful hermeneutical ignorance [J]. Hypatia, 27 (4): 715 - 735.

[36] Vigani D, 2017. Is patience a virtue? [J]. The Jouranl of Value Inquiry, 51 (2): 327 - 340.

[37] Woodward C, Riechmann D, 2021. No surprise: Trump left many clues he wouldn't go quietly [N]. AP News, 2021 - 01 - 09.

怀疑主义与论证德性*

丹尼尔·科恩[1]/文，胡启凡[2]、张安然[3]、蔡东丽[4]/译

（1. 科尔比学院，哲学系，缅因州，美国；2. 科尔比学院，哲学系，缅因州，美国；
3. 芝加哥大学，政治学系，伊利诺伊州，美国；4. 华南理工大学，法学院，
广东广州）

摘　要：如果论证是哲学家的游戏，那么这是一个被操纵的游戏。虽然许多论证理论明确将论证与理由、理性和知识联系起来，但是论证本身就内嵌了一些反对知识、倾向于怀疑主义的偏见。论证的怀疑主义偏见可以分为三类：游戏规则中的偏见、游戏技巧中的偏见、游戏决策中的偏见。中观学派的佛学家龙树、希腊的皮罗主义学者（Pyrrhonian）赛克斯都·恩披里科和道学家庄子这三位来自不同传统的古代哲学家是以上研究的典范案例。他们的论证风格有巨大的差异，他们的怀疑主义也截然不同，但是他们各自的论证和怀疑主义都有很自然的联系：龙树提出了“不真的真实性”论证，恩披里科给出了反论证的策略，而庄子巧妙地避开了所有的直接论证，用间接论证反对论证。因为德性论证理论重视论证者和他们的技巧，所以我认为它是用于理解以上三位哲学家对论证和怀疑主义见解的最佳视角。

关键词：德性论证；怀疑主义；龙树；庄子；赛克斯都·恩披里科

一、序言

论证有时看起来像哲学家玩的一个游戏，但是哲学家需要注意，这是一个被操纵的游戏。虽然许多对论证最为深刻和有说服力的阐释明确将其与理由、理性和知识联系起来，但是论证本身就带有一些反对知识、倾向于怀疑主义的偏见。论证可以毫无理性。

我在此希望通过希腊的皮罗主义学者恩披里科，与他处在同一时代的印度中观学派佛学家龙树，以及几个世纪之前的道学家庄子这三位在某种意义上都可以称为“怀疑论者”的哲学家来追溯论证与怀疑主义之间的联系。这三位哲学家对教条主义都抱着很深的怀疑，他们在反对后者时也带有一种仿佛会传染的热情。将他们三人视作怀疑论者时，我无意忽视他们哲学中非常切实且重要的差异。相反，我希望将注意力集中在他们立场的相似之处和他们的怀疑主义上，以此理解他们论证中的差异以及这些差异所揭示的论证与怀疑主义之间错综复杂的关系。

---

* 原文为Daniel Cohen，2013. “Skepticism and Argumentative Virtues,” *Cogency*，1（5），pp. 9－31。本译文已取得论文原作者同意及版权方授权。

本文真正的目标是论证理论，而非认识论、训诂学或者历史研究。因为德性论证理论关注论证者如何论证、区分技巧与德性①，并且接纳理性论证与合理论证之间②的差异，所以我认为它是理解以上三位哲学家对论证和怀疑主义见解的最佳视角。

二、怀疑主义的偏见

我们从“论证本身就带有一些倾向于怀疑主义的偏见”这个主张开始。这一点需要有一些限制条件，因为部分论证除用非常牵强的方式解读之外，完全与知识无关，所以此处关注的是诸如上帝是否存在或者副现象论是否是一个可行的心智理论这样的论证，而非关注谁应该去倒垃圾或者去哪家餐厅吃饭的论证。然而，有了这个限制条件，所有的论证都能成为怀疑论证。并非所有形式的论证都呈现出相同程度的各种偏见，但是怀疑立场对论证施加的作用力总能被感受到。它并非无法抵抗，但是却一直存在。讽刺的是，部分很好的怀疑论论证，即为怀疑主义所做的论证，并非好的怀疑论证的例子，而为教条式结论所做的论证却经常展现了怀疑倾向最明显的影响。

论证的怀疑主义偏见可以分为三类：游戏规则中的偏见、游戏技巧中的偏见、游戏决策中的偏见。下面从论证的规则开始展开。

（一）论证的规则

论证中的一个基本原则是万物皆可论证，所以我们可以直接支持或反对怀疑主义。但是这个基本原则对怀疑论者也是一个额外的论证优势。如果所有事物都可以论证，那么没有什么是无可置疑的。如果可以被争论意味着可以被怀疑，像一些人所认为的，真正的知识必须是无可置疑的，那么论证游戏甚至没有开始的必要。怀疑主义将会被写入论证的基本规则之中。

可争论的事物、可怀疑的事物与知识之间的关系肯定更为复杂，而这之中隐藏着一件有趣的事。我们可以争论我们知道且不会去怀疑的事物。我们甚至可以争论我们无法怀疑的事物。论证的可能性③不会被精神上或是认识上的可能性局限，也不会被逻辑上的可能性束缚。矛盾的、荒谬的或者不可能的前提并不代表推理或论证的结束：“确实，我知道不可能有圆四边形，但如果有这种东西呢？它们在感觉和概念上会如何向我们呈现呢？在我看来，它们根本不会呈现，而我认为这是正确的答案，因为……”

论证的规则完全不会限制论证的可能性，而这给了怀疑论者过多质疑知识主张的

---

① 亚里士多德的《尼各马可伦理学》是提出德性如何与技巧联系这一问题的权威著作，但是这个问题仍然没有定论。例如，扎格泽博斯基（Zagzebski，1996：150）评论道：“我认为亚里士多德对于可以被传授的特质和可以通过模仿与练习获得的特质的区分更贴近技巧和德性的区分，而非智识与道德德性的区分。”此处采纳的区分很大程度上沿袭了亚那的观点（Annas，2011：19），通过关注“学习的需要与对志向的追求”来区分真正的德性和仅仅是“精通技术”的身体技能、诀窍和才能。

② 基廷（Keating，1996）将这个区分追溯至康德；图尔敏（Toulmin，1997）在亚里士多德那里找到了这个区分。

③ 为“论证的可能性”这个非常宽泛的概念所做的论证由科恩（Cohen，2004b）提出。

余地。

在现实中，这个余地并非无限的。我们对什么可以被论证有各种限制。宗教将部分话题视作禁忌；社会习俗禁止讨论另一些话题；而在具体的情境下，不论是日常对话还是批判性讨论，都必须默认部分事物。在部分情况下用“现在不是论证的时间”或“这里不是论证的地方”或“这不是我们应该讨论的”来从论证中抽身是完全合理的。

在理论上，情况就不同了。任何人都能在任何时间将任何事摆到台面上。在纯粹理性中没有“不在这里”“不是现在”“不是这个”“不是我们”的位置。没有什么能阻止一个从立场的不同发展为全面的争论。

有四件事明显使局面对怀疑论者更有利：论证的规则本身可以是论证的对象；每一个为其他主张辩护的前提都可以被质疑；对于可以被提出的反对意见没有限制；此前关闭的问题都可以被重新打开。

对于执着的怀疑论者而言，上述的每一种可能性都代表了一个永恒的突破口；在扮演论证反对者这个天生属于他的角色之时更是如此。如果我们作为论点的提出者可以在任何论证开始前被要求对论证的规则进行论证——这就为论证创造了一个新的预备阶段——那么我们同样可以在预备阶段之前对论证的规则进行论证。这导致了一连串无法终止的倒退。对于论点的论证就一直无法走上正轨。如果我们真的以某种方式使论证得以进行，并开始为我们的立场提供辩护，那么我们会被要求为任何我们提出的辩护提供辩护，接着为这个辩护提供辩护，以此类推，引向另一个方向的无穷倒退。这种倒退让论证永远无法结束。更进一步地，如果我们以某种方式开始论证并形成一个结论，那么我们总会面对问题和异议。反对者只会被他们提问题和反对意见的才智以及持续提出这些的决心与毅力所限制。最后，如果我们开始一个论证，并达成了结论，甚至取得了论辩闭合，仍然会有坚定的反对者不停地重新开启问题。最终没有什么能被确立，共识无法被强迫达成。

至少在理论上论证者不仅可以将任何他们认同的事物摆到台面上，还可以把某些事物撤走。在论证过程中，我们可以撤回之前的承诺并放弃我们的立场。尽管修改立场这个选项为怀疑论者提供了另一个优势，但是他们将其称为论证的“特征而非故障”。当我们在论证过程中回应问题及异议时，这个选项使调整、提炼和改进我们的立场成为可能，而这首先就是进行论证的一个好理由。它为我们将观点放到论证中检验提供了很强的动力，因为它为成功的论证者从论证中获取认识论上的收获创造了空间。

修改个人立场这个选项的另一面是它允许不成功的提出者更改目标。所以，就像倾向于怀疑主义的论证者会通过无止境地将事物放到台面上来妨碍一个批判性讨论一样，他们可以通过放弃此前所有的投入来破坏一个论证顺利结束的可能性。将一个怀疑论者放到提出者而非反对者的位置上并不能解决问题。

论证的所有这些特征都可以被滥用，但它们也是成功的论证所需的要素。

（二）论证的技巧

虽然论证的规则为怀疑论者提供了优势，但这不足以使怀疑主义成为所有论证不可避免的结果。想要发挥这些优势需要技巧。因为论证的技巧与怀疑主义的技巧有如此多的重合，所以恰恰是最有技巧的论证者成了最强大的怀疑论者。在实际情况中，论证技巧在怀疑论者和教条主义者之间的不均分布使论证的局面更加倾向于怀疑主义。

在辨认论证技巧时，有一个潜在的“鸡生蛋，蛋生鸡”的问题。如果论证技巧是那些能让人进行好论证的才能，但好论证仅是论证技巧的呈现，那么两者的定义都离不开对方。这个问题在分析之后得到消解。论证者的这套技巧是一个综合体：它是与论证者扮演的不同角色相对应的几种技巧的结合。例如，提出者在为一个立场构建论据时所使用的创造性技巧与反对者在寻找那个论证薄弱点时使用的分析技巧不必相同。希拉里·科恩伯利斯（Hilary Kornblith）非常明确地指出：“提供理由需要一系列的技巧，而这些技巧并非一定要出现在回应理由的人身上……依据证据形成信念的能力与为信念提供理由的能力并非完全相同。”①

顺带一提，我认为深谙论证中的主要角色——提出者或反对者——的技巧并不顺理成章地意味着精通法官、仲裁者或仅是观众这类辅助性角色的技巧。

很自然地，论证中反对者身上的技能对怀疑论者最有用。一种反对命题甲的方式是为非甲论证，但因为怀疑论者的默认是没有信念，而非不相信可能的信念（这样更好，因为困扰怀疑论者的是知识主张而非信念：不存在知识主张而非不存在相反的知识主张），所以削弱甲就足够了，不必证实其为非甲。由此，以下反对技巧都非常契合怀疑论者的套路：

——寻找论证中的薄弱点。
——提出好的异议。
——提出尖锐的问题。
——质疑前提。
——辨认隐藏的假设。
——转移举证责任。

其他的反对技巧当然也可以用于怀疑主义论证，但这些（技巧）特别适合用于此目的。

有两点值得注意。第一，虽然这些重大且普遍值得称赞的才能都值得在论证中运用，但是当提出者构建论证时，它们实际上都不是必要的。虽然它们无疑对预测反对意见和认识个人所做的假设有所帮助，但是在不运用这些才能的情况下，提出者也可以构建论证。我们需要考虑几种不同的技巧。第二，这些技巧都有可能被极端化，演变成过度的反驳与吹毛求疵，不带善意的解释（从而故意不得要领），或者固执地拒绝任何可能促进论证圆满结束的合作。这些错误都是以无德性的方式运用论证技巧的例子。并非所有技巧都是有德性的；有技巧的论证者可以是很恶劣的。有时克制使用技巧，避免将本就持怀疑观点的论证变成直接为怀疑主义所做的论证需要很高的德性。

类似的评论也适用于更有提出者特质的论证技巧。在大体上，提出者的技巧倾向于

---

① 参见科恩伯利斯（Kornblith，1999：277）。

与怀疑主义对立，因为提出者的主要目标是试图说服他们的受众接受即相信他们的结论。最重要的典型技巧是说服力。

其他提出者的技巧就怀疑主义而言相对中立，其中包括以下技巧：

——战术性让步的策略技巧；

——用最好的方式构建论证的能力；

——调动注意力并得到倾听的能力。

对论证的提出者而言，特别宝贵的一套复杂技巧是：利用当下的反对者来调整自身论证的能力。我们称此为“利用反对者”。这涉及修辞、论辩与逻辑能力的结合。首先，一个人想要理解他的反对者需要有修辞见解。这是一个论证者所需的理解技巧，以便将他的论证置于听众能接受的前提下。不能辨别反对者假设的那些论证者就无法为他们的结论提供有吸引力的理由。然而，有见解本身是不够的。好的论证者同样需要利用这个见解。他们需要推论跟进——一种能抓住这些假设背后含义的能力，以便选择那些有帮助的假设。因此，最后一步是论辩构建。这呈现在一个论证中的创造性阶段，它会使在一定情况下的目标反对者看到这些前提如何与期望的结论联系起来。

修辞见解识别了反对者的投入；推论跟进明确了如何处理它们；而论辩构建将它们付诸行动。

因为论证不完全由推论组成——论辩与修辞的维度不可忽视——论证中提出者的工作不仅仅是从既定的前提中推出正确的结论，更多情况下，他们的工作恰好是相反的：为既定的结论寻找合适的前提。这是推论的“反向工程”。修辞的见解、推论的跟进与论辩的构建加在一起，让提出者能利用反对者的概念资源来达成他的目标。当然，这对任何论证者都是如此。但我相信怀疑论者特别适合在那些最固执的教条主义者身上利用这些技巧。任何只要思维开放到愿意参与论证的人所提供的即便是最小的突破口都足以让怀疑主义生根，所以如果我们决心为怀疑论证找到合适的前提，我们就会成功。我们将会看到，围绕和组成论证的概念网络（推论、反对意见、问题与回答、辩论等）不可避免地包括含有怀疑主义种子的概念。

如前所述，这些技巧也可能被滥用。

我还想介绍并处理第三方与“非争斗”技巧的概念。为了更细致地分析，它们可以被分为法官、陪审团、评论者、观众、裁判和那些与论证有关联的人所需要的不同子技巧，但为了理解怀疑主义如何与论证联系，它们可以归为一类。将观众视作论证的参与者似乎很奇怪，但这么做有两个理由。一方面，和论证中的主要角色一样，他们是可以判断论证是否令人满意的主体。如果第三方观众不满意，这将是一个论证不完全令人满意的表面证据。另一方面，所有这些“非争斗”的角色都要被评判是否表现良好。在不同程度上，他们的表现是否良好影响了论证整体的满意程度。

我关注的一个技巧是思维开放。所谓的思维开放，指的是抱着真诚的心态考虑与个人立场矛盾的反对意见和观点的能力与意愿①。思维开放与怀疑主义并不相同。一个人既可以思维开放，也可以教条主义。这或许不是一个简单的认识诀窍的问题，但是在全身心投入自身信念的同时向可能的反例和相反的论证敞开大门是完全可能的。明确一点，强烈抱持的信念是通往怀疑主义路上可能的绊脚石，而思维开放可以帮助扫除障碍，所以它们经常步调一致。

将思维开放列为一个技巧而非特质、性格、属性或者状态可能比较奇怪。它通常被认为是技巧的德性形式，缺乏它会导致教条式的思维封闭，而过分开放则会导致容易轻信他人。但这个论述忽略了一件很重要的事：思维封闭并非唯一缺乏思维开放这种德性的方式。开放的思维会向理性敞开大门，所以注意力涣散或漠不关心和有意的、教条式的拒绝理性在效果上是相同的。一个参与度不高的观众并不比一个观念已经形成的人好说服。

思维开放是一种人可以有意识地选择，并通过练习来取得进步的思想行为模式。这也是法官、陪审团、裁判与观众为了成为好法官、好陪审团、好裁判、好观众所需的。但对于提出者和反对者而言，它没有明显的用处。它甚至对他们有负效果：对于立论的提出者和提出反对意见的反对者而言，开放的思维会分散他们的精力。由思维封闭提供的“眼罩”确实可以使人专注于手中的任务。

当然，思维开放没有明显的用处，这一事实并不必然意味着它对（论证的）主要角色没有用处或有副作用。正常情况下，它有很大的作用，特别是当其目标是让某件事在论证中变得在认知上更令人满意，而非仅仅是赢得论证时。

另外，如前所述，我们有一项技能可能会因走向极端而被滥用。

三、论证与选择

论证还有对怀疑主义相当友好的一面：论证需要主体。这是一个行为，是我们做的一件事，并非发生在我们身上的一个外部事件。论证是一个选项，同时可以是一个理性的选项，它不能被强迫。此外，即使在参与论证之后，论证者仍然保留了随时退出的选项，即使是已经达成某种和解。也就是说，我们可以概略地拒绝对一个论证的结论进行论证，同时我们这么做并不一定意味着不理性！

首先，选择不进行论证可以是理性的。在某种程度上，这只是早先“寻找（论证）基础”这个问题在另一个领域的再次上演。对于已经不回应理由的人来说，为推理所提供的理由怎么会有说服力呢？这一次，论证不再是关于在论证时我们应该遵守什么规则，而是关于是否应该进行论证。然而，结果是相同的：无穷倒退。这里需要做一个选择。因此，除了通过对论证规则进行论证来妨碍论证开始，坚定的怀疑论者还有一个额外的论证策略——是否要就任何话题进行论证。即使在论证前没有一个关于是否要论证

① 详见黑尔（Hare，1985）对思维开放的总体论述与黑尔2003年就思维开放如何与公平、公正地考量对立观点联系这一更具体的问题所做的论述。

的论证，我们也完全可以退出[①]："我现在有比和你论证更重要的事要做。"在很多情况下，这些策略是理性的。因此，这个行为本身并不是非理性的（虽然在具体情况下，它们在更多时候是不合理的）。

怀疑论者可以这样利用上述策略：如果一个论证是关于确立知识或为信念提供强有力的理由，他可以直接不参与论证。怀疑论者不必将自己置于那种境地。

其次，在论证进行中选择退出也不一定是非理性的。甚至选择不接受一个由顺利进行的批判性讨论得出的结论也不一定是非理性的。例如，在数学教室中不断上演的一个情景：假设有人提出了一个有关"1 = 0"的证明。关于此的证明方法有好几种，例如除以零、取正负平方根、在无限上做文章，等等。一个缺乏经验的人即使尽其所能或许也难以看出错误，他所有的问题都得到了回答且所有的反对意见都被化解。绝望之际，他诉诸元论证。那个提出者或许同样被证明困惑，所以这之中不一定存在虚伪或欺骗。在那一刻，反对者或许会说类似这样的话："嗯，这个论证在我看来没什么问题，但是这个结论是如此的荒谬，以至于这之中肯定有什么问题，因为好的论证并非这样。如果有足够的时间，或许我可以找到错误；如果不行的话，那肯定有在数学上比我聪明的人能帮我找出错误。所以，即使这个论证在我看来很合理而且我找不出任何错误，我还是拒绝接受它。"这是一个元论证，即它使用了好论证是如何进行的这一前提。后撤至元阶层去拒绝这个论证至少在我看来并不是非理性的。毕竟，在其他条件相同的情况下，甚至部分哲学家（那些无懈可击的理性典范）为证明（或者反对）上帝存在的进行论证时也采用了同样的策略。这或许会显得思维并不那么开放，但它也不一定是非理性的。[②] 但就像其他技巧一样，它也可以被极端化。

四、三位怀疑论者

现在我们把目光转移到三位此前提及的哲学家：恩披里科、龙树和庄子。将他们作为怀疑论者聚集到一起的是他们对教条式知识主张的反感；将他们区分开的是他们的论证。他们不仅给出了不同的论证，并从中得出不同的结论，而且给出了不同类型的论证，呈现了对论证不同的态度以及对论证的不同定义。

（一）龙树

公元2世纪的佛学家龙树是三人当中逻辑最为严密的。他的论证呈现的是用系统性的方式来确立立场。讽刺的是，龙树的终极立场否认了任何终极真理，所以他的"立场"是没有立场，至少在任何阿基米德的意义上没有立场。[③] 尽管如此，他的论证仍是"论证作为证明"这一概念的典范例子。他仔细地列出他的前提并努力地推出它们的逻

① 正如格莱斯（Grice，1989）所强调的，退出谈话的规则与违反它们是非常不同的。因此，回避论证的决定不能被视作一个谬误。然而，它当然可以被视作不合理的，即违反了理性的原则。因此，将论证的原则与理性的原则混为一谈是一个错误，除非论证的规则在如何论证的基础上包含了何时论证的规则与何时不论证的规则。

② 这个论证从科恩处改编而来（Cohen，2004，Chap. 5）。

③ 译者注：在基础论的意义上。

辑后承。他还很认真地预测并反驳了其他佛学家针对他的论证提出或可能提出的反对意见，所以他的论证在论辩层面上颇有建树。

因明显的负面证明而否认真理导致了一个悖论。然而，龙树对真理的否认，即他对“不真的真实性”的主张，避免了直接的自我矛盾，因为他对真实主张的论述并不基于任何真正客观的事物。他对自己的主张并没有这样的期望①。在他的论述中，我们分类物体时所用的谓词都是常规的建构，没有任何永恒的本质。这同样适用于真理谓词：“真理”不适用于任何客观的、单方面的或“确实为真的”事物。它只有“缘起”，并没有自身独立的本质。这被描述为“空性”。但是，这个警告还适用于它所有的关联词，如“存在”“非存在”“本质”“常规”和关键的“空性”自身。深刻的“不真的真实性”需要被理解为仅仅是另一个在语言上的、常规的建构，而非终极真理②。

龙树最常用的技巧是拿一个给定的概念来证明它与其他事物是交织在一起的，由此得出没有什么是独立于其他所有事物的。因不能是因，除非有果，反之亦然；父母不能是父母，除非有孩子，反之亦然；未来与过去，名字与被命名的事物，认识者与已知内容等都是同理。没有什么有独立的本质（包括虚无和本质）。

这里有一个明显的反对意见。这条推理思路忽略了母亲没有孩子无法存在和孩子依靠母亲存在之间巨大的差别。读者想要大喊：“当然，没有孩子，母亲就不能作为母亲存在，但这并不意味着她根本不存在！她的母性、她作为母亲的存在依赖于她的孩子，但她的绝对存在却不依赖于孩子。她自身仍会存在。”龙树的回复已经就位：“你在说什么呢？人或者物体单纯是什么呢？是妻子、女儿，还是灵魂？所有这些概念都可以用同样的方式证明无法与其他概念分离。一个没有丈夫的妻子？一个没有父母的女儿？一个没有身体的灵魂？你所说的这个‘她自身’是一个难以捉摸的海市蜃楼、一个幻觉。对于一个形而上的独立实体而言，不变的本质是不存在的，因此，没有客观的事物是真正知识的对象。”

从分析哲学的“语言学转向”之后的观点来看，我认为像维特根斯坦、奎因和德里达等哲学家提出的没有描述能抓住事物本身的观点是为人所熟悉的，但仍是令人不安的。问题在于我们试图定义事物，但只有文字可以被定义，而非事物。即便如此，也很少有文字能真正适用于我们所要求的那种定义来表达对某种知识的梦想。

我们可以用另一种方式来表达龙树的观点：我们使用语言谈论事物，即使这并非我们能用语言做的唯一一件事。在做这件事的过程当中，我们需要将事物变得“可以讨论”，然后我们就我们谈论的世界和我们如何谈论它之间形成的伟大的形而上的契合祝贺自己。斯坦利·卡维尔（Stanley Cavell）在评论寻找本质时曾问道：“在对我无穷多的真实描述中，怎么可能有一个能代表我的真理，告诉我我是谁或我是什么？”③ 我从龙树（的哲学）中读出了相似的见解，但它却是关于所有事物的。

---

① 加菲尔德认为龙树《中论》的结尾告诉我们去接受“所有这些必然是常规的名称，是对最终无法被描述的终极本质的描述”，他还看到它精准预测了维特根斯坦在《逻辑哲学论》的结尾明显放弃了他所有的“命题”，因为它们本身可以算作是无稽之谈。

② 加菲尔德（Garfield，1995：311 -321）发展了这条思路。

③ 参见卡维尔（Cavell，1979：388）。

龙树滥用了提出者的哪个技巧呢?

龙树精湛的技巧在于能找到并利用我们有关语言、思想、知识和存在的思考中的不一致性。通过龙树的论证追溯他结论的源头消解了试图证明真理中不存在的矛盾意味:他对此前提及的论证提出者的技巧的（修辞见解、推论跟进和论辩建构）关键组合的掌握。他能为怀疑主义找到我们思维中早已存在（而且，事实上根深蒂固）的突破口。他利用了我们一直以来对准确定义的本质主义需求和我们同样一直不能提供它们之间的鸿沟。

明确一点，如果语言是一个交流的工具而不是一个表象的系统，那么我们不需要真的“知道”文字的含义——在能通过充分和必要条件定义它们的情况下——这些文字足够使用，或是让我们知道如何使用。我们不需要知道一个游戏“到底”是什么来说明龙树在与我们玩一个知识的游戏。回想一下这句至理名言：往往通向事物本质的真正困难是知道何时停止。在很多意义和维度上，龙树的推论过于极端了。他合理地假设他的反对者的话语意味着什么，但不合理的假设意味着有一个定义可以被反驳。他的哲学或许是理性的，但可能不合理；他的论证或许有技巧，但可能缺乏德性。

平心而论，我只研究了《中论》中龙树哲学的解构部分。在该书中，他关注了诸如因和果、认识者和已知、符号和被标记的等重要的知识组成，他关注的是它们在本质上的意义。只有当概念上互相依靠的概念在他论证中被单独解构而没有被集体重构时才会导致怀疑主义。而他确实给出了一个怀疑主义的重构，就像大卫·休谟为因果关系所做的重构一样。知识在未重构的情况下确实是晦涩的，但它也可以和其他知识一起被重构。确实，知识、理性和论证被重构后是龙树整个项目中不可或缺的组成部分：达成涅槃中有一个认知的部分。对于苦难本质的见解，即它的空性，是挣脱它所必要的，而“这个见解只能通过推论和进一步的语言与思想获得”[①]。论证是一个工具。而这属于另一种论证了。

（二）赛克斯都·恩披里科

恩披里科从论证理论角度看是最好分析的，同时他的论证提供了一个从技巧与德性层面理解论证的清晰例子。他是一个经典的皮罗主义怀疑论者，他有意识地努力避免拥有任何知识。皮罗主义的中心观点是，为了我们精神的平静，我们要努力克制我们采纳教条主义立场的天然冲动。精神上的宁静是论证的终极目标，而非确立的知识或确信的信念。教条式的信念带来的是错误的可能，因此伴随着我们可能确实错了的担忧。然而，拥有信念是很难避免的。避免拥有信念需要行动，而行动的形式是反论证，而非论证。

恩披里科努力避免拥有任何立场，他没有任何需要论证的，但有不少需要反对的。他不需要任何正面论证，因为他的关注点既不在确立一个立场，也不在说服他的对手：他们的信念不需要担心。因此，皮罗主义论证的目标既不是证明，也不是说服——这两种是论证最常见的目的。虽然恩披里科在证明和劝说上毫无建树，但他确实为论证做出

① 参见加菲尔德（Garfield，1995：298）。

了贡献：他需要反论证来防止自己屈服于他人的论证。这是与笛卡尔相反的计划：笛卡尔用怀疑论者自己的武器——怀疑——去对抗他们，而恩披里科用教条主义者自己的武器——论证——去对抗他们。然而，因为恩披里科虔诚地扮演反对者而非提出者的角色，所以他提出了建构反论证的大体策略而非具体的论证。

我们对此有几个问题。首先，恩披里科在他的反论证中典型地运用了哪些论证技巧？其次，他是如何滥用这些技巧以至于成为一个怀疑论者的？也就是说，最终是什么让他的论证变得理性但不合理？最后，他缺少了什么德性？

在《皮浪学说纲要》中，恩披里科几乎记录了所有面向反对者的工具。另外，他还特别喜欢打“你如何知道”这张牌——一张总能被打出且无往不利的万能牌。当然，向任何主张要求进一步的证明都是被理性允许的，但这不代表向所有主张要求证明都是合理的。

当一个论证者追溯，或威胁要追溯证明至皮罗主义（或“明希豪森”）三难困境[①]的无限倒退分支时，有两种方式看待这个问题。首先，它暴露了一种真实的分寸感的缺失。无论将分寸感看作一种具体的德性还是一种二阶德性或元德性，它都将典范的论证者与仅仅是好的推理者区分开来。在关于认识论基础的哲学论辩中，我认为没有分寸感可以作为思想上有韧性的证据，但在绝大多数情景下这是在论证中主观地拒绝合作，不过是在妨碍论证。而这引出了第二种描述问题的方式：这是不诚实的。真诚是另一种缺乏的德性。

恩披里科在阐述弱论证的价值时揭露了他自身对待论证缺乏严肃的态度。他写道，有些时候弱论证比强论证更可取[②]。弱论证正是你在面对其他人的弱论证时所需的。因为在驳倒一个弱论证时，一个强的反论证比弱的反论证效果要好，所以恩披里科承认驳倒对手的论证并非他真正的目标。他的目标是化解或抵挡它们。强论证当然可以做到这一点，但是它们要承受说服使用它们的论证者和作为受众的论证者的风险。你知道自己或许在建构一个弱论证，就是诡辩，而且代表着这个词最贬义的现代意义。哈里·法兰克福（Harry Frankfurt）给它起了另外一个名字[③]。恩披里科认为这是公平的；但这实际上是恶意且几乎完全不可能成为德性论证的例子。

（三）庄子

庄子对论证理论而言是一个不寻常且极具挑战的例子。其不寻常之处在于，与恩披里科和龙树相反，庄子最初的怀疑主义导致了他不论证，而非来源于他的论证。极具挑战的部分在于庄子不论证。或者，至少看上去是这样的。他并不呈现论证，但这不意味着其中不存在论证。他所呈现的是一系列故事、寓言、轶事甚至是笑话，目标在于说服他的读者相信智慧、价值和由一系列互相交织的行为、态度与信念构成的真理。论证位

---

① “皮罗主义三难困境”（或“皮罗主义难题”）大体上指证明链条上的三个选项（无限倒退、武断终止和循环论证），对应着阿格里帕“五个论证”中的第二、第四和第五个论证，出现在恩披里科（Empiricus，1994）卷1，第15章，第40－43页。

② 参见恩披里科（Empiricus，1994），卷3，第32章。

③ 参见法兰克福（Frankfurt，2009）。

于我们能找到它们的地方。如果我们将论证广义地理解为包含任何理性劝说的行为，那么庄子对故事的处理确实可以理解为论证[①]。

我们很容易迷失在《庄子》古怪的寓言中而舍本逐末。鲲鹏、栎树、梦蝶等超现实的传说都是观察世界的角度。推崇诸如解牛和捉蝉这样低等的工作的寓言将它们升华并在表面的无意义中找到了意义。相反，嘲笑学者的诙谐故事穿透了那些表面上丰富的意义，揭露了他们认真构思的话语最终的无意义。

《庄子》特别关注逻辑上的争论，而这通常体现在逻辑学家惠子身上。他时常出现在文中，有时作为一个值得敬仰的人物，但更多时候是一个衬托。尽管文章对技巧十分推崇，惠子在论证上的非凡技巧却受到了激烈的抨击，特别是当通过论证追求知识演变为单纯的文字游戏时。论证被嘲讽为文字游戏，甚至追求知识也是“一种沉溺”和“圣人之过”，而知识本身被描述为“孽”和“凶器”。[②] 与之形成强烈对比的是“古之人，其知有所至矣。恶乎至？有以为未始有物者”。用语言区分事物就是大道“亏”的开始。语言无法容纳智慧。[③]

这其中的讽刺意味几乎不可能被忽略：庄子使用语言去表达语言的无用。然而，当这样的评论和宣扬无用的内容联系起来时，其讽刺意味就更浓了。在《逍遥游》的结尾，惠子将庄子的话视作大而空，就像他村中的樗，因为过于“拥肿”而卷曲使“匠人不顾”，从而试图否定他的话。庄子指出，树的“无用”不仅仅是无害，（为何不让它作为一棵树呢？）而且正是使它变得又大又老的原因。在《人间世》中，一棵类似的“无用”的老树（“以为舟则沉，以为棺椁则速腐，以为器则速毁，以为门户则液樠，以为柱则蠹”）出现在匠人的梦中，说明它的无用是如何让它成为栎社的。这重申了此前的观点：无用之用，方为大用。[④]

文字失去作用；论证是徒劳的；分析性的理性并不是处世的方式。这或许可以确切地描述为反理性，甚至是反智，而不是怀疑主义。确实，我们的认知能力是有限的，但从中得到的积极收获是我们的生活中不仅仅只有理性，而这才是最重要的部分。大道之中最深刻的真理或许无以言表，但这不代表它们无法触及。求知并非我们和世界建立联系或接触世界的唯一途径。孔子在《论语》中明确指出了这一点：

> 知之者不如好之者，好之者不如乐之者。[⑤]

---

① 如果按普遍所接受的那样，《庄子》文本的处理是由许多学者经过数个世纪完成的，那么基于故事呈现的细节而重构的论证实际上并不源于庄子本人。同理可得，《庄子》的文本实际上也并非庄子所著。不论如何，我们仍然可以理所应当地（也可以有争议地）将“《庄子》的论证”归于“《庄子》的作者”，就像我们处理其他作者和文本的关系一样。

② 这些来源于哈米尔（Hamil）和希顿（Seaton）的译文《庄子》（1998，分别是5编，39页；10编，70页；9编，65页；5编，39页；4编，23页）。

③ 出自《庄子·齐物论》（1998，2编）。它与《道德经》的开头呼应：“道可道，非常道；名可名，非常名”。

④ 该版本来自任博克（Ziporyn）所译的《庄子》（2009，4编，30页）。

⑤《论语》6：20。

庄子对这个观点做了延伸，将它变为一个更负面的观点：皓首穷经不仅不必要和不重要，还对我们过好生活所需的那类实际知识有负面作用。不像庖丁高超的解牛技巧让他离大道更近，惠子运用的论证技巧让他远离了大道。他无法和他论证中的话语合一①。

因为惠子的存在，那些明显存在的论证技巧与严重缺乏的德性事实上需要得到评估。惠子的技巧是属于那些言语战士的：他的语言和他的知识都是他随时准备参与一个复杂的、具有策略性的争论的武器。庄子与他截然相反：他是晦涩的，或许是反对抗的，而且他的兴趣广泛到难以被一个批判性讨论的规则所束缚。这并不是因为缺乏防止转移论题的规则，而是他有强大到足以逃脱这些规则的好奇心。这些不是论证者的缺点，而是不论证者的正向特质。

那么，庄子缺失的论证德性是在过于积极论证与不积极论证之间求得平衡。当处于合适的情形时，愿意参与论证是一种论证德性。这种德性似乎没有一个统称。或许“愿意参与”是一个合适的名称②。对一个人不积极参与论证的各种方式也没有一个统称。此前提到，这个问题与理性在某个情景下阻碍论证无关。更确切地说，这牵涉到各种会阻止一个人在应该论证的时候论证的各种性格特质。这些特质包括：思想懦弱或不愿为自己的准则发声；冷漠或思想上漠不关心；过度的认同，不论是反对抗还是过分迎合；顽固地不参与论证。所有这些都是认知缺陷。惠子或许对参与论证和争论抱有过分的热情，但庄子明显不在此列！

五、总结与结论

我们可以将这三位哲学家的认识论立场总结如下：恩披里科对我们是否能真的知道任何事物表示怀疑；龙树论证了我们无法真的知道任何事物；庄子则在一旁打趣：“知道任何事物有什么好处？你难道没有别的事情要做吗？”

我们可以大致描述他们的论证：龙树为他的立场做出了正面的、分析性的论证；恩披里科为反对其他立场给出了反论证的策略；庄子完全避免了直接论证，在挖苦那些论证的人身上找到了很大的乐趣，并提供了各种寓言和诙谐故事。

即便只有这些，我们也可以得出关于论证到底是什么的三种不同观点：龙树将论证视为确立结论的证明；恩披里科认为论证是维持认知平衡的工具；庄子认为论证是一个语言陷阱、一条大道上的岔路，甚至是一种需要避免的病态。

最后，我们可以进行一个评估。从一个非怀疑论者的角度看，这三位哲学家中的每一位都可以被指控滥用一个或多个论证技巧：龙树是提出者技巧的行家；恩披里科完全

① 例如，在《德充符》中，惠子因为对“坚”和“白”这两个抽象的概念的痴迷而被嘲笑，“今子外乎子之神，劳乎子之精，倚树而吟，据槁梧而瞑，天选子之形，子以坚白鸣！”展现了他成为自己严格定义的文字的囚徒（出现在《逍遥游》和此后《齐物论》中对无言的智慧的讨论中；特别是他无法欣赏“无用”与《人间世》中“无用”的老树形成鲜明的对比）。

② 这是《约伯记》中明显未提及的德性，否定上帝是“理想的对话者”。详见科恩（Cohen，2004a，Chap.1）。

掌握了反对者的技巧；庄子是一个卓越的非战斗人员——一个“出于良心的非反对者”①。

龙树的论证、恩披里科的反论证和庄子的不论证都在理性地遵守，或至少不违背逻辑、论辩和修辞的准则。然而，他们的论证并非总是合理的。当然，对此还有另外一个我十分赞同的观点：我们可以铭记他们的教训，以此得出我们的教条式的知识主张无法通过理性的考验的结论。在这种情况下，从论证者德性的角度思考论证得出的真正教训是，“认识上的谦卑是一种需要被论证且在论证时需要遵循的德性”。

① 译者注：conscientious non-objector，此处为 Conscientious Objector 的变形，原意是出于良心拒服兵役者。

参考文献

[1] Annas J, 2011. Intelligent Virtues [M]. Oxford: Oxford University Press.

[2] Cavell S, 1979. The Claim of Reason [M]. Oxford: Oxford University Press.

[3] Chuang T, 1998. The Essential Chuang Tzu [M]. Hamill S, Seaton J P, eds. and Trans. Boston: Shambhala Publications.

[4] Cohen D H, 2004a. Arguments and Metaphors in Philosophy [M]. New York: University Press of America.

[5] Cohen D H, 2004b. Argumentation and Modal Logic: On the Argumentatively Possible and the Logically Impossible [R]. Association for Informal Logic and Critical Thinking, Pasadena California.

[6] Empiricus S, 1994. Outlines of Scepticism [M]. Anns J and Barnes J, Trans. Cambridge: Cambridge University Press.

[7] Frankfurt H G, 2009. On Bullshit [M]. Boston: Princeton University Press.

[8] Garfield J, 1995. The Fundamental Wisdom of the Middle Way [M]. New York: Oxford University Press.

[9] Gewirth A, 1983. The rationality of reasonableness [J]. Synthese, 57 (2): 225 – 247.

[10] Hare W, 1985. In Defence of Open-Mindedness [M]. Montreal: McGill-Queen's University Press.

[11] Hare W, 2003. Is it Good to be Open-Minded? [J]. International Journal of Applied Philosophy, 17 (1): 73 – 87.

[12] Keating G C, 1996. Reasonableness and Rationality in Negligence Theory [J]. Stanford Law Review, 48 (2): 311 – 384.

[13] Kornblith H, 1999. Distrusting Reason [J]. Midwest Studies in Philosophy, 23: 181 – 196.

[14] Toulmin S, 1997. Rationality and Reasonableness in Ethics [J]. Sacred Heart University Review, 17 (1): 1 – 13.

[15] Zagzebski L, 1996. Virtues of the Mind [M]. Cambridge: Cambridge University Press.

[16] Zhuangzi, 2009. Zhuangzi: The Essential Writings [M]. Ziporyn B, Trans. Indianapolis: Hackett Publishing.